全国高等院校计算机基础课程"十三五"规划教材

大学计算机基础案例教程（第二版）

王艳玲　杨　石　主编

中国铁道出版社有限公司
CHINA RAILWAY PUBLISHING HOUSE CO., LTD.

内 容 简 介

本书是以教育部高等学校大学计算机课程教学指导委员会提出的《大学计算机基础课程教学基本要求》为指导，结合高等学校非计算机专业计算机基础课教学的实际情况编写的。

全书共分 8 章，主要内容包括：计算机概论、Windows 7 操作系统、Office 办公自动化处理软件（Word 2010、Excel 2010、PowerPoint 2010）、计算机网络基础、计算思维基础和无纸化考试系统。全书教学内容以案例的形式组织，由浅入深，通俗易懂，强调实践操作，突出应用技能的训练。

本书知识体系完整，结构安排合理，内容深度适宜，适合作为高等学校非计算机专业本科、专科学生的计算机基础课程教材，也适用于计算机初学者和各类办公人员自学使用。

图书在版编目（CIP）数据

大学计算机基础案例教程/王艳玲，杨石主编. —2 版. —北京：
中国铁道出版社有限公司，2019.8（2021.6重印）
全国高等院校计算机基础课程"十三五"规划教材
ISBN 978-7-113-25890-0

Ⅰ.①大…　Ⅱ.①王…②杨…　Ⅲ.①电子计算机-高等学校-教材
Ⅳ.①TP3

中国版本图书馆 CIP 数据核字（2019）第 140558 号

书　　名：大学计算机基础案例教程
作　　者：王艳玲　杨　石

策　　划：周海燕　　　　　　　　　　　　编辑部电话：(010) 63549501
责任编辑：周海燕　贾淑媛
封面设计：刘　颖
责任校对：张玉华
责任印制：樊启鹏

出版发行：中国铁道出版社有限公司（100054，北京市西城区右安门西街 8 号）
网　　址：http://www.tdpress.com/51eds/
印　　刷：河北宝昌佳彩印刷有限公司
版　　次：2016 年 8 月第 1 版　2019 年 8 月第 2 版　2021 年 6 月第 3 次印刷
开　　本：787 mm×1 092 mm　1/16　印张：18.75　字数：408 千
书　　号：ISBN 978-7-113-25890-0
定　　价：48.00 元

第二版前言

本书第一版于 2016 年 8 月由中国铁道出版社出版后,受到广大读者的好评。根据课程教学改革的需要,编者对第一版的整体内容做了修订和补充。补充的内容包括两部分:一是依据教育部高等学校大学计算机基础课程教学指导委员会于 2016 年提出的大学计算机基础教学目标,即大学生通过学习应能够理解计算机学科的基本知识和方法,掌握基本的计算机应用能力,同时具备一定的计算思维能力和信息素养,本教材增加了计算思维基础方面的内容,以培养大学生运用计算思维解决本专业问题;二是根据课程多元混合教学模式改革的需要,针对一些知识点制作了相关的微视频,供学生课外学习。

本书是非计算机专业计算机基础教育入门课程的教材,内容包括计算机概论、Windows 7 操作系统、文字处理软件 Word 2010、电子表格处理软件 Excel 2010、演示文稿制作软件 PowerPoint 2010、计算机网络基础、计算思维基础和无纸化考试系统。

根据课程特点及教学目标,本书从实际工作任务中提取案例,通过案例组织教学。本书编写组的教师均在教学一线承担教学任务,依据多年实际教学经验,并参考和借鉴了多本相关的同类教材,精心设计了 29 个教学案例,以案例统领全书,利用案例将各章的知识点与操作技能有机地串连起来,以便学生通过具体的案例制作过程掌握相关的知识,从而增强学习过程的趣味性,以期获得更好的效果。同时,对重要的知识点和实践操作内容制作了相关的微视频,可用手机扫描二维码下载观看相关的内容讲解,全书共提供 33 个微课视频,大大方便了读者的学习。

本书由王艳玲和杨石担任主编,负责全书的统稿和总纂。第 1 章由王艳玲编写,第 2 章由杨波编写,第 3 章由于露、韩擎宇编写,第 4 章由初晓、杨石编写,第 5 章由杨石编写,第 6 章由何颖编写,第 7 章由孙晗编写,第 8 章由吴海超编写。

在本书编写过程中,参考了大量文献资料,在此向这些文献资料的作者深表感谢。由于时间仓促和水平所限,书中难免有不当和欠妥之处,敬请各位专家、读者批评指正。

编　者
2019 年 5 月

目录

第1章 计算机概论 ‹‹‹

　　信息化时代，不管是学习还是工作都离不开网络和计算机。大学计算机公共课程教学不仅是大学通识教育的一个重要组成部分，更是培养大学生用计算思维方式解决专业问题、成为复合型创新人才的基础性教育。计算机及互联网为我们提供了极其丰富的信息和知识资源，为终身学习提供了广阔的空间及良好的学习工具。善于使用互联网和办公软件是培养良好的交流表达能力和团队合作能力的重要基础。

　　本章从计算机发展历史，计算机的特点、分类与作用，以及计算机系统的组成、数据在计算机中的表示与存储等方面进行介绍，并对微型机的维护、计算机病毒与防治进行简要介绍。

1.1　计算机概述

本节知识点：

- 计算机的发展以及发展趋势。
- 计算机的特点。
- 计算机的分类。
- 计算机的应用领域。

1.1.1　计算机的发明与发展

　　现在所说的计算机，准确地说应该称为数字电子计算机（以与模拟计算机相区别），它是以二进制运算为基础的数字运算装置。计算机的发明是人类对计算工具不断追求的结果。从远古人类的结绳记事，算筹、算盘的发明，到 1822 年英国人查理斯·贝巴奇完成第一台差分机，再到 1946 年人类第一台电子计算机 ENIAC 的问世，一直到今天的微型计算机的普及，计算机的发展经历了漫长的过程。

1. 莱布尼茨与乘法机

　　德国数学家莱布尼茨认为，中国的八卦是最早的二进制计数法。在八卦图的启迪下，莱布尼茨系统地提出了二进制运算法则。这是现代电子计算机的基础。

　　1673 年，莱布尼茨发明乘法机，这是第一台可以运行完整的四则运算的计算机。莱布尼茨同时还提出了"可以用机械代替人进行烦琐重复的计算工作"的伟大思想，这一思想至今鼓舞着人们探求新的计算机。图 1-1 所示是莱布尼茨与他发明的乘法机。

图 1-1　莱布尼茨与乘法机

2．巴贝奇与差分机

查理斯·巴贝奇是英国著名的数学家，他的第一个贡献是制作了一台"差分机"。所谓"差分"，是把函数表的复杂算式转化为差分运算，用简单的加法代替平方运算。1812 年，20 岁的巴贝奇从法国人杰卡德发明的提花编织机上获得了灵感，差分机设计闪烁出了程序控制的灵光——它能够按照设计者的意图，自动处理不同函数的计算过程。巴贝奇耗费了整整十年，于 1822 年完成了第一台差分机，它可以处理 3 个不同的 5 位数，计算精度达到 6 位小数，当时就能演算出好几种函数表。图 1-2 所示是巴贝奇与他发明的差分机。

图 1-2　巴贝奇与差分机

3．图灵与图灵机

阿兰·麦席森·图灵（1912—1954）是计算机逻辑的奠基者，许多人工智能的重要方法也源自于这位伟大的科学家。他对计算机的重要贡献在于他提出的有限状态自动机，也就是图灵机的概念。对于人工智能，它提出了重要的衡量标准"图灵测试"，如果有机器能够通过图灵测试，那它就是一个完全意义上的智能机。图灵杰出的贡献使他成为计算机界的第一人——"人工智能之父"。人们为了纪念这位伟大的科学家，1966 年美国计算机协会将计算机界的最高奖定名为"图灵奖"。

图灵机被公认为现代计算机的原型，这台机器可以读入一系列的"0"和"1"，这些数字代表了解决某一问题所需要的步骤，按这个步骤走下去，就可以解决某一特定的问题。这种观念在当时是具有革命性的，因为即使在 20 世纪 50 年代，大部分的计算机还只能解决某一特定问题，不是通用的，而图灵机从理论上却是通用机。图灵机不是一种具体的机器，而是一种思想模型，可制造一种十分简单但运算能力极强的计算装置，用来计算所有能想象到的可计算函数。图 1-3 所示是图灵与图灵机。

4. 第一台电子计算机

在第二次世界大战中，敌对双方都使用了飞机和火炮，猛烈轰炸对方军事目标。要想打得准，必须精确计算并绘制出"射击图表"。查图表确定炮口的角度，才能使射出去的炮弹正中飞行目标。但是，每一个数都要做几千次的四则运算才能得出来，十几个人用手摇机械计算机算几个月才能完成一份图表。

1-1 计算机的发展历史

针对这种情况，人们开始研究将电子管作为"电子开关"提高计算机的运算速度。20 世纪 40 年代中期，美国宾夕法尼亚大学电工系由莫利奇和艾克特领导，为美国陆军军械部阿伯丁弹道研究实验室研制了一台用于炮弹弹道轨迹计算的"电子数值积分和计算机"（Electronic Numerical Integrator and Calculator，ENIAC）。这台称为"埃尼阿克"的计算机占地面积 170 m²，总质量达 30 t，使用了 18 000 只电子管，6 000 个开关，7 000 只电阻器，10 000 只电容器，50 万条线，功率为 140 kW，每秒可进行 5 000 次加法运算。这个庞然大物于 1946 年 2 月 15 日在美国举行了揭幕典礼。这台计算机的问世，标志着计算机时代的开始。图 1-4 所示是第一台电子计算机 ENIAC 的图片。

图 1-3　图灵与图灵机　　　　　图 1-4　第一台电子计算机 ENIAC

5. 冯·诺依曼与"冯·诺依曼机"

美籍匈牙利裔学者约翰·冯·诺依曼（John von. Neumann，1903—1957 年）被誉为"电子计算机之父"（见图 1-5）。他在数学、物理学、经济学方面都有丰硕的成果，不过他对人类的最大贡献是对计算机科学、计算机技术和数值分析的开拓性工作。

1944 年，冯·诺依曼由 ENIAC 机研制组的戈尔德斯廷中尉介绍参加了 ENIAC 机研制小组，成为莫尔学院电子计算机攻关小组的实际顾问。由于 ENIAC 存在致命的缺陷——程序与计算相分离，指挥近 2 万电子管"开关"工作的程序指令被存放在机器的外部电路中，需要计算某个题目前，必须派人把数百条线路用手接通，

图 1-5　冯·诺依曼

像电话接线员那样工作几小时甚至好几天才能进行几分钟运算。在 ENIAC 尚未投入运行前，冯·诺依曼就已开始准备对这台电子计算机进行脱胎换骨的改造。在短短 10 个月里，冯·诺依曼迅速把概念变成了方案。新机器方案命名为"离散变量自动电子计算机"（EDVAC）。1945 年 6 月，冯·诺依曼与戈尔德斯廷等人，联名发表了一篇长达 101 页纸的报告，即计算机史上著名的"101 页报告"。这份报告奠定了现代计算机体系结构坚实的根基，直到今天，仍然被认为是现代计算机科学发展里程碑式的文献。

EDVAC 方案明确了新机器由 5 个部分组成：运算器、控制器、存储器、输入和输出设备，并描述了这 5 部分的职能和相互关系。设计思想之一是二进制，冯·诺依曼根据电子元件双稳工作的特点，建议在电子计算机中采用二进制。报告提到了二进制的优点，并预言，二进制的采用将大大简化机器的逻辑线路。EDVAC 方案的革命意义在于"存储程序"，即指令和数据可一起放在存储器中，并做同样的处理。这简化了计算机的结构，大大提高了计算机的效率。1946 年 7—8 月间，冯·诺依曼和戈尔德斯廷、勃克斯在 EDVAC 方案的基础上，为普林斯顿大学高级研究所研制 IAS 计算机时，又提出了一个更加完善的设计报告《电子计算机逻辑设计初探》。

以上两份既有理论又有具体设计的文件，首次在全世界掀起了一股"计算机热"，他们的综合设计思想，便是著名的"冯·诺依曼机"，其中心就是存储程序原则——指令和数据一起存储。这个概念被誉为"计算机发展史上的一个里程碑"。它标志着电子计算机时代的真正开始，指导着以后的计算机设计。直至今日，冯·诺依曼的计算机原理与结构，仍然广泛用于各种类型的计算机中。随着科学技术的进步，今天人们又认识到"冯·诺依曼机"的不足，它阻碍了计算机速度的进一步提高，从而提出了"非冯·诺依曼机"的设想。

6．晶体管的发明与第二代电子计算机

1947 年，美国 AT&T 公司贝尔实验室的两位科学家制成了世界上第一只晶体管，随后于 1954 年研制成功第一台使用晶体管的第二代计算机 TRADIC。由于晶体管比电子管体积小得多，并且具有导通截止速度快、可靠性高、稳定性强等优点，所以第二代计算机立即替代了第一代计算机而迅速发展起来。相比采用定点运算的第一代计算机，第二代计算机普遍增加了浮点运算，计算能力实现了一次飞跃。第二代计算机除了大量用于科学计算，还逐渐被工商企业用来进行商务处理，高级语言 FORTRAN 和 COBOL 因此也得到了广泛应用。

7．集成电路（IC）的发明与第三代电子计算机

1952 年，美国雷达研究所的科学家达默（G.W.A.Dummer）提出了"将电子设备制作在一个没有引线的固体半导体板块中"的集成技术设想，从而给微电子的发展带来了一次质的飞跃。1958 年，美国物理学家基尔比和诺伊斯同时发明集成电路。同年，美国得州仪器（TI）公司制成了第一批集成电路，由于集成电路的使用，使电子计算机进入第三代。

第三代电子计算机的主要特点是逻辑元件采用集成电路，运算速度可以达到每秒几十万次到几百万次，体积更小、成本更低。同时，计算机开始向标准化、多样化、

通用化和系列化发展。软件逐渐完善，操作系统开始使用。

8．超大规模集成电路与第四代电子计算机

1971 年，美国 Intel 公司的马西安·霍夫（M.E.Hoff）大胆构想，将计算机的线路加以改进，把中央处理器的全部功能集成到一块芯片上，这就是世界上第一台微处理器，也是第四代——超大规模集成电路电子计算机的雏形。由于超大规模集成电路这一高度集成技术的出现，将计算机的核心部件可以集成在一块芯片上，这使计算机微型化成为可能。由于半导体技术的不断进步，使集成电路集成的晶体管的数量以及工作的时钟频率都在不断地刷新，使微型机的性能都超过了第三代大型机的性能，大型机以及巨型机的性能更是突飞猛进。同时，软件行业迅速发展，编译系统、操作系统、数据库管理系统以及应用软件的研究更加深入，软件业已成为一个重要产业。

9．计算机的发展趋势

现在的计算机功能已相当强大，为人类做出了巨大的贡献。随着计算机应用的普及，人们对计算机的依赖性也越来越大，对计算机的功能要求越来越高，因此研制功能更加强大的新型计算机已成为必然。计算机未来的发展趋势将主要概括为以下几个方面：

（1）巨型化

巨型化是指发展高速、大存储容量和功能更强大的巨型机，以满足尖端科学研究的需要。并行处理技术是当今研制巨型计算机的基础。研制巨型机能体现出一个国家计算机科学水平的高低，也能反映出一个国家的经济实力和科学技术水平。

（2）微型化

发展小、巧、轻、价格低、功能强的微型计算机，以满足更广泛的应用领域。近年来，微机技术发展十分迅速，新产品不断问世，IC 芯片集成度和性能不断提高，价格也越来越低。各种掌上型计算机性能越来越高，价格也越来越低。

（3）网络化

计算机网络是计算机技术和通信技术结合的产物，是计算机技术中最重要的一个分支，是信息系统的基础设施。信息网络能使任何人在任何时间、任何地点，将文字、声音、图像和电视信息传递给在任何地点的任何人。它将学校、科研机构、企业、图书馆和实验室等部门的各种资源连接在一起，被全体公民所共享。

（4）智能化

智能化是指用计算机来模拟人的感觉和思维过程，使计算机具备人的某些智能。例如听、说，识别文字、图形和物体，并具备一定的学习和推理能力等。智能化是建立在现代科学基础之上的、综合性很强的边缘科学。大量科学家为此正在进行艰难的探索。

一些发达国家正在开展对新型计算机的研究。第五代计算机（人工智能机）和第六代计算机（神经网络机）的研制工作继续深入，不断出现新成果。日本已研制出光学神经型计算机，这种计算机能够通过连续自动程序模拟人脑学习和存储视觉形象，具有人脑的视觉神经反应能力和记忆能力。

（5）多媒体化

多媒体化是指计算机能更有效地处理文字、图形、动画、音频和视频等多种形式的信息，使人们更自然、更有效地使用信息。

10．未来计算机

未来计算机的研究目标是打破计算机现有的体系结构，使得计算机能够具有像人那样的思维、推理和判断能力。尽管传统的、基于集成电路的计算机短时间内不会退出历史舞台，但旨在超越它的光子计算机、生物计算机、超导计算机、纳米计算机和量子计算机正在向前发展。

（1）光子计算机

光子（Photon）计算机利用光子取代电子进行数据运算、传输和存储。在光子计算机中，不同波长的光表示不同的数据，可快速完成复杂的计算工作。与电子计算机相比，光子计算机具有以下优点：超高速的运算速度、强大的并行处理能力、大存储量、非常强的抗干扰能力等。据推测，未来光子计算机的运算速度可能比今天的超级计算机快 1 000 倍以上。

（2）生物计算机

生物（DNA）计算机使用生物芯片。生物芯片是用生物工程技术产生的蛋白质分子制成，存储能力巨大，运算速度比当前的巨型计算机还要快 10 万倍，能量消耗则为其的十亿分之一。由于蛋白质分子具有自组织、自调节、自修复和再生能力，使得生物计算机具有生物体的一些特点，如自动修复芯片发生的故障，还能模仿人脑的思考机制。

（3）超导计算机

超导（Superconductor）计算机是由特殊性能的超导开关器件、超导存储器等元器件和电路制成的计算机。1911 年，荷兰物理学家昂内斯首先发现了超导现象——某些铝系、铌系、陶瓷合金等材料，当它们冷却到接近−273.15 ℃时，会失去电阻值而成为导体。目前制成的超导开关器件的开关速度比集成电路要快几百倍，电能消耗仅是大规模集成电路的千分之一。

（4）纳米计算机

纳米（Nanometer）计算机指将纳米技术运用于计算机领域所研制出的一种新型计算机。纳米技术是从 20 世纪 80 年代初发展起来的新的科研领域，最终目标是人类按照自己的意志直接操纵单个原子，制造出具有特定功能的产品。"纳米"本是一个计量单位，$1 \text{ nm}=10^{-9} \text{ m}$，大约是氢原子直径的 10 倍。应用纳米技术研制的计算机内存芯片，其体积不过数百个原子大小，相当于人的头发丝直径的千分之一。纳米计算机几乎不需要耗费任何能源，而且其性能要比目前的计算机强大，运算速度将是使用硅芯片计算机的 1.5 万倍。

（5）量子计算机

量子（Quantum）计算机以处于量子状态的原子作为中央处理器和内存，利用原子的量子特性进行信息处理。由于原子具有在同一时间处于两个不同位置的奇妙特性，即处于量子位的原子既可以代表 0 或 1，也能同时代表 0 和 1 以及 0 和 1 之间的中间值，故无论从数据存储还是处理的角度，量子位的能力都是晶体管电子位的两倍。目前，量子计算机只能利用大约 5 个原子做最简单的计算。要想做任何有意义的工作都必须使用数百万个原子，但其高效的运算能力使量子计算机具有广阔的应用前景。

未来的计算机技术将向超高速、超小型、智能化的方向发展。超高速计算机将采用并行处理技术，使计算机系统同时执行多条指令或同时对多个数据进行处理，这是改进计算机结构、提高计算机运行速度的关键技术。同时计算机还将具备更多的智能成分，将具有多种感知能力、一定的思考与判断能力及一定的自然语言能力。除了提供自然的输入手段（如按键输入、手写输入、语音输入）外，让人能产生身临其境感觉的各种交互设备已经出现，虚拟现实技术就是这一领域发展的集中表现。

1.1.2 计算机的特点

计算机作为一种通用的信息处理工具，具有极高的处理速度、很强的存储能力、精确的计算和逻辑判断能力，其主要特点如下：

1. 运算速度快

当今计算机系统的运算速度已达到每秒千万亿次，微机也可达每秒亿次以上，使大量复杂的科学计算问题得以解决。例如：卫星轨道的计算、大型水坝的计算及天气预报的计算等，过去人工计算需要几年、几十年，而现在用计算机只需几天甚至几分钟即可完成。

1-2 计算机的特点及分类

2. 计算精度高

科学技术的发展特别是尖端科学技术的发展，需要高度精确的计算。计算机控制的导弹之所以能准确地击中预定目标，是与计算机的精确计算分不开的。一般计算机可以有十几位甚至几十位有效数字，计算精度可到百万分之几，是任何计算工具所望尘莫及的。

3. 存储容量大

计算机的存储器类似于人的大脑，可以"记忆"（存储）大量的数据和信息。随着微电子技术的发展，计算机内存储器的容量越来越大，目前一般的微机内存容量已达 4 GB 到 16 GB 甚至更高，加上大容量的磁盘等外部存储器，实际上存储容量已达到了海量。而且，计算机所存储的大量数据可迅速被查询，这种特性对信息处理是十分重要和有用的。

4. 可靠性高

计算机硬件技术的迅速发展，使得计算机具有非常高的可靠性，其平均无故障时间可达到以"年"为单位。人们所说的"计算机错误"，通常是由于与计算机相连的设备或软件的错误造成的，而由计算机硬件引起的错误愈来愈少。

5. 工作全自动

计算机内部操作是根据人们事先编好的程序自动控制进行的。用户根据解题需要，事先设计好运行步骤与程序，计算机严格按程序规定的步骤操作，整个过程不需要人工干预。

6. 适用范围广，通用性强

计算机靠存储程序控制进行工作。一般来说，无论是数值的还是非数值的数据，都可以表示成二进制数的编码，无论是复杂的还是简单的问题，都可以分解成基本的算术运算和逻辑运算，并可用程序描述解决问题的步骤。所以，不同的应用领域中，只要编制和运行不同的应用软件，计算机就能在此领域中进行很好的服务，通用性极强。

1.1.3 计算机的分类

计算机种类很多，可以从不同的角度对计算机进行分类。

1. 按照计算机原理分类

（1）数字式计算机

数字式计算机是用不连续的数字量即"0"和"1"来表示信息，其基本运算部件是数字逻辑电路。数字式电子计算机的精度高、存储量大、通用性强，能胜任科学计算、信息处理、实时控制和智能模拟等方面的工作。人们通常所说的计算机就是指数字式计算机。

（2）模拟式计算机

模拟式计算机是用连续变化的模拟量即电压来表示信息，其基本运算部件是由运算放大器构成的微分器、积分器、通用函数运算器等运算电路组成。模拟式计算机解题速度极快，但精度不高、信息不易存储、通用性差，它一般用于解微分方程或自动控制系统设计中的参数模拟。

（3）混合式计算机

混合式计算机是综合了上述两种计算机的长处设计出来的，它既能处理数字量，又能处理模拟量。但是这种计算机结构复杂，设计困难。

2. 按照计算机用途分类

（1）通用计算机

通用计算机是为能解决各种问题、具有较强的通用性而设计的计算机。它具有一定的运算速度，有一定的存储容量，带有通用的外围设备，配备各种系统软件、应用软件。一般的数字式计算机多属此类。

（2）专用计算机

专用计算机是为解决一个或一类特定问题而设计的计算机。它的硬件和软件的配置依据解决特定问题的需要而定，并不求全。专用机功能单一，配有解决特定问题的固定程序，能高速、可靠地解决特定问题。一般在过程控制中使用此类计算机。

3. 按照计算机性能分类

计算机的性能主要是指其字长、运算速度、存储容量、外围设备配置、软件配置等。1989年11月美国电气和电子工程师学会（IEEE）根据当时计算机的性能及发展趋势，将计算机分为巨型机、小巨型机、大型机、小型机、工作站和个人计算机六大类。

（1）巨型机（Super Computer）

巨型机又称超级计算机，它是所有计算机类型中价格最贵、功能最强的一类计算机，其浮点运算速度已达每秒数十万亿次。目前多用在国家高科技领域和国防尖端技术中。

（2）小巨型机（Minisuper Computer）

小巨型机是 20 世纪 80 年代出现的新机种，因巨型机价格十分昂贵，在力求保持或略微降低巨型机性能的条件下开发出小巨型机，使其价格大幅降低（约为巨型机价格的 1/10）。为此在技术上采用高性能的微处理器组成并行多处理器系统，使巨型机小型化。

（3）大型机（Mainframe）

国外习惯上将大型机称为主机，它相当于国内常说的大型机和中型机。近年来大型机采用了多处理、并行处理等技术。大型机具有很强的管理和处理数据的能力，一般在大企业、银行、高校和科研院所等单位使用。

（4）小型机（Minicomputer）

小型机结构简单、价格较低、使用和维护方便，备受中小企业欢迎。20 世纪 70 年代出现小型机热，到 20 世纪 80 年代其市场份额已超过了大型机。

（5）工作站（Workstation）

工作站是一种高档微型机系统。它具有较高的运算速度，具有大型机或小型机的多任务、多用户能力，且兼有微型机的操作便利和良好的人机界面。其最突出的特点是具有很强的图形交互能力，因此在工程领域特别是计算机辅助设计领域得到迅速应用。

（6）个人计算机（Personal Computer）

个人计算机是 20 世纪 70 年代出现的新机种，以其设计先进（总是率先采用高性能微处理器）、软件丰富、功能齐全和价格便宜等优势而拥有广大的用户，因而大大推动了计算机的普及应用。现在除了台式机外，还有笔记本、掌上型计算机等。

4．按照计算机使用范围分类

根据当前计算机的使用情况，可以将计算机分为服务器、工作站、台式机、便携机、一体机、手持机和平板电脑七大类。

（1）服务器

服务器是指在网络环境中能为其他计算机提供服务的高性能计算机系统。服务器在稳定性、安全性等方面要求很高，因此对硬件系统的要求也很高。服务器的硬件构成与普通计算机相似，但这些硬件是针对具体的网络应用特别制定的。例如，服务器通常具有大容量的内、外存储器和快速的输入/输出通道，以及强大的信息处理能力和联网能力。从应用上来看，服务器主要分为网络服务器、打印服务器、磁盘服务器和文件服务器等。一般服务器具有大容量的存储设备和丰富的外围设备，安装并运行网络操作系统、网络协议和各种服务软件。

（2）工作站

工作站是一种高档的微型计算机，通常配有高分辨率和大屏幕显示器及大容量的内、外存储器，并且具有强大的信息处理功能。它以个人计算机和分布式网络计算机为基础，主要面向专业应用领域，具备强大的数据运算与图形、图像处理能力，是为满足工程设计、动画制作、科学研究、软件开发、金融管理、信息服务、模拟仿真等专业领域而设计开发的高性能计算机。

（3）台式机

台式机由主机、显示器、键盘和鼠标等设备组成，是日常使用最多的计算机。根据配置和用途，台式机又分为商用机、家用机和多媒体机。

（4）便携机

便携机也称笔记本电脑，它的功能与台式机不相上下，其特点是体积小、质量小。它就像一个笔记本，打开后，一面是 LCD（液晶显示器），另一面则是键盘以及当作鼠标使用的触摸板或轨迹球等。

（5）一体机

随着计算机集成度的增强，计算机厂商开始把主机集成到显示器中，从而形成一体机。一体机较传统台式机的优势在于：连线少、体积小、集成度更高，价格却无明显变化，可塑性更强，厂商可设计出极具个性的产品。

（6）手持机

手持机是指具有以下几种特性的便于携带的数据处理终端机器：

① 具有数据存储及计算能力（一般指有操作系统）。

② 能与其他设备进行数据通信（Wi-Fi/GPRS/Bluetooth 等）。

③ 有人机界面，具体而言要有显示和输入功能。

④ 机器自身带有电池，可以使用电池工作。

手持机比笔记本电脑更小、更轻，是辅助个人工作的数码工具，主要提供记事、通讯录、名片交换及行程安排等功能。

（7）平板电脑

平板电脑是一种小型、方便携带的个人计算机，以触摸屏作为基本的输入设备。平板电脑由比尔·盖茨提出，支持来自 Intel、AMD 等厂商的芯片架构，平板电脑就是一款无须翻盖、没有键盘、小到可放入口袋，但却功能完整的计算机。

1.1.4 计算机的应用

计算机的应用已经渗透到人类社会的各个领域，不仅可以实现各种复杂的运算，还可以对各种数据信息进行收集、存储、管理、加工，广泛应用于辅助设计、工业控制、网络通信和电子商务等领域。

按照计算机应用的领域，归纳起来有以下几大类：

① 科学计算：实现大规模、复杂、精密的运算，如应用于人造卫星轨迹计算、三峡工程抗震强度和天气预报等科学领域。科学计算是计算机最早的应用领域。

② 信息处理与管理：主要针对大量的原始数据进行收集、存储、整理、分类、

加工和统计等，特点是运算不复杂、但数据量非常庞大。这样的系统在计算机领域中有个专门的名称——数据库系统，应用于人事管理、生产管理、财务管理、项目管理、图书情报检索及办公自动化等，应用领域最广，把人们从烦琐的数据统计和管理事务中解放出来，大大提高了工作效率。

③ 过程控制：也称工业控制（自动控制或实时控制），对于工业生产、交通管理和国防科研等过程进行数据采集、即时分析并即时发出控制信号，实现生产、科研自动化。

④ 辅助技术：利用计算机协助人们完成各种工作，提高工作效率。

a. 计算机辅助设计（Computer Aided Design，CAD）：利用计算机帮助设计人员进行工程设计，如飞机设计、汽车设计、建筑设计、机械设计和服装设计等一些实际应用。

b. 计算机辅助制造（Computer Aided Manufacturing，CAM）：利用计算机协助人们进行产品的制造、控制和操作，提高生产工艺水平和加工质量，降低成本，提高效益。

c. 计算机辅助测试（Computer Assisted Test，CAT）：利用计算机协助或替代人完成大量复杂、枯燥或恶劣环境的检测工作。

d. 计算机辅助教学（Computer Assisted Instruction，CAI）：通过计算机自动学习系统的形式协助或替代教师引导学生学习，增加学生的学习兴趣。

⑤ 人工智能（Artificial Intelligence，AI）：使计算机具有"模拟"人的思维和行为等能力。人工智能研究的领域有模式识别、自动定理证明、自动程序设计、专家系统、智能机器人、博弈、自然语言的生成与理解等，其中最具有代表性的两个领域是专家系统和智能机器人。

⑥ 网络通信：将分布在各地的计算机连成一个整体，实现资源共享、信息传送。

⑦ 电子商务：是指通过计算机网络以电子数据信息流通的方式在世界范围内进行并完成各种商务活动、交易活动、金融活动和相关的综合服务活动。

⑧ 模拟系统：用计算机系统进行复杂系统的仿真实验和研究，为复杂系统的研究、制造提供了低成本与高准确度的辅助手段，大大降低了成本，缩短了周期。此外，计算机系统能够与图形显示、动态模拟系统组成逼真的模拟训练系统，在飞行训练、军事演习、技能评估等方面得到很好的应用。

⑨ 云计算：是通过网络提供可伸缩的廉价的分布式计算能力。云计算是一种商业计算模式，它将计算任务分布在大量计算机构成的资源池上，使用户能够按需获取计算力、存储空间和信息服务。云计算甚至可以让用户体验每秒 10 万亿次的运算能力，拥有这么强大的计算能力可以模拟核爆炸、预测气候变化和市场发展趋势。

1.2　计算机系统组成和工作原理

本节知识点：
- 计算机的硬件系统构成。

- 计算机的软件系统构成。
- 计算机的工作原理。

1.2.1 计算机系统的组成

1-3 计算机系统的构成

目前的计算机是在程序语言支持下工作的，所以一个计算机系统应包括计算机硬件系统和计算机软件系统两大部分，如图 1-6 所示。

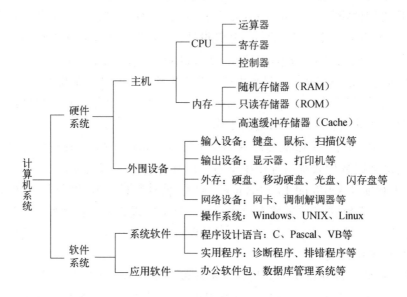

图 1-6　计算机系统的组成

计算机硬件系统是指构成计算机的各种物理装置，包括计算机系统中的一切电子、机械、光电等设备，是计算机工作的物质基础。计算机软件系统是指为运行、维护、管理、应用计算机所编制的所有程序和数据的集合。通常，把不装备任何软件的计算机称为"裸机"，只有安装了必要的软件后，用户才能方便地使用计算机。

1. 计算机硬件系统

计算机硬件系统由运算器、控制器、存储器、输入设备和输出设备五大部分组成，如图 1-7 所示。图 1-7 中实线为数据流（各种原始数据、中间结果等），虚线为控制流（各种控制指令）。输入/输出设备用于输入原始数据和输出处理后的结果，存储器用于存储程序和数据，运算器用于执行指定的运算，控制器负责从存储器中取出指令，对指令进行分析、判断，确定指令的类型并对指令进行译码，然后向其他部件发出控制信号，指挥计算机各部件协同工作，控制整个计算机系统逐步完成各种操作。

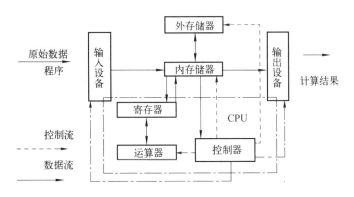

图 1-7 计算机硬件系统

（1）运算器

运算器是对数据进行加工处理的部件，通常由算术逻辑部件（Arithmetic Logic Unit，ALU）和一系列寄存器组成。它的功能是在控制器的控制下对内存或内部寄存器中的数据进行算术运算（加、减、乘、除）和逻辑运算（与、或、非、比较、移位）。

（2）控制器

控制器是计算机的神经中枢和指挥中心，在它的控制下整个计算机才能有条不紊地工作。控制器的功能是依次从存储器中取出指令、翻译指令、分析指令，并向其他部件发出控制信号，指挥计算机各部件协同工作。

运算器、控制器和寄存器通常被集成在一块集成电路芯片上，称为中央处理器（Central Processing Unit，CPU）。

（3）存储器

存储器用来存储程序和数据，是计算机中各种信息的存储和交流中心。存储器通常分为内部存储器和外部存储器。

内部存储器简称内存，又称主存储器，主要用于存放计算机运行期间所需要的程序和数据。用户通过输入设备输入的程序和数据首先被送入内存，运算器处理的数据和控制器执行的指令来自内存，运算的中间结果和最终结果也保存在内存中，输出设备输出的信息来自内存。内存的存取速度较快，容量相对较小。因内存具有存储信息和与其他主要部件交流信息的功能，故内存的大小及其性能的优劣直接影响计算机的运行速度。

外部存储器又称辅助存储器，用于存储需要长期保存的信息，这些信息往往以文件的形式存在。外部存储器中的数据，CPU 是不能直接访问的，必须要被送入内存后才能被使用，计算机通过内存、外存之间不断的信息交换来使用外存中的信息。与内存相比，外部存储器容量大、速度慢、价格低。外部存储器主要有硬盘、移动硬盘、光盘、闪存盘等。

（4）输入设备和输出设备

输入/输出（I/O）设备是计算机系统与外界进行信息交流的工具。其作用分别是将信息输入计算机和从计算机输出。

输入设备将信息输入计算机，并将原始信息转化为计算机能识别的二进制代码存放在存储器中。常用的输入设备有键盘、鼠标、扫描仪、触摸屏、数字化仪、摄像头、扬声器、数码照相机、光笔、磁卡读入机、条形码阅读机等。

输出设备的功能是将计算机的处理结果转换为人们所能接受的形式并输出。常用的输出设备有显示器、打印机、绘图仪、影像输出系统和语音输出系统等。

2．计算机软件系统

计算机软件系统是指为运行、维护、管理、应用计算机所编制的所有程序和数据的集合，通常按功能分为系统软件和应用软件两大类。

（1）系统软件

系统软件是为计算机提供管理、控制、维护和服务等的软件，如操作系统、数据库管理系统、工具软件等。

操作系统（Operating System，OS）是最基本、最核心的系统软件，计算机和其他软件都必须在操作系统的支持下才能运行。操作系统的作用是管理计算机系统中所有的硬件和软件资源，合理地组织计算机的工作流程；同时，操作系统又是用户和计算机之间的接口，为用户提供一个使用计算机的工作环境。目前，常见的操作系统有Windows、UNIX、Linux、Mac OS 等。所有的操作系统都具有并发性、共享性、虚拟性和不确定性4个基本特征。不同操作系统的结构和形式存在很大差别，但一般都有处理机管理（进程管理）、作业管理、文件管理、存储管理和设备管理5项功能。

随着手持设备的普遍使用，在手持设备上使用的操作系统得到了充分发展，其中有代表性的有Android，这是一种以Linux为基础的开放源代码操作系统。而iOS是由苹果公司开发的手持设备操作系统。

系统支持软件是介于系统软件和应用软件之间，用来支持软件开发、计算机维护和运行的软件，是为应用层的软件和最终用户处理程序和数据提供服务，如语言的编译程序、软件开发工具、数据库管理软件、网络支持程序等。

（2）应用软件

应用软件是为解决某个应用领域中的具体任务而开发的软件，如各种科学计算程序、企业管理程序、生产过程自动控制程序、数据统计与处理程序、情报检索程序等。常用应用软件的形式有定制软件（针对具体应用而定制的软件，如民航售票系统）、应用程序包（如通用财务管理软件包）、通用软件（如文字处理软件、电子表格处理软件、演示文稿制作软件、绘图软件、网页制作软件、网络通信软件等）3种类型。

1.2.2　计算机的工作原理

美籍匈牙利数学家冯·诺依曼（John von Neumann）于1946年提出了计算机设计的3个基本思想：

① 计算机由运算器、控制器、存储器、输入设备和输出设备5个基本部分组成。

② 采用二进制形式表示计算机的指令和数据。

③ 将程序（由一系列指令组成）和数据存放在存储器中，并让计算机自动地执

行程序。

其工作原理是将需要执行的任务用程序设计语言写成程序，与需要处理的原始数据一起通过输入设备输入并存储在计算机的存储器中，即 "程序存储"；在需要执行时，由控制器取出程序并按照程序规定的步骤或用户提出的要求，向计算机的有关部件发布命令并控制它们执行相应的操作，执行的过程不需要人工干预而自动连续地一条指令一条指令地运行，即 "程序控制"。冯·诺依曼计算机工作原理的核心是 "程序存储" 和 "程序控制"。按照这一原理设计的计算机称为冯·诺依曼计算机，其体系结构称为冯·诺依曼结构。目前，计算机虽然已发展到了第五代，但基本上仍然遵循冯·诺依曼原理和结构。为了提高计算机的运行程度，实现高度并行化，当今的计算机系统已对冯·诺依曼结构进行了许多变革，如指令流水线技术、多核处理技术、并行计算技术等。

1．计算机的指令系统

指令是能被计算机识别并执行的命令。每一条指令都规定了计算机要完成的一种基本操作，所有指令的集合称为计算机的指令系统。计算机的运行是识别并执行其指令系统中的每条指令。

指令以二进制代码形式来表示，由操作码和操作数（或地址码）两部分组成，如图 1-8 所示。操作码指出应该进行什么样的操作，操作数表示指令所需要的数值本身或数值在内存中所存放的单元地址（地址码）。

操作码	操作数（地址码）

图 1-8　指令的组成

2．计算机执行指令的过程

计算机的工作过程实际上就是快速地执行指令的过程，认识指令的执行过程就能了解计算机的工作原理。计算机在执行指令的过程中有两种信息在流动：数据流和控制流。数据流是指原始数据、中间结果、结果数据、源程序等。控制流是由控制器对指令进行分析、解释后向各部件发出的控制命令，指挥各部件协调地工作。

计算机执行指令一般分为以下 4 个步骤：

① 取指令：控制器根据程序计数器的内容（存放指令的内存单元地址）从内存中取出指令送到 CPU 的指令寄存器。

② 分析指令：控制器对指令寄存器中的指令进行分析和译码。

③ 执行指令：根据分析和译码的结果，判断该指令要完成的操作，然后按照一定的时间顺序向各部件发出完成操作的控制信号，完成该指令的功能。

④ 一条指令执行后，程序计数器加 1 或将转移地址码送入程序计数器，然后回到步骤①，进入下一条指令的取指令阶段。

3．计算机执行程序的过程

程序是为解决某一问题而编写的指令序列。计算机能直接执行的是机器指令，用高级语言或汇编语言编写的程序必须先翻译成机器语言，然后 CPU 从内存中取出一条指令到 CPU 中执行，指令执行完，再从内存取出下一条指令到 CPU 中执行，直到完成全部指令为止。CPU 不断地取指令、分析指令、执行指令，这就是程序的执行过程。

1.3 数制和信息编码

本节知识点：

- 二进制、八进制、十进制和十六进制。
- 不同数制间的转换。
- 信息的存储单位：位、字节、字和字长等的概念。
- 常见的信息编码：ASCII 码、汉字编码、Unicode 码。

1.3.1 数制的概念

数制（Number System）又称计数法，是人们用一组统一规定的符号和规则来表示数的方法。计数法通常使用的是进位计数制，即按进位的规则进行计数。在进位计数制中有"基数"和"位权"两个基本概念。

基数（Radix）是进位计数制中所用的数字符号的个数。例如，十进制的基数为 10，逢十进一；二进制的基数为 2，逢二进一。

在进位计数制中，把基数的若干次幂称为位权，幂的方次随该位数字所在的位置而变化，整数部分从最低位开始依次为 0、1、2、3、4…小数部分从最高位开始依次为 −1、−2、−3、−4…例如，十进制数 1234.567 可以写成：

$$1234.567 = 1 \times 10^3 + 2 \times 10^2 + 3 \times 10^1 + 4 \times 10^0 + 5 \times 10^{-1} + 6 \times 10^{-2} + 7 \times 10^{-3}$$

在计算机内部，信息都是采用二进制的形式进行存储、运算、处理和传输的。编码二进制的运算法则非常简单，例如：

求和法则	求积法则
0 + 0 = 0	0 × 0 = 0
0 + 1 = 1	0 × 1 = 0
1 + 0 = 1	1 × 0 = 0
1 + 1 = 10	1 × 1 = 1

1.3.2 不同数制间的转换

1. 几种常用的数制

日常生活中人们习惯使用十进制，有时也使用其他进制。例如，计算时间采用六十进制，1 小时为 60 分钟，1 分钟为 60 秒；在计算机科学中也经常涉及二进制、八进制、十进制和十六进制等；但在计算机内部，无论什么类型的数据都使用二进制编码的形式来表示。

（1）常用数制的特点

表 1-1 列出了几种常用数制的特点。

1-4 数制和数制转换

表 1-1 常用数制的特点

数 制	基 数	数 码	进位规则
十进制	10	0，1，2，3，4，5，6，7，8，9	逢十进一
二进制	2	0，1	逢二进一
八进制	8	0，1，2，3，4，5，6，7	逢八进一
十六进制	16	0，1，2，3，4，5，6，7，8，9，A，B，C，D，E，F	逢十六进一

（2）常用数制的对应关系

常用数制的对应关系如表 1-2 所示。

表 1-2 常用数制的对应关系

十进制	二进制	八进制	十六进制	十进制	二进制	八进制	十六进制
0	0	0	0	8	1000	10	8
1	1	1	1	9	1001	11	9
2	10	2	2	10	1010	12	A
3	11	3	3	11	1011	13	B
4	100	4	4	12	1100	14	C
5	101	5	5	13	1101	15	D
6	110	6	6	14	1110	16	E
7	111	7	7	15	1111	17	F

（3）常用数制的书写规则

为了区分不同数制的数，常采用以下两种方法进行标识：

① 字母后缀。

二进制数用 B（Binary）表示。

八进制数用 O（Octonary）表示。为了避免与数字 0 混淆，字母 O 常用 Q 代替。

十进制数用 D（Decimal）表示。十进制数的后缀 D 一般可以省略。

十六进制数用 H（Hexadecimal）表示。

例如，10011B、237Q、8079 和 45ABFH 分别表示二进制、八进制、十进制和十六进制。

② 括号外面加下标。例如，$(10011)_2$、$(237)_8$、$(8079)_{10}$ 和$(45ABFH)_{16}$分别表示二进制、八进制、十进制和十六进制。

2．常用数制间的转换

（1）将 r 进制转换为十进制

将 r 进制（如二进制、八进制和十六进制等）按位权展开并求和，便可得到等值的十进制数。

【例 1-1】将$(10100.011)_2$转换为十进制数。

$$(10100.011)_2 = 1×2^4+1×2^2+1×2^{-2}+1×2^{-3}$$
$$= (20.375)_{10}$$

【例 1-2】将(24.3)₈转换为十进制数。

$$(24.3)_8 = 2×8^1 + 4×8^0 + 3×8^{-1}$$
$$= (20.375)_{10}$$

【例 1-3】将(32CF.4B)₁₆转换为十进制数。

$$(32CF.4B)_{16} = 3×16^3+2×16^2+C×16^1+F×16^0+4×16^{-1}+B×16^{-2}$$
$$= 3×16^3+2×16^2+12×16^1+15×16^0+4×16^{-1}+11×16^{-2}$$
$$= (13007.292969)_{10}$$

（2）将十进制转换为 r 进制

将十进制转换为 r 进制（如二进制、八进制和十六进制等）的方法如下：

整数的转换采用"除以 r 取余"法，将待转换的十进制数连续除以 r，直到商为 0，每次得到的余数按相反的次序（即第一次除以 r 所得到的余数排在最低位，最后一次除以 r 所得到的余数排在最高位）排列起来就是相应的 r 进制数。

小数的转换采用"乘以 r 取整"法，将被转换的十进制纯小数反复乘以 r，每次相乘乘积的整数部分若为 1，则 r 进制数的相应位为 1；若整数部分为 0，则相应位为 0，由高位向低位逐次进行，直到剩下的纯小数部分为 0 或达到所要求的精度为止。

对具有整数和小数两部分的十进制数，要用上述方法将其整数部分和小数部分分别进行转换，然后用小数点连接起来。

【例 1-4】将(20.38)₁₀转换为二进制数。

先将整数部分"除以 2 取余"。

除以 2	商	余数	低位
20÷2	10	0	
10÷2	5	0	
5÷2	2	1	
2÷2	1	0	
1÷2	0	1	高位

因此，(20)₁₀ =(10100)₂。

再将小数部分"乘以 2 取整"。

乘以 2	整数部分	纯小数部分	高位
0.38×2	0	0.76	
0.76×2	1	0.52	
0.52×2	1	0.04	
0.04×2	0	0.08	
0.08×2	0	0.16	低位

因此，(0.38)₁₀=(0.01100)₂。

最后得出转换结果：(20.38)₁₀=(10100.01100)₂。

（3）八进制、十六进制与二进制之间的转换

由于 $8 = 2^3$，$16 = 2^4$，所以一位八进制数相当于三位二进制数，一位十六进制数相当于四位二进制数。

① 二进制数转换为八进制数或十六进制数：以小数点为界向左和向右划分，小数点左边（整数部分）从右向左每三位（八进制）或每四位（十六进制）一组构成一位八进制或十六进制数，位数不足三位或四位时最左边补 0；小数点右边（小数部分）从左向右每三位（八进制）或每四位（十六进制）一组构成一位八进制或十六进制数，位数不足三位或四位时最右边补 0。

【例 1-5】将 $(10100.0111)_2$ 转换为八进制数。

$$(10100.0111)_2 = (010)(100).(011)(100)$$

$$2 \quad 4. \quad 3 \quad 4$$

因此，$(10100.0111)_2 = (24.34)_8$。

【例 1-6】将 $(10100.0111)_2$ 转换为十六进制数。

$$(10010.0111)_2 = (0001)(0100).(0111)$$

$$1 \quad 4. \quad 7$$

因此，$(10100.0111)_2 = (14.7)_{16}$。

② 八进制数或十六进制数转换为二进制数：把一位八进制数用三位二进制数表示，把一位十六进制数用四位二进制数表示。

【例 1-7】将 $(24.34)_8$ 转换为二进制数。

$$2 \quad 4 \quad . \quad 3 \quad 4$$

$$(010)(100).(011)(100)$$

因此，$(24.34)_8 = (10100.0111)_2$。

【例 1-8】将 $(14.7)_{16}$ 转换为二进制数。

$$1 \quad 4 \quad . \quad 7$$

$$(0001)(0100). (0111)$$

因此，$(14.7)_{16} = (10100.0111)_2$。

以上介绍了常用数制间的转换方法。其实，使用 Windows 操作系统提供的"计算器"可以很方便地解决整数的数制转换问题。方法如下：

① 选择"开始"→"所有程序"→"附件"→"计算器"命令，启动计算器。

② 选择计算器中的"查看"→"科学型"命令。

③ 单击原来的数制。

④ 输入要转换的数字。

⑤ 单击要转换成的某种数制，即可得到转换结果。

1.3.3 信息存储单位

在计算机内部，信息都是采用二进制的形式进行存储、运算、处理和传输的。信息存储单位有位、字节和字等几种。

1．位

位（bit）是二进制数中的一个数位，可以是 0 或者 1，是计算机中数据的最小单位。

2．字节

字节（byte，B）是计算机中数据的基本单位。例如，1 个 ASCII 码用 1 个字节表示，1 个汉字用 2 个字节表示。

1 个字节由 8 个二进制位组成，即 1 B = 8 bit。比字节更大的数据单位有 KB（kilobyte，千字节）、MB（megabyte，兆字节）、GB（gigabyte，吉字节）和 TB（terabyte，太字节）。

它们的换算关系如下：

$$1 \text{ KB} = 1\,024 \text{ B} = 2^{10} \text{ B}$$
$$1 \text{ MB} = 1\,024 \text{ KB} = 2^{10} \text{ KB} = 2^{20} \text{ B} = 1\,024 \times 1\,024 \text{ B}$$
$$1 \text{ GB} = 1\,024 \text{ MB} = 2^{10} \text{ MB} = 2^{30} \text{ B} = 1\,024 \times 1\,024 \times 1\,024 \text{ B}$$
$$1 \text{ TB} = 1\,024 \text{ GB} = 2^{10} \text{ GB} = 2^{40} \text{ B} = 1\,024 \times 1\,024 \times 1\,024 \times 1\,024 \text{ B}$$

3．字

字（word）是计算机一次存取、运算、加工和传送的数据长度，是计算机处理信息的基本单位，一个字由若干个字节组成，通常将组成一个字的位数称为字长。例如，1 个字由 4 个字节组成，则字长为 32 位。

字长是计算机性能的一个重要指标，是 CPU 一次能直接传输、处理的二进制数据位数，字长越长，计算机运算速度越快、精度越高，性能也就越好。通常，人们所说的多少位的计算机，就是指其字长是多少位的。常用的字长有 32 位、64 位等，目前在个人计算机中，主流的 CPU 都是 64 位的，128 位的 CPU 也在研究之中。

1.3.4 常见的信息编码

前面讨论了把十进制数转换成其他进制的方法，这样就可以在计算机中表示数据。对于数值数据在计算机中的表示还有两个需要解决的问题，即数的正负符号和小数点位置的表示。计算机中通常以"0"表示正号，"1"表示负号，由此引入原码、反码和补码等编码方法。为了表示小数点位置，计算机中又引入了定点数和浮点数表示法。这些内容超出本书范围，有兴趣的读者可查阅相关资料，下面重点讲述字符和汉字的编码。

1．西文字符编码

如前所述，计算机中的信息都是用二进制编码表示的，用以表示字符的二进制编码称为字符编码。对字符的二进制编码有多种。在计算机系统中，有两种重要的字符编码方式：ASCII 码和 EBCDIC 码。EBCDIC 码主要用于 IBM 的大型主机，ASCII 码主要用于微型机和小型机。下面重点介绍 ASCII 码。

目前使用最普遍的是美国信息交换标准码（American Standard Code for Information Interchange），简称 ASCII 码。它

1-5 信息编码

被国际标准化组织确认为国际标准交换码。编码标准化是为了方便在不同的计算机之间进行通信。ASCII 码共有 128 个字符的编码：有大、小写字母的编码 52 个，数字的编码 10 个，各种标点符号和运算符号的编码 32 个以及专用控制符号的编码 34 个。128 个不同的编码（2^7=128）用 7 位二进制数就可以描述，而计算机中一个存储单元能存储 8 个二进制信息位。因此，一个 ASCII 码占用一个存储单元的低 7 位，最高位作为奇偶校验位（一般用 "0" 填充）。表 1-3 所示为 7 位标准 ASCII 码编码表。

表 1-3　7 位 ASCII 码编码表

低位 ＼ 高位	000（0）	001（1）	010（2）	011（3）	100（4）	101（5）	110（6）	111（7）
0000（0）	NUL	DLE	SP	0	@	P	`	p
0001（1）	SOH	DC1	!	1	A	Q	a	q
0010（2）	STX	DC2	"	2	B	R	b	r
0011（3）	ETX	DC3	#	3	C	S	c	s
0100（4）	EOT	DC4	$	4	D	T	d	t
0101（5）	ENQ	NAK	%	5	E	U	e	u
0110（6）	ACK	SYN	&	6	F	V	f	v
0111（7）	BEL	ETB	'	7	G	W	g	w
1000（8）	BS	CAN	(	8	H	X	h	x
1001（9）	HT	EM	)	9	I	Y	i	y
1010（A）	LF	SUB	*	:	J	Z	j	z
1011（B）	VT	ESC	+	;	K	[	k	{
1100（C）	FF	FS	,	<	L	\	l	|
1101（D）	CR	GS	-	=	M	]	m	}
1110（E）	SO	RS	.	>	N	^	n	~
1111（F）	SI	US	/	?	O	_	o	DEL

在键盘键入字母 "A"，计算机接收 "A" 的 ASCII 码（十六进制 "41"、二进制 "01000001"、八进制 "101"）后，很容易找到 "A" 的字形码，在显示器显示 "A" 的字形码，而存储的是 "A" 的 ASCII 码。

在英文输入方式下，输入的字符存储占用 1 个字节，显示和打印占 1 个字符的位置，即半个汉字位置，称半角字符。

在汉字输入方式中，输入的字符分半角字符和全角字符，默认输入的字符为半角字符（即 ASCII 字符）。全角字符存储占用 2 个字节，显示占 1 个汉字的位置，每一种汉字系统都为使用者提供了输入半角字符和全角字符的功能。

扩展的 ASCII 码使用 8 位二进制位表示一个字符的编码，可表示 2^8 = 256 个不同字符的编码。

2．汉字编码

汉字的编码一般有 4 种，即输入码、国标码、内码和输出码。

（1）输入码

为将汉字输入计算机而编制的代码称为汉字输入码，也称外码。目前汉字主要是用标准键盘输入计算机的，所以汉字输入码都是由键盘上的字符或数字组合而成的。汉字输入码是按照某种规则把汉字的音、形、义有关的要素变成数字、字母或键位名称。如常用的微软拼音输入法输入"人"，就要先输入代码"ren"，它是以音为主，以《汉语拼音方案》为基本编码元素，对同音字要增加定字编码，或用计算机把同音字全部显示出来后再选择字的方法。目前流行的汉字输入码的编码方案有几十种方法，如以形为主的五笔字型码、以数字为主的电报码和区位码，以音为主的微软拼音输入法、智能 ABC 输入法、搜狗拼音输入法等。

（2）国标码（国家标准汉字交换码）

国标码是我国标准信息交换汉字编码。标准号为"GB 2312—1980"的国标码（简称 GB 码）规定了信息交换用的汉字编码基本集，是用于计算机之间进行信息交换的统一编码。GB 码收集了汉字和图形符号共 7 445 个，其中汉字 6 763 个（根据汉字使用频率，将汉字按两级存放，一级汉字 3 755 个，按汉语拼音字母顺序排列；二级汉字 3 008 个，按部首顺序排列），图形符号 682 个。

标准号 GB 18030—2005（简称 GBK 码）是 GB 2312—1980 的扩充，共有 2.7 万多个汉字，Windows 95 以上版本均支持 GBK 码。

每一个汉字的国标码用 2 个字节表示，第一个字节表示区码，第二个字节表示位码。有些汉字系统允许使用国标区位码输入汉字，要求区码和位码各用两个十六进制数字表示。

（3）内码

汉字内码是为在计算机内部对汉字进行存储、处理和传输而编制的汉字代码，也叫内部码，简称内码。

当我们将一个汉字用汉字的外码（如拼音码、五笔字型码等）输入计算机后，就通过汉字系统转换为内码，然后才能在机器内流动、处理和存储。每一个汉字的外码可以有多种，但是内码只有一个。目前对应于国标码，一个汉字的内码也用 2 个字节存储，并把每个字节的最高二进制位置"1"作为汉字内码的标识，以免与单字节的 ASCII 码产生歧义。如果用十六进制来表示，就是把汉字国标码的每个字节上加加一个 80H（即二进制数 10000000），所以汉字国标码与其内码有下列关系：

$$汉字的内码=汉字的国标码+8080H$$

例如，已知"中"字的国标码为"5650H"，根据下述公式得：

$$"中"字的内码="中"字的国标码 5650H+8080H=D6D0H$$

（4）输出码

显示和打印的汉字是汉字的字形，称为汉字的输出码、字形码或字模。每一个汉字是一个方块字。常见的汉字输出字体有位图字体（点阵字体）和矢量字体。位图字体是用二进制矩阵来表示一个汉字。例如，用 32×32 点阵表示一个汉字字形，表示一个汉字每行有 32 个点，一共有 32 行。如果每一个点用一位二进制数"0"或"1"表示暗或亮，则一个 32×32 点阵的汉字字形占用(32×32)/8=128 个字节存储单元。一个汉字系统的所有汉字字形码组成汉字的字库。矢量字体是用数学曲线来描述的。字体中包含了符号边界上的关键点、连线的导数信息等。矢量字体的特点是可以无限放大或缩小。

3．Unicode 编码

Unicode（统一码、万国码、单一码）是计算机科学领域中的一项业界标准，包括字符集、编码方案等。Unicode 是为了解决传统的字符编码方案的局限而产生的，它为每种语言中的每个字符设定了统一并且唯一的二进制编码，以满足跨语言、跨平台进行文本转换、处理的要求。1990 年开始研发，1994 年正式公布。

Unicode 是国际组织制定的可以容纳世界上所有文字和符号的字符编码方案。目前的 Unicode 字符分为 17 组编排，0x0000 至 0x10FFFF，每组称为平面（Plane），而每平面拥有 65 536 个码位，共 1 114 112 个。然而目前只用了少数平面。UTF-8、UTF-16、UTF-32 都是将数字转换到程序数据的编码方案。

在非 Unicode 环境下，由于不同国家和地区采用的字符集不一致，很可能出现无法正常显示所有字符的情况。

4．数的编码

用计算机进行数值计算时，输入的十进制数必须转换成计算机能直接识别的二进制数，并进行二进制的计算。为了能让计算机方便地进行十进制数与二进制数之间的转换，在计算机中常采用一种二进制形式的十进制编码，叫二–十进制编码、8421码或 BCD（Binary Code Decimal）码。

BCD 码的编码规则是十进制数的每一个数 0~9 用四位二进制数表示，如表 1-4 所示。如"5"的 BCD 码是"0101"，"86"的 BCD 码是"1000 0110"。

表 1-4　BCD 码表

十进制数	0	1	2	3	4	5	6	7	8	9
BCD 码	0000	0001	0010	0011	0100	0101	0110	0111	1000	1001

下面简单介绍一下计算机中数值型数据是如何参加运算的，例如计算"86+5"。

输入十进制数"86"，计算机接收的是"8"和"6"的 ASCII 码，分别是"00111000"和"00110110"，然后分别截取它们的低四位，得到"86"的压缩 BCD 码"10000110"。"5"的 BCD 是"00000101"，用加法指令对 2 个 BCD 码进行相加，计算结果为"10001011"（这不是我们要的计算结果），需要用 BCD 码调整指令把运算结果转换成"10010001"，是"91"的压缩 BCD 码。最后在输出运算结果时，很容易将 BCD 码转换成 ASCII 码，最后显示相应的字形码。

1.4　个人计算机

本节知识点：

个人计算机组成：主板、CPU、内存、外存、输入设备、输出设备。
- 内存：只读存储器（ROM）、随机存储器（RAM）、高速缓冲存储器（Cache）。
- 外存：硬盘、移动硬盘、闪存盘、光盘等。

- 输入设备：键盘、鼠标、扫描仪、触摸屏等。
- 输出设备：显示器、打印机等。
- 输入/输出接口：总线接口、串行接口、并行接口、PS/2 接口、USB 接口等。

个人计算机（Personal Computer，PC），是以中央处理器（CPU）为核心，加上存储器、输入/输出接口及系统总线所组成的计算机。随着微电子技术的发展，个人计算机整体性能指标不断得到提高，在各行各业中得到了迅速普及应用。

个人计算机可分为台式计算机和便携式计算机两种。台式计算机的主机、键盘和显示器等都是相互独立的，通过电缆连接在一起，如图 1-9（a）所示。其特点是价格便宜，部件标准化程度高，系统扩充和维护比较方便。便携式计算机把主机、硬盘、光驱、键盘和显示器等部件集成在一起，体积小，便于携带，如图 1-9（b）和图 1-9（c）所示。

（a）台式计算机 　　　　　　　（b）便携式计算机 　　　　　　　（c）平板电脑

图 1-9　个人计算机

1.4.1　个人计算机的硬件组成

PC 的原理和结构与普通的电子计算机并无本质区别，也是由硬件系统和软件系统两大部分组成。硬件系统由中央处理器（CPU）、内存储器（包括 ROM 和 RAM）、接口电路（包括输入接口和输出接口）和外围设备（包括输入/输出设备和外存储器）几个部分组成，通过三条总线（bus）：地址总线（AB）、数据总线（DB）和控制总线（CB）进行连接。

从外观来看，PC 一般由主机和外围设备组成。以台式计算机为例，主机包括系统主板、CPU、内存、硬盘驱动器、CD-ROM 驱动器、显卡、电源等；外围设备包括外存储器、键盘、鼠标、显示器和打印机等。

1. 主板

每台 PC 的主机机箱内都有一块比较大的电路板，称为主板或母板。主板是连接 CPU、内存及各种适配器（如显卡、声卡、网卡等）和外围设备的中心枢纽。主板为 CPU、内存和各种适配器提供安装插座（槽）；为各种外部存储器、打印和扫描等 I/O 设备以及数码照相机、摄像头、Modem 等多媒体和通信设备提供连接的接口。实际上计算机通过主板将 CPU 等各种器件和外围设备有机地结合起来形成一套完整的系统。

计算机运行时对 CPU、系统内存、存储设备和其他 I/O 设备的操控都必须通过主板来完成，因此计算机的整体运行速度和稳定性在相当程度上取决于主板的性能。

图 1-10 所示为主流机型主板布局示意图。主板上主要包括 CPU 插座、内存插槽、

显卡插槽以及各种串行和并行接口。

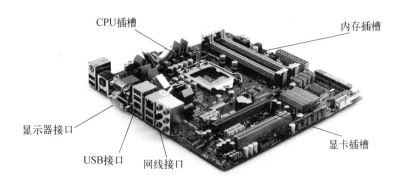

CPU插槽　　　　　　　　　　　　内存插槽

显示器接口

USB接口　网线接口　　　　　　　　显卡插槽

图 1-10　PC 主板结构图

2. CPU

在个人计算机中，运算器和控制器通常被整合成在一块集成电路芯片上，称为中央处理器（CPU）。CPU 的主要功能是从内存储器中取出指令，解释并执行指令。CPU 是计算机硬件系统的核心，它决定了计算机的性能和速度，代表计算机的档次，所以人们通常把 CPU 形象地比喻为计算机的心脏。

CPU 的运行速度通常用主频表示，以赫兹（Hz）作为计量单位。在评价 PC 时，首先看其 CPU 是哪一种类型，在同一档次中还要看其主频的高低，主频越高，速度越快，性能越好。CPU 的主要生产厂商有 Intel 公司、AMD 公司、VIA 公司和 IBM 公司等。图 1-11 所示为 Intel 公司和 AMD 公司生产的几款 CPU。

图 1-11　CPU

3. 内存储器

内存储器简称内存，主要由只读存储器（Read Only Memory，ROM）、随机存取存储器（Random Access Memory，RAM）和高速缓冲存储器（Cache）构成。

（1）只读存储器（ROM）

ROM 表示只读存储器（Read Only Memory），在制造 ROM 时，信息（数据或程序）就被存入并永久保存。这些信息只能读出，一般不能写入，即使机器停电，这些数据也不会丢失。ROM 一般用于存放计算机的基本程序和数据，如 BIOS ROM。其物理外形一般是双列直插式（DIP）的集成块。

（2）随机存储器（RAM）

随机存储器（Random Access Memory）表示既可以从中读取数据，也可以写入数据。当机器电源关闭时，存于其中的数据就会丢失。通常购买或升级的内存条就是用作计算机的内存，内存条就是将 RAM 集成块集中在一起的一小块电路板，它插在计算机中的内存插槽上，以减少 RAM 集成块占用的空间，如图 1-12 所示。

（3）高速缓冲存储器（Cache）

Cache 也是经常遇到的概念，也就是平常看到的一级缓存（L1 Cache）、二级缓存（L2 Cache）、三级缓存（L3 Cache）这些数据，它位于 CPU 与内存之间，是一个读写速度比内存更快的存储器。当 CPU 向内存中写入或读出数据时，这个数据也被存储进高速缓冲存储器中。当 CPU 再次需要这些数据时，CPU 就从高速缓冲存储器读取数据，而不是访问较慢的内存，当然，如果需要的数据在 Cache 中找不到，CPU 会再去读取内存中的数据。

4．外存储器

外存储器又称外存，用于长期保存数据。CPU 不能直接访问外存储器中的数据，要被送入内存后才能使用。与内存储器相比较，外存储器一般容量大、价格低、速度慢。外存主要有硬盘、移动硬盘、闪存盘、光盘等。

（1）硬盘

硬盘由磁盘盘片组、读/写磁头、定位机构和传动系统等部分组成，密封在一个容器内，如图 1-13 所示。硬盘容量大，存储速度快，可靠性高，是最主要的外存储设备。目前，常用的硬盘直径分为 3.5 in 或 2.5 in，容量一般为几百 GB 甚至几 TB。

（2）移动硬盘

移动硬盘如图 1-14 所示，具有容量大（几百 GB 到几 TB）、携带方便、存储方便、安全性强、可靠性强、兼容性好、读/写速度快等特点，受到越来越多的用户青睐。

图 1-12　随机存储器　　　　图 1-13　硬盘　　　　图 1-14　移动硬盘

在 Windows 7 及高版本操作系统下使用移动硬盘不需要安装任何驱动程序，即插即用。移动硬盘一般通过 USB 接口与计算机连接。移动硬盘每次使用完毕后，最好先将其移除（又称"删除硬件"），然后再拔出数据线。具体步骤：先关闭相关的窗口，右击任务栏上的移动存储器图标，再选择"安全删除硬件"命令，最后单击"停止"按钮。另外，应避免数据正在读/写时拔出移动硬盘。

（3）闪存盘

闪存盘如图 1-15 所示，利用闪存（Flash Memory）技术在断电后还能保持存储数据信息的原理制成，具有质量小且体积小、读/写速度快、不易损坏、采用 USB 接口与计算机连接。即插即用等特点，能实现在不同计算机之间进行文件交换，已经成为移动存储器的主流产品。闪存盘的存储容量一般有 32 GB、64 GB、128 GB 等，最大可达几百 GB。使用时应避免在读/写数据时拔出闪存盘，闪存盘也要先"删除硬件"再拔出。

（4）光盘

光盘（Compact Disk，CD）是利用激光原理进行读/写的外存储器，如图 1-16 所示。它以容量大、寿命长、价格低等特点在 PC 中得到了广泛的应用。

图 1-15　闪存盘　　　　　　　　　图 1-16　光盘

光盘分为 CD（Compact Disk）、DVD（Digital Versatile Disk）等。CD 的容量约为650 MB；单面单层的红光 DVD 容量为 4.7 GB，单面双层的红光 DVD 容量为 7.5 GB，双面双层的红光 DVD 容量为 17 GB（相当于 26 张 CD 的容量）；蓝光 DVD 单面单层光盘的存储容量有 23.3 GB、25 GB 和 27 GB。比蓝光 DVD 更新的产品是全息存储光盘。

全息存储光盘是利用全息存储技术制造而成的新型存储器，它用类似于 CD 和DVD 的方式（即能用激光读取的模式）存储信息，但存储数据是在一个三维的空间而不是通常的二维空间，并且数据检索速度要比传统的快几百倍。全息存储技术因同时具有存储容量大（可达到几百 GB 至十几 TB）、数据传输速率高、冗余度高和信息寻址速度快等特点，最有可能成为下一代主流存储技术。

光盘的驱动和读取是通过光盘驱动器（简称光驱）来实现的，往光盘写入数据需安装光盘刻录机。新型的三合一驱动器能支持读取 CD、DVD、蓝光 DVD 和刻录光盘等功能，已被广泛地应用在 PC 中。

5．输入设备

输入设备将信息用各种方法输入计算机，并将原始信息转化为计算机能接受的二进制数，使计算机能够处理。常用的输入设备主要有键盘、鼠标、扫描仪、触摸屏、手写板、光笔、话筒、摄像机、数码照相机、磁卡读入机、条形码阅读机、数字化仪等。

（1）键盘

键盘是最常用、最基本的输入设备，可用来输入数据、文本、程序和命令等。在键盘内部有专门的控制电路，当用户按键盘上的任意一个键时，键盘内部的控制电路会产生一个相应的二进制代码，并把这个代码传入计算机。

按照各类按键的功能和排列位置，可将键盘分成 4 个区：主键盘（打字键）区、功能键区、编辑键区和数字小键盘区，如图 1-17 所示。

图 1-17 键盘

① 主键盘区。主键盘区与英文打字机键的排列次序相同，位于键盘中间，包括数字 0～9、字母 a～z，以及一些控制键，如 Shift 键、Ctrl 键、Alt 键等。

② 功能键区。功能键区在键盘最上面一排，指的是 Esc 键和 F1～F12 键，其功能由软件、操作系统或者用户定义。例如，F1 键通常被设为帮助键。现在有些计算机厂商为了进一步方便用户，还设置了一些特定的功能键，如单键上网、收发电子邮件、播放 DVD 等。

③ 数字小键盘区。数字小键盘区又称小键盘，位于键盘的右部，它主要是为输入大量的数字提供方便。小键盘中的双字符键具有数字键和编辑键双重功能，单击数字锁定键"Num Lock"即可进行上挡数字状态和下挡编辑状态的切换。

④ 编辑键区。编辑键区位于打字键和数字小键盘区之间，在键盘中间偏右的地方，主要用于光标定位和编辑操作。

表 1-5 列出了一些常用键的功能和用法。

表 1-5 常用键的功能和用法

常 用 键	功 能 和 用 法
Caps Lock	字母大/小写转换键。若键盘上的字母键为小写状态，按此键可转换成大写状态（键盘右上角的 Caps Lock 指示灯亮）；再按一次又转换成小写状态（Caps Lock 指示灯灭）
Shift	换挡键。打字键区中左右各一个，不能单独使用。主要有两个用途：①先按住 Shift 键，再按某个双字符键，即可输入上挡字符（若单独按双字符键则输入下挡字符）。②在小写状态下，按住 Shift 键时按字母键，输入大写字母；在大写状态下，按住 Shift 键时按字母键，输入小写字母
Space	空格键。在键盘中下方的长条键，每按一次键即在光标当前位置产生一个空格
Backspace	退格键。删除光标左侧字符
Delete（Del）	删除键。删除光标当前位置字符
Tab	跳格键或制表定位键。每单击一次，光标向右移动若干个字符（一般为 8 个）的位置，常用于制表定位
Ctrl	控制键。打字键区中左右各一个，不能单独使用，通常与其他键组合使用，如同时按住 Ctrl 键、Alt 键和 Delete 键可用于热启动
Alt	控制键，又称替换键。打字键区中左右各一个，不能单独使用，通常与其他键组合使用，完成某些控制功能
Num Lock	数字锁定键。按数字锁定键"Num Lock"即可对小键盘进行上挡数字状态和下挡编辑状态的切换。Num Lock 指示灯亮，小键盘上挡数字状态有效，否则下挡编辑状态有效

续表

常 用 键	功 能 和 用 法
Insert（Ins）	插入/改写状态转换键。用于编辑时插入、改写状态的转换。在插入状态下输入一个字符后，该字符被插入到光标当前位置，光标所在位置后的字符将向右移动，不会被改写；在改写状态下输入一个字符时，该字符将替换光标所在位置的字符
Print Screen	屏幕复制键。在 DOS 状态下按该键可将当前屏幕内容在打印机上打印出来。在 Windows 操作系统下，按该键可将当前屏幕内容复制到剪贴板中；同时按住 Alt 键和 Print Screen 键可将当前窗口或对话框中的内容复制到剪贴板中
↑、↓、←、→	光标移动键。在编辑状态下，每按一次，光标将按箭头方向移动一个字符或一行
Page Up（PgUp）	向前翻页键。每按一次，光标快速定位到上一页
Page Down（PgDn）	向后翻页键。每按一次，光标快速定位到下一页
Home	在编辑状态下，按该键，光标移动到当前行行首；同时按住 Ctrl 键和 Home 键，光标移动到文件开头位置
End	在编辑状态下，按该键，光标移动到当前行行尾；同时按住 Ctrl 键和 End 键，光标移动到文件末尾
⊞	Windows 专用键。用于启动"开始"菜单
▤	Windows 专用键。用于启动快捷菜单

（2）鼠标

随着 Windows 操作系统的发展和普及，鼠标已成为计算机必备的标准输入装置。鼠标因其外形像一只拖着长尾巴的老鼠而得名。鼠标的工作原理是利用自身的移动，把移动距离及方向的信息变成脉冲传送给计算机，由计算机把脉冲转换成指针的坐标数据，从而达到指示位置和单击操作的目的。如图 1-18 和图 1-19 所示为有线鼠标和无线鼠标。

（3）扫描仪

扫描仪如图 1-20 所示，是一种输入图形图像的设备，通过它可以将图片、照片、文字甚至实物等用图像形式扫描输入到计算机中。

图 1-18　有线鼠标　　　　图 1-19　无线鼠标　　　　图 1-20　扫描仪

扫描仪最大的优点是在输入稿件时可以最大程度上保留原稿面貌，这是键盘和鼠标所办不到的。通过扫描仪得到的图像文件可以提供给图像处理程序进行处理；如果再配上光学字符识别（OCR）程序，则可以把扫描得到的图片格式的中英文图像转变为文本格式，供文字处理软件进行编辑，这样就免去了人工输入的过程。

（4）触摸屏

触摸屏是一种附加在显示器上的辅助输入设备。当手指在屏幕上移动时，触摸屏将手指移动的轨迹数字化，然后传送给计算机，计算机对获得的数据进行处理，从而实现人机对话。其操作方法简便、直观，逐渐代替键盘和鼠标作为普通计算机的输入手段。目前的触摸屏分为电阻触摸屏和电容触摸屏两种。

此外，利用手写板可以通过手写输入中英文；利用摄像头可以将各种影像输入到计算机中；利用语音识别系统可以把语音输入到计算机中。

6. 输出设备

输出设备的功能是将计算机的处理结果转换为人们所能接受的形式并输出。常用的输出设备有显示器、打印机、绘图仪、影像输出系统和语音输出系统等。磁盘驱动器既是输入设备，又是输出设备。

（1）显示器

显示器是计算机最基本的输出设备，能以数字、字符、图形或图像等形式将数据、程序运行结果或信息的编辑状态显示出来。目前常用的显示器有 3 类：一类是阴极射线管（Cathode Ray Tube，CRT）显示器；另一类是液晶显示器（Liquid Crystal Display，LCD），还有一类是发光二极管（Light Emitting Diode，LED）显示器，如图 1-21 所示。

（a）CRT 显示器　　　　　（b）LCD（液晶）显示器　　　　　（c）LED（发光二极管）显示器

图 1-21　显示器

① CRT 显示器工作时，电子枪发出电子束轰击屏幕上的某一荧光点，使该点发光，每个点由红、绿、蓝三基色组成，通过对三基色强度的控制就能合成各种不同的颜色。电子束从左到右，从上到下，逐个荧光点轰击，就可以在屏幕上形成图像。

② LCD 显示器的工作原理是利用液晶材料的物理特性，当通电时，液晶中分子排列有秩序，使光线容易通过；不通电时，液晶中分子排列混乱，阻止光线通过。这样让液晶中分子如闸门般地阻隔或让光线穿透，就能在屏幕上显示出图像来。液晶显示器的特点是：超薄、完全平面、无射线、低电磁辐射、能耗低，符合环保概念。

③ LED 显示器（LED panel）。其实正确的名称应该是"LED 背光液晶显示器"，即采用 LED 背光源代替冷阴极荧光灯管（CCFL）背光源的液晶显示器。由于 LED 显示器具有节能环保的特点，因此会逐步取代传统的 LCD 显示器。

显示器的主要技术参数有显示器尺寸、分辨率等。对于相同尺寸的屏幕，分辨率越高，所显示的字符或图像就越清晰。

（2）打印机

打印机如图 1-22 所示，是将计算机的处理结果打印到纸上的输出设备。打印机一般通过电缆线连接在计算机的 USB 接口上。打印机按打印颜色可分为单色打印机和彩色打印机；按工作方式可分为击打式打印机和非击打式打印机，击打式打印机用得最多的是针式打印机，非击打式打印机用得最多的是喷墨打印机和激光打印机。

图 1-22　打印机

① 针式打印机。针式打印机又称点阵打印机，由走纸机构、打印头和色带组成。针式打印机的缺点是噪声大，打印速度慢，打印质量不高，打印头针容易损坏；优点是打印成本低，可连页打印、多页打印（复印效果）、打印蜡纸等。

② 喷墨打印机。喷墨打印机是在控制电路的控制下，墨水通过墨头喷射到纸面上形成微墨点输出字符和图形。喷墨打印机体积小，噪声低，打印质量高，颜色鲜艳逼真，价格便宜，适用于个人购买。缺点是墨水的消耗量大；长期不用的喷墨打印机，墨头喷头会干涸，不能再使用。

③ 激光打印机。激光打印机是激光技术和静电照相技术结合的产物。这种打印机由激光源、光调制器、感光鼓、光学透镜系统、显影器、充电器等部件组成，其工作原理与复印机相似。由于激光打印机分辨率高，印字质量好，打印速度快，无击打噪声，因此深受用户的喜爱。缺点是打印成本较高。

打印机的主要技术指标是分辨率和打印速度。分辨率一般用每英寸打印的点数来表示。分辨率的高低决定了打印机的印字质量。针式打印机的分辨率通常为 180 dpi，喷墨打印机和激光打印机的分辨率一般都超过 600 dpi。打印速度一般用每分钟能打印的纸张页数来表示。

7．输入/输出（I/O）接口

在 PC 中，当增加外围设备（简称外设）时，不能直接将它接在总线上，这是因为外设种类繁多，所产生和使用的信号各不相同，工作速度通常又比 CPU 低，因此外设必须通过 I/O 接口电路才能连接到总线上。接口电路具有设备选择、信号变换及缓冲等功能，以确保 CPU 与外设之间能协调一致地工作。PC 中一般能提供图 1-23 所示的接口。

图 1-23　PC 接口

① 总线接口。主板一般提供多种总线类型（如 PCI、AGP）的扩展槽，供用户插

入相应的功能卡（如显卡、声卡、网卡等）。

② 串行接口。采用二进制位串行方式（一次传输一位数据）来传送信号的接口。主要采用 9 针的规范，主板上提供了 COM1、COM2，早期的鼠标就是连接在这种串行接口上。

③ 并行接口。采用二进制为并行方式（一次传输八位数据，即 1 字节）来传送信号的接口。主要采用 25 针的规范，旧款的打印机主要是连接在这个并行接口上。

④ PS/2 接口。考虑到资源的占用率和传输速度，专门设计用来连接鼠标和键盘的接口。连接鼠标和键盘的 PS/2 接口看起来非常相似，但其实内部的控制电路是不同的，不能互相混插，可以用颜色来区分，通常紫色的代表键盘接口，绿色的代表鼠标接口。

⑤ USB 接口。USB（Universal Serial Bus，通用串行总线）是采用新型的串行技术开发出来的接口。USB 接口最大的特点是支持热插拔，而且传输速度快，USB 3.0 规范达到 5 Gbit/s，所以现在个人计算机的外围设备接口都提供了 USB 接口。

1.4.2　个人计算机的主要性能指标

1．字长

字长是 CPU 一次能直接传输、处理的二进制数据位数，是计算机性能的一个重要指标。字长代表机器的精度，字长越长，可以表示的有效位数就越多，运算精度越高，处理能力越强。目前，PC 的字长一般为 32 位或 64 位。

2．主频

主频指的是计算机的时钟频率。时钟频率是指 CPU 在单位时间（秒）内发出的脉冲数，通常以吉赫兹（GHz）为单位。主频越高，计算机的运算速度越快。人们通常把 PC 的类型与主频标注在一起，例如，Pentium 4/3.2E 表示该计算机的 CPU 芯片类型为 Pentium 4，主频为 3.2 GHz。CPU 主频是决定计算机运算速度的关键指标，这也是用户在购买 PC 时要按主频来选择 CPU 芯片的原因。

3．运算速度

计算机的运算速度是指每秒所能执行的指令数，用每秒百万条指令（MIPS）描述，是衡量计算机档次的一项核心指标。计算机的运算速度不但与 CPU 的主频有关，还与字长、内存、主板、硬盘等有关。

4．内存容量

内存容量是指随机存取存储器 RAM 的存储容量的大小。内存容量越大，所能存储的数据和运行的程序就越多，程序运行速度也越快，计算机处理信息的能力越强。目前，PC 的内存容量一般为 8 GB、16 GB 等。

1.4.3　个人计算机的选购

目前用户购买 PC 一般有台式计算机和笔记本电脑两种选择，而且可以选择购买品牌机或兼容机。品牌机是指由拥有计算机生产许可证，且具有市场竞争力的正规厂商配置的计算机。DELL、联想、惠普、方正、七喜、华硕、清华同方等都是知名的品牌机生产厂商。由于品牌机是计算机生产商在对各种计算机硬件设备进行多次组合试验的基础上组装的，因此产品的质量相对较好、稳定性和兼容性也较高，售后服务较好，但价格相对较高。兼容机是指根据买方要求现场组装（或自己组装）出来的计算机。由于没有经过搭配上的组合测试，因此兼容机先天就存在兼容性和稳定性的隐患，售后服务也往往较差，但价格一般较低。

不管是选购品牌机、兼容机，都应该对计算机的配置有所了解。一台计算机是由许多功能不同、型号各异的配件组成的。因此，在选购计算机之前，可先按照自己的需求，选择不同档次、型号、生产厂家的计算机配件，这就是计算机配置。

配置计算机的基本原则：实用、性能稳定、性价比高、配置均衡。在选择配置时应切忌只强调 CPU 的档次而忽视主板、内存、显卡等重要部件的性能，不均衡的配置会造成好的部件不能充分发挥其作用。另外，计算机硬件的升级非常快，购买计算机时一步到位的想法是非常错误的，即使购买的是当时最高档的硬件，一年后也会从高档变为中低档。普通家用计算机只要能够运行主流的操作系统和满足用户日常使用的应用软件，能满足平时学习、工作、娱乐的需要即可。因此其配置无须非常高，这样不仅可以节省购买费用，还能充分发挥各部件的功能。

另外，选购时还要货比三家，选择一个比较实惠、可靠的经销商购买。在和经销商商订好价格后还要确定书面的售后服务，尤其是售后保修。硬件产品一定要先检查，检查硬件是否被打开过、型号是否正确、硬件质量是否完好等。

1.5　数据库的基本概念

本节知识点：
- 数据、数据处理。
- 数据的组织级别：数据项、记录、文件和数据库。
- 数据库系统的构成：硬件、软件、数据库和用户。
- 数据库系统的功能：对象定义、数据操纵、运行管理、系统维护。
- 数据库系统的类型：层次型、网状型和关系型。
- 常用的关系型数据库管理系统：SQL Server、Visual FoxPro、Oracle、Access。

数据是计算机处理的对象。数据库技术研究的问题是如何科学地组织、存储和管理数据、如何高效地获取和处理数据。

1.5.1　数据与数据处理

数据库是为了实现一定的目的，按某种规则组织起来的数据的集合。

1. 数据

数据不仅包括狭义的数值数据，而且包括文字、声音、图形等一切能被计算机接收并处理的符号。数据是事物特性的反映和描述，是符号的集合。

2．数据处理

数据是重要的资源，收集到的大量数据必须经过加工、整理、转换之后，才能从中获取有价值的信息。数据处理可定义为对数据的收集、存储、加工、分类、检索、传播等一系列活动。

1.5.2 数据的组织级别

数据库中数据的组织一般可以分为4级：数据项、记录、文件和数据库。

1．数据项

数据项是数据的最小单位，又称元素、基本项、字段等。每个数据项都有一个名称，称为数据项名。数据项的值可以是数值的、字母的、字母数字的、汉字的等形式。数据项的物理特点在于它具有确定的物理长度，可以作为整体看待。

2．记录

记录由若干相关联的数据项组成，是处理和存储信息的基本单位，是关于一个实体的数据总和。构成该记录的数据项表示实体的若干属性。为了唯一标识每个记录，就必须有记录标识符，又称关键字。唯一标识记录的关键字称主关键字，其他标识记录的关键字称为次关键字。

3．文件

文件是一给定类型的（逻辑）记录的全部具体值的集合。文件用文件名标识，文件根据记录的组织方式和存取方法可以分为顺序文件、索引文件、直接文件等。

4．数据库

数据库是比文件更大的数据组织，数据库是具有特定联系的数据的集合，也可以看成是具有特定联系的多种类型的记录的集合。

1.5.3 数据库系统的构成

数据库系统（Database System，DBS）是由硬件、软件、数据库和用户4部分构成的整体，如图1-24所示。

1．硬件

数据库系统建立在计算机系统上，运行数据库系统的计算机需要有足够大的内存以存放系统软件、足够大容量的磁盘等联机直接存取设备存储庞大的数据，要求系统联网，以实现数据共享。

2．软件

数据库软件主要是指数据库管理系统（Database Management System，DBMS）。DBMS是为数据库存取、维护和管理而配置的软件，是数据库系统的核心组成部分，DBMS在操作系统的支持下工作。

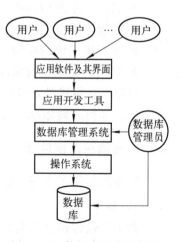

图1-24 数据库系统的构成

3．数据库

数据库是数据库系统的核心和管理对象，是存储在一起的相互有联系的数据的集合。

4．用户

数据库系统中存在一组管理（数据库管理员，DBA）、开发（应用程序员）、使用数据库（终端用户）的人员，这些人员称为用户。

1.5.4　数据库管理系统

数据库管理系统是介于应用程序与操作系统之间的数据库管理软件，是数据库系统的核心。主要包括 4 方面的功能：

① 对象定义功能。对数据库中数据对象的定义，如库、表、视图、索引、触发器等。

② 数据操纵功能。对数据库中数据对象的基本操作，如查询、更新等。

③ 运行管理功能。对数据库中数据对象的统一控制，主要控制包括数据的安全性、完整性、多用户的并发控制和故障恢复等。

④ 系统维护功能。对数据库中数据对象的输入、转换、转储、重组、性能监视等。

数据库管理系统按数据模型的不同，分为层次型、网状型和关系型 3 种类型。其中，关系型数据库管理系统使用最为广泛，SQL Server、Visual FoxPro、Oracle、Access等都是常用的关系型数据库管理系统。

1.6　程序设计基础

本节知识点：

- 程序、程序设计。
- 程序设计的基本过程。
- 程序设计的方法。
- 程序设计语音。
- 软件开发过程。

程序设计技术从计算机诞生到今天一直是计算机应用的核心技术。从某种意义上说，计算机的能力主要靠程序来体现。

1.6.1　程序设计的概念

程序是计算机的一组指令，是程序设计的最终结果。程序经过编译和执行才能最终完成程序的功能。由于计算机用户知识水平的提高和出现了多种高级程序设计语言，用户进入了软件开发领域。用户可以为自己的多项业务编制程序，这比将自己的业务需求交给别人编程容易得多。因此，程序设计不仅是计算机专业人员必备的知识，也是其他各行各业的专业人员应该掌握的。

程序设计是指利用计算机解决问题的全过程，它包含多方面的内容，而编写程序只是其中的一部分。使用计算机解决实际问题，通常是先要对问题进行分析并建立数学模型，然后考虑数据的组织方式和算法，并用某种程序设计语言编写程序，最后调试程序，使之运行后能产生预期的结果，这个过程称为程序设计。程序设计的基本目标是实现算法和对初始数据进行处理，从而完成问题的求解。

学习程序设计的目的不只是学习一种特定的程序设计语言，而是要结合某种程序设计语言学习程序设计的一般方法。

程序设计的基本过程包括分析所求解的问题、建立数学模型、确定数据结构和算法、编写程序、调试运行直至得到正确结果、整理文档并交付使用 6 个阶段。各设计步骤具体如下：

① 分析问题，明确任务。在接到某项任务后，首先需要对任务进行调查和分析，明确要实现的功能。然后详细分析要处理的原始数据有哪些，从哪里来，是什么性质的数据，要进行怎样的加工处理，处理的结果送到哪里，要求是打印、显示还是保存到磁盘。

② 建立数学模型，选择合适的解决方案。对要解决的问题进行分析，找出它们的运算和变化规律，然后进行归纳，并用抽象的数学语言描述出来。也就是说，将具体问题抽象为数学问题。

③ 确定数据结构和算法。方案确定后，要考虑程序中要处理的数据的组织形式（即数据结构），并针对选定的数据结构简略地描述用计算机解决问题的基本过程，再设计相应的算法（即解题的步骤）。然后根据已确定的算法，画出流程图。

④ 编写程序。编写程序就是把用流程图或其他描述方法描述的算法用计算机语言描述出来。这一步应注意的是要选择一种合适的语言来适应实际算法和所处的计算机环境，并要正确地使用语言，准确地描述算法。

⑤ 调试程序。将源程序送入计算机，通过执行所编写的程序找出程序中的错误并进行修改，再次运行、查错、改错，重复这些步骤，直到程序的执行效果达到预期的目标。

⑥ 整理文档并交付使用。程序调试通过后，应将解决问题整个过程的有关文档进行整理，编写程序使用说明书。

以上是一个完整的程序设计的基本过程。对于初学者而言，因为要解决的问题都比较简单，所以可以将上述步骤合并为一步，即分析问题、设计算法。

1.6.2 程序设计方法

如果程序只是为了解决比较简单的问题，那么通常不需要关心程序设计思想，但对于规模较大型的应用开发，显然需要用工程的思想指导程序设计。

早期的程序设计语言主要面向科学计算，程序规模通常不大。20 世纪 60 年代以后，计算机硬件的发展非常迅速，但是程序员要解决的问题却变得更加复杂，程序的规模越来越大，出现了一些需要几十甚至上百人的工作量才能完成的大型软件，这类程序必须由多个程序员密切合作才能完成。由于旧的程序设计方法很少考虑程序员之间交流协作的需要，所以不能适应新形势的发展，因此编出的软件中的错误随着软件规模的增大而迅速增加，甚至有些软件尚未正式发布便已因故障率太高而宣布报废，由此产生了"软件危机"。

结构化程序设计方法正是在这种背景下产生的，现在面向对象程序设计、第四代程序设计语言、计算机辅助软件工程等软件设计和生产技术都已日臻完善，计算机软件、硬件技术的发展交相辉映，使计算机的发展和应用达到了前所未有的高度和广度。

1.6.3　程序设计语言

对程序设计语言的分类可以从不同的角度进行，如面向机器的程序设计语言、面向过程的程序设计语言、面向对象的程序设计语言等。最常见的分类方法是根据程序设计语言与计算机硬件的联系程度将其分为 3 类，即机器语言、汇编语言和高级语言。

1. 机器语言

从本质上说，计算机只能识别 0 和 1 两个数字，因此，计算机能够直接识别的指令是由连串的 0 和 1 组合起来的二进制编码，称为机器指令。机器语言是指计算机能够直接识别的指令的集合，它是最早出现的计算机语言。机器指令一般由操作码和操作数组成，其具体表现形式和功能与计算机系统的结构有关，所以是一种面向机器的语言。

2. 汇编语言

为了克服机器语言的缺点，人们对机器语言进行了改进，用一些容易记忆和辨别的有意义的符号代替机器指令。用这样一些符号代替机器指令所产生的语言称为汇编语言，又称符号语言。

3. 高级语言

为了从根本上改变语言体系，使计算机语言更接近于自然语言，并力求使语言脱离具体机器，达到程序可移植的目的，20 世纪 50 年代末终于创造出独立于机型的、接近于自然语言、容易学习使用的高级语言。高级语言是一种用接近自然语言和数学语言的语法、符号描述基本操作的程序设计语言，它符合人们叙述问题的习惯，因此简单易学。

1.6.4　软件开发过程

软件开发过程就是使用适当的资源，为开发软件进行的一组开发活动。这组活动包含计划、开发和运行。将这组活动分为若干阶段，在每个阶段应完成的基本任务和产生的文档如表 1-6 所示。

表 1-6　各阶段的任务和文档

时　间	阶　段	任　务	文　档
计划	问题定义	调查用户需求，分析并提出软件项目的目标和规模	系统目标与范围说明书
	可行性分析	从经济、技术、运行和法律方面研究其可行性	可行性论证报告

续表

时　间	阶　段	任　务	文　档
开发	需求分析	软件系统的目标及应完成的工作，即做什么	需求规格说明书
	软件设计	总体设计：系统的结构设计和接口设计	总体设计说明书
		详细设计：系统的模块设计，即做什么	详细设计说明书
	软件测试	单元测试、综合测试、确认测试、系统测试	测试后的软件、测试大纲、测试方案与结果
运行	软件维护	运行和维护	维护后的软件

1.7　计算机安全

本节知识点：

● 计算机病毒及其特征。

● 计算机病毒的类型。

● 计算机感染病毒后的常见症状。

● 黑客及黑客攻击。

● 计算机病毒和黑客的防范措施。

随着计算机的快速发展以及计算机网络的普及，计算机安全问题越来越受到广泛的重视与关注。国际标准化组织（ISO）对计算机安全的定义是：为数据处理系统建立和采取的技术和管理的安全保护，保护计算机硬件、软件、数据不因偶然的或恶意的原因而遭破坏、更改、泄露。

对计算机安全的威胁多种多样，主要是自然因素和人为因素。自然因素是指一些意外事故的威胁；人为因素是指人为的入侵和破坏，主要是计算机病毒和网络黑客。

计算机安全可以从管理安全、技术安全和环境安全 3 个方面着手工作。本节只讨论计算机病毒对计算机的破坏和如何防护。

1.7.1　计算机病毒

1．计算机病毒的概念

计算机病毒在《中华人民共和国计算机信息系统安全保护条例》中有明确定义："计算机病毒，是指编制或者在计算机程序中插入的破坏计算机功能或者毁坏数据，影响计算机使用，并能自我复制的一组计算机指令或者程序代码。"通俗地讲，病毒就是人为的特制程序，具有自我复制能力、很强的感染性、一定的潜伏性、特定的触发性和极大的破坏性。

2．计算机病毒的特征

（1）非授权可执行性

计算机病毒隐藏在合法的程序或数据中，当用户运行正常程序时，病毒伺机窃取到系统的控制权，得以抢先运行，然而此时用户还认为在执行正常程序。

（2）隐蔽性

计算机病毒是一种具有较高编程技巧且短小精悍的可执行程序，它通常总是隐藏在操作系统、引导程序、可执行文件或数据文件中，不易被人们发现。

（3）传染性

传染性是计算机病毒最重要的一个特征。病毒程序一旦侵入计算机系统就通过自我复制迅速传播，计算机病毒具有再生与扩散能力。计算机病毒可以从一个程序传染到另一个程序，从一台计算机传染到另一台计算机，从一个计算机网络传染到另一个计算机网络。

（4）潜伏性

计算机病毒具有依附于其他媒体而寄生的能力，病毒可以悄悄隐藏起来，这种媒体称为计算机病毒的宿主。入侵计算机的病毒可以在一段时间内不发作，然后在用户不察觉的情况下进行传染。一旦达到某种条件，隐蔽潜伏的病毒就肆虐地进行复制、变形、传染、破坏。

（5）表现性或破坏性

无论何种病毒程序一旦侵入系统都会对操作系统的运行造成不同程度的影响。即使不直接产生破坏作用的病毒程序也要占用系统资源。而绝大多数病毒程序要显示一些文字或图像，影响系统的正常运行，还有一些病毒程序删除文件，甚至摧毁整个系统和数据，使之无法恢复，造成无可挽回的损失。

（6）可触发性

计算机病毒一般都有一个或者几个触发条件，用来激活病毒的表现部分或破坏部分。触发的实质是一种条件的控制，病毒程序可以依据设计者的要求，在一定条件下实施攻击。这些条件可能是病毒设计好的特定字符、某个特定日期或特定时刻，或者是病毒内置的计数器达到一定次数等。一旦满足触发条件或者激活病毒的传染机制，病毒就会进行传染。

3. 计算机病毒的类型

（1）引导型病毒

引导型病毒又称操作系统型病毒，主要寄生在硬盘的主引导程序中，当系统启动时进入内存，伺机传染和破坏。典型的引导型病毒有大麻病毒、小球病毒等。

（2）文件型病毒

文件型病毒一般感染可执行文件（扩展名为.com 或.exe 的文件）。在用户调用感染病毒的可执行文件时，病毒首先被运行，然后驻留内存传染其他文件，如 CIH 病毒。

（3）宏病毒

宏病毒是利用办公自动化软件（如 Word、Excel 等）提供的"宏"命令编制的病毒，通常寄生于为文档或模板编写的宏中。一旦用户打开了感染病毒的文档，宏病毒即被激活并驻留在普通模板上，使所有能自动保存的文档都感染这种病毒。宏病毒可以影响文档的打开、存储、关闭等操作，可删除文件、随意复制文件、修改文件名或存储路径、封闭有关菜单，还可造成不能正常打印，使人们无法正常使用文件。

（4）网络病毒

因特网的广泛使用，使利用网络传播病毒成为病毒发展的新趋势。网络病毒一般利用网络的通信功能，将自身从一个结点发送到另一个结点，并自行启动。它们对网络计算机，尤其是网络服务器主动进行攻击，不仅非法占用了网络资源，而且导致网络堵塞，甚至造成整个网络系统的瘫痪。蠕虫病毒（worm）、特洛伊木马（trojan）病毒、冲击波（blaster）病毒、电子邮件病毒都属于网络病毒。

（5）混合型病毒

混合型病毒是以上两种或两种以上病毒的混合。例如，有些混合型病毒既能感染磁盘的引导区，又能感染可执行文件；有些电子邮件病毒则是文件型病毒和宏病毒的混合体。

4．计算机感染病毒后的常见症状

了解计算机感染病毒后的各种症状，有助于及时发现病毒。常见的症状有：

① 屏幕显示异常。屏幕上出现异常图形、莫名其妙的问候语，或直接显示某种病毒的标志信息。

② 系统运行异常。原来能正常运行的程序现在无法运行或运行速度明显减慢，经常出现异常死机，或无故重新启动，或蜂鸣器无故发声。

③ 硬盘存储异常。硬盘空间突然减少，经常无故读/写磁盘，或磁盘驱动器"丢失"等。

④ 内存异常。内存空间骤然变小，出现内存空间不足、不能加载执行文件的提示。

⑤ 文件异常。例如，文件名称、扩展名、日期等属性被更改，文件长度加长，文件内容改变，文件被加密，文件打不开，文件被删除，甚至硬盘被格式化等。莫名其妙地出现许多来历不明的隐藏文件或者其他文件。可执行文件运行后，神秘地消失，或者产生出新的文件。某些应用程序被屏蔽，不能运行。

⑥ 打印机异常。不能打印汉字或打印机"丢失"等。

⑦ 硬件损坏。例如，CMOS中的数据被改写，不能继续使用；BIOS芯片被改写等。

1.7.2 黑客

黑客（Hacker）原指那些掌握高级硬件和软件知识、能剖析系统的人，但现在"黑客"已变成了网络犯罪的代名词。黑客就是利用计算机技术、网络技术，非法侵入、干扰、破坏他人计算机系统，或擅自操作、使用、窃取他人的计算机信息资源，对电子信息交流和网络实体安全具有威胁性和危害性的人。

黑客攻击网络的方法是不停寻找因特网上的安全缺陷，以便乘虚而入。黑客主要通过掌握的技术进行犯罪活动，如窥视政府和军队的机密信息、企业内部的商业秘密、个人的隐私资料等；截取银行账号、信用卡密码，以盗取巨额资金；攻击网上服务器，使其瘫痪，或取得其控制权，修改、删除重要文件，发布不法言论等。

1.7.3 计算机病毒和黑客的防范

计算机病毒和黑客的出现给计算机安全提出了严峻的挑战，解决问题最重要的一点就是树立"预防为主，防治结合"的思想，树立计算机安全意识，防患于未然，积极地预防黑客的攻击和计算机病毒的侵入。

1. 防范措施

① 对外来的计算机、存储介质（光盘、闪存盘、移动硬盘等）或软件要进行病毒检测，确认无毒后才能使用。

② 在别人的计算机上使用自己的闪存盘或移动硬盘时，必须处于写保护状态。

③ 不要运行来历不明的程序或使用盗版软件。

④ 不要在系统盘上存放用户的数据和程序。

⑤ 对于重要的系统盘、数据盘以及磁盘上的重要信息要经常备份，以便遭到破坏后能及时得到恢复。

⑥ 利用加密技术，对数据与信息在传输过程中进行加密。

⑦ 利用访问控制权限技术规定用户对文件、数据库、设备等的访问权限。

⑧ 不定时更换系统的密码，且提高密码的复杂度，以增强入侵者破译的难度。

⑨ 迅速隔离被感染的计算机。当计算机发现病毒或异常时应立刻断网，以防止计算机受到更多的感染，或者成为传播源，再次感染其他计算机。

⑩ 不要轻易下载和使用网上的软件；不要轻易打开来历不明的邮件中的附件；不要浏览一些不太了解的网站；不要执行从 Internet 下载后未经杀毒处理的软件；调整好浏览器的安全设置，并且禁止一些脚本和 ActiveX 控件的运行，防止恶性代码的破坏。对于通过网络传输的文件，应在传输前和接收后使用反病毒软件进行检测和清除病毒，以确保文件不携带病毒。

⑪ 关闭或删除系统中不需要的服务。默认情况下，许多操作系统会安装一些辅助服务，如 FTP 客户端、Telnet 等。这些服务为攻击者提供了方便，如果用户不需要使用这些功能，则可删除它们，这样可以大大减少被攻击的可能性。

⑫ 购买并安装正版的、具有实时监控功能的杀毒卡或反病毒软件，时刻监视系统的各种异常并及时报警，以防止病毒的侵入。要经常更新反病毒软件的版本，以及升级操作系统，安装堵塞漏洞的补丁。

⑬ 对于网络环境，应设置"病毒防火墙"。

2. 利用防火墙技术

防火墙是指设置在不同网络（如可信任的企业内部网和不可信的公共网）或网络安全域之间的一系列部件的组合。它可通过监测、限制、更改跨越防火墙的数据流，尽可能地对外部屏蔽网络内部的信息、结构和运行状况，以此来实现网络的安全保护。

在逻辑上，防火墙是一个分离器、一个限制器，也是一个分析器，有效地监控了内部网和 Internet 之间的任何活动，保证了内部网络的安全。典型的防火墙具有以下 3 方面的基本特性：

① 内部、外部网络之间的所有网络数据流都必须经过防火墙。

② 只有符合安全策略的数据流才能够通过防火墙。

③ 防火墙自身具有非常强的抗攻击能力。

目前常见的防火墙有 Windows 防火墙、天网防火墙、瑞星防火墙、江民防火墙、卡巴斯基防火墙等。

3. 用杀毒软件清除病毒

杀毒软件又称反病毒软件，是用于消除计算机病毒、特洛伊木马和恶意软件，保护计算机安全的一类软件的总称，可以对资源进行实时的监控，阻止外来侵袭。杀毒软件通常集成病毒监控、识别、扫描和清除及病毒库自动升级等功能。杀毒软件的任务是实时监控和扫描磁盘，其实时监控方式因软件而异。有的杀毒软件是通过在内存中划分一部分空间，将计算机中流过内存的数据与杀毒软件自身所带的病毒库（包含病毒定义）的特征码相比较，以判断是否为病毒。另一些杀毒软件则在所划分到的内存空间中，虚拟执行系统或用户提交的程序，根据其行为或结果做出判断。部分杀毒软件通过在系统添加驱动程序的方式，进驻系统，并且随操作系统启动。大部分的杀毒软件还具有防火墙功能。

目前，使用较多的杀毒软件有卡巴斯基、NOD32、诺顿、瑞星、江民、金山毒霸等，具体信息可在相关网站中查询。个别的杀毒软件还提供永久免费使用，如 360 杀毒软件。

由于计算机病毒种类繁多，新病毒又在不断出现，病毒对反病毒软件来说永远是超前的，也就是说，清除病毒的工作具有被动性。切断病毒的传播途径，防止病毒的入侵比清除病毒更重要。

本 章 测 试

一、单选题

1. 世界上第一台电子计算机取名为（　　　）。

    A. UNIVAC   B. EDSAC   C. ENIAC   D. ABC

2. 操作系统的作用是（　　　）。

    A. 把源程序翻译成目标程序   B. 进行数据处理

    C. 控制和管理系统资源的使用   D. 实现软硬件的转换

3. 个人计算机简称为 PC，这种计算机属于（　　　）。

    A. 微型计算机   B. 小型计算机   C. 超级计算机   D. 巨型计算机

4. 目前制造计算机所采用的电子器件是（　　　）。

    A. 晶体管   B. 超导体

    C. 中小规模集成电路   D. 超大规模集成电路

5. 一个完整的计算机系统通常包括（　　　）。

    A. 硬件系统和软件系统   B. 计算机及其外围设备

  C. 主机、键盘与显示器   D. 系统软件和应用软件

6. 计算机软件是指（ ）。

  A. 计算机程序   B. 源程序和目标程序

  C. 源程序   D. 计算机程序及有关资料

7. 计算机的软件系统一般分为（ ）两大部分。

  A. 系统软件和应用软件   B. 操作系统和计算机语言

  C. 程序和数据   D. DOS 和 Windows

8. 在计算机内部，不需要编译计算机就能够直接执行的语言是（ ）。

  A. 汇编语言   B. 自然语言   C. 机器语言   D. 高级语言

9. 计算机存储数据的最小单位是二进制的（ ）。

  A. 位（比特） B. 字节   C. 字长   D. 千字节

10. 1 个字节包括（ ）个二进制位。

  A. 8   B. 16   C. 32   D. 64

11. 1 MB 等于（ ）字节。

  A. 100 000 B. 1 024 000 C. 1 000 000 D. 1 048 576

12. 在存储器容量的表示中，MB 的准确含义是（ ）。

  A. 1 米   B. 1 024 KB C. 1 024 字节 D. 100 万

13. 下列数据中，有可能是八进制数的是（ ）。

  A. 488   B. 317   C. 597   D. 189

14. 与十进制 36.875 等值的二进制数是（ ）。

  A. 110100.011 B. 100100.111 C. 100110.111 D. 100101.101

15. 在不同进制的 4 个数中，最小的一个数是（ ）。

  A. $(1101100)_2$ B. $(65)_{10}$ C. $(70)_8$ D. $(A7)_{16}$

16. 在不同进制的 4 个数中，最大的一个数是（ ）。

  A. $(1101100)_2$ B. $(65)_{10}$ C. $(70)_8$ D. $(A7)_{16}$

17. 1 GB 等于（ ）。

  A. 1 024×1 024 B   B. 1024 MB

  C. 1 024 MB 二进制位   D. 1000 MB

18. 与八进制数 64.3 等值的二进制数是（ ）。

  A. 110100.011   B. 100100.111

  C. 100110.111   D. 100101.101

19. 与十六进制数 26.E 等值的二进制数是（ ）。

  A. 110100.011   B. 100100.111

  C. 100110.11   D. 100101.101

20. 硬盘属于（ ）。

  A. 输入设备 B. 输出设备 C. 内存储器 D. 外存储器

21. 计算机采用二进制最主要的理由是（ ）。

  A. 存储信息量大   B. 符合习惯

C. 结构简单运算方便　　　　　　　　D. 数据输入、输出方便

22. 在计算机系统中，任何外围设备都必须通过（　　　）才能和主机相连。

　　A. 存储器　　　　B. 接口适配器　　　C. 电缆　　　　D. CPU

23. 从软件分类来看，Windows 属于（　　　）。

　　A. 应用软件　　　B. 系统软件　　　C. 支撑软件　　　D. 数据处理软件

24. 术语 ROM 是指（　　　）。

　　A. 内存储器　　　　　　　　　　　B. 随机存取存储器

　　C. 只读存储器　　　　　　　　　　D. 只读型光盘存储器

25. 术语 RAM 是指（　　　）。

　　A. 内存储器　　　　　　　　　　　B. 随机存取存储器

　　C. 只读存储器　　　　　　　　　　D. 只读型光盘存储器

26. 在同一台计算机中，内存比外存（　　　）。

　　A. 存储容量大　　　　　　　　　　B. 存取速度快

　　C. 存取周期长　　　　　　　　　　D. 存取速度慢

27. 在计算机断电后（　　　）中的信息将会丢失。

　　A. ROM　　　　　B. 硬盘　　　　　C. U 盘　　　　D. RAM

28. 计算机的发展经历了电子管计算机、晶体管计算机、集成电路计算机和（　　　）计算机的四个发展阶段。

　　A. 二极管　　　　B. 三极管　　　　C. 小型　　　　D. 大规模集成电路

29. 在计算机硬件设备中，（　　　）合在一起称为中央处理器，简称 CPU。

　　A. 存储器和控制器　　　　　　　　B. 运算器和控制器

　　C. 存储器和运算器　　　　　　　　D. 运算器和 RAM

30. 未来计算机的发展趋向于巨型化、微型化、网络化、（　　　）和智能化。

　　A. 多媒体化　　　B. 电器化　　　　C. 现代化　　　D. 工业化

31. 内存中每个基本单位，都被赋予一个唯一的序号，称为（　　　）。

　　A. 地址　　　　　B. 字节　　　　　C. 字段　　　　D. 容量

32. 要把一张照片输入计算机，必须用到（　　　）。

　　A. 打印机　　　　B. 扫描仪　　　　C. 绘图仪　　　D. 光盘

33. 建立计算机网络的主要目的是（　　　）。

　　A. 资源共享　　　B. 速度快　　　　C. 内存增大　　　D. 可靠性高

34. 目前计算机病毒对计算机造成的危害主要是通过（　　　）实现的。

　　A. 腐蚀计算机的电源　　　　　　　B. 破坏计算机的程序和数据

　　C. 破坏计算机的硬件设备　　　　　D. 破坏计算机的软件与硬件

35. 所谓计算机病毒是指（　　　）。

　　A. 能够破坏计算机各种资源的不当操作

　　B. 特制的破坏计算机内信息且自我复制的程序

　　C. 计算机内存放的、被破坏的程序

　　D. 能感染计算机操作者的生物病毒

36. 以下有关计算机病毒的描述，不正确的是（　　）。

    A. 是特殊的计算机部件　　　　　B. 传播速度快

    C. 是人为编制的特殊程序　　　　D. 危害大

37. 通常所说的 I/O 设备指的是（　　）。

    A. 输入/输出设备　　　　　　　B. 通信设备

    C. 网络设备　　　　　　　　　D. 控制设备

38. "死机"是指（　　）。

    A. 计算机的工作状态　　　　　B. 计算机的非正常运行状态

    C. 计算机的自检状态　　　　　D. 计算机的暂停状态

39. 计算机病毒的特点是（　　）。

    A. 隐蔽性、潜伏性、易读性与破坏性

    B. 破坏性、潜伏性、传染性与安全性

    C. 隐蔽性、潜伏性、传染性与破坏性

    D. 隐蔽性、潜伏性、传染性与易读性

二、填空题

1. 通常将计算机的中央处理器称为运算控制单元，又称_____，它是由控制器和运算器组成的。

2. 磁盘在第一次使用前，通常要进行_____。

3. 一个汉字存放在计算机内，一般占用_____个字节。

4. 计算机是由_____、_____、_____、_____和_____5 个基本部分组成的。

5. 一个完整的计算机系统是由硬件和_____两大部分组成的。

6. 冯·诺依曼结构计算机方案包含 3 个要点：

    ① _____；

    ② _____；

    ③ _____。

Windows 7 操作系统 <<<

　　Windows 操作系统，是微软（Microsoft）公司于 1985 年推出的微机操作系统，经过 30 多年的发展，从最早期的 Windows 1.0 版，发展到今天的 Windows Vista、Windows 7、Windows 8、Windows 10，前后更新了十多个版本。其中 Windows 95/98/2000 和 Windows XP 在推出后曾甚为流行，但微软公司已于 2014 年 4 月 8 日起，停止 Windows XP 操作系统的对外支持服务。

　　Windows 7 是微软公司于 2009 年 10 月发布的，2011 年 2 月 22 日发布 Windows 7 SP1。微软在开发 Windows 7 的过程中，始终将性能放在首要的位置。Windows 7 在系统启动时间上进行了大幅度的改进，使其成为一款反应更快速、令人感觉更清爽的操作系统。Windows 7 系统界面华丽，视觉效果好，系统性能稳定，通常不会出现蓝屏、意外死机等状况。

　　Windows 7 分为 32 位和 64 位版本。主要区别是对 CPU 要求不同，CPU 有 32 位和 64 位之分，32 位的 CPU 只能安装 32 位系统，而 64 位的 CPU 既可以安装 32 位系统也可以安装 64 位系统。另外，64 位系统可以支持多达 128 GB 的内存和多达 16 TB 的虚拟内存，而 32 位 CPU 和操作系统最大只可支持 4 GB 内存（实际只有 3.25 GB 左右）。

　　根据应用范围和功能的不同，Windows 7 又分为 6 个版本：
- Windows 7 Starter（简易版）；
- Windows 7 Home Basic（家庭普通版）；
- Windows 7 Home Premium（家庭高级版）；
- Windows 7 Professional（专业版）；
- Windows 7 Enterprise（企业版）；
- Windows 7 Ultimate（旗舰版）。

　　Windows 7 操作系统管理计算机软硬件资源，调度用户作业程序和处理各种中断，从而保证计算机各部分协调有效工作。主要功能包括：处理器管理、存储器管理、文件管理、作业管理和设备管理五大功能。

　　通过本章的学习，可了解 Windows 7 操作系统桌面、窗口、文件、文件夹等基本概念，学习 Windows 7 操作系统的基本操作，掌握文件管理、磁盘管理、控制面板以及系统设置等常用方法。

2.1 【案例1】熟悉 Windows 7 操作系统的工作环境

　案例内容

王宇刚刚买了一台计算机，操作系统是 Windows 7，由于是第一次接触该操作系统，并且对 Windows 7 也非常感兴趣，所以想了解 Windows 7 的安装过程、基本的安装方法、Windows 7 的启动和退出以及 Windows 7 的基本工作环境。

　案例中的知识点

- Windows 7 的安装过程。
- Windows 7 的启动和退出。
- Windows 7 的工作环境。

　案例讲解

2–1 初识 Windows 7
操作系统

1. Windows 7 的安装

安装 Windows 7 经常使用的是闪存盘安装，过程如下：

① 准备好闪存盘启动盘，并复制好 Windows 7 的安装程序到闪存盘。

② 进入 BIOS 设置，将首先启动的设备设置为 USB 设备。

③ 插好闪存盘启动计算机，选择安装 Windows 7。

④ 安装过程自动完成后，拔下闪存盘重新启动计算机。

2. Windows 7 的工作环境

启动 Windows 7 后，会打开 Windows 7 的桌面，如图 2–1 所示。

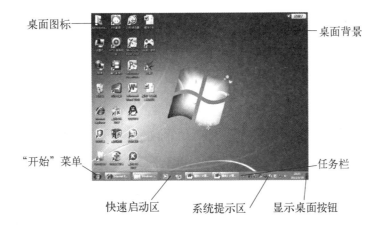

图 2–1　Windows 7 的桌面

屏幕上的整个区域被称为"桌面"。Windows 7 的桌面主要由桌面图标、桌面背景和任务栏等几部分组成。

　　（1）桌面图标

　　① 系统图标：系统自带的一些有特殊用途的图标被称为系统图标，包括"计算机""网络""回收站"等，双击可打开相应的系统对象。

　　② 快捷方式图标：该图标用于快速启动相应的应用程序，通常是在安装某些应用程序时自动产生的，用户也可根据需要自行创建，其特征是图标左下角有一个箭头标志。

　　（2）桌面背景

　　桌面背景又称墙纸，即显示在计算机屏幕上的背景画面，起到丰富桌面内容、美化环境的作用。

　　（3）任务栏

　　默认状态下任务栏位于桌面的最下方，主要包括"开始"按钮、快速启动区、任务按钮区、语言栏、系统提示区和"显示桌面"按钮等部分。

　　① "开始"按钮：位于任务栏最左侧，单击该按钮会弹出"开始"菜单，其中包含了 Windows 7 中的各种程序选项，选择其中的任意选项可打开相应的程序或窗口。

　　② 语言栏：输入文本内容时，在语言栏中可进行选择和设置输入法等操作。

　　③ 快速启动区：存放最常用程序的快捷方式，默认包含"IE 浏览器"、"库"和 Windows Media Player 3 个图标，单击其中的某个图标，可快速启动相应的程序。

　　④ 系统提示区：用于显示"系统音量""网络""时钟"等一些正在运行的应用程序的图标，单击其中的向上按钮可以查看被隐藏的其他通知图标。

　　⑤ 任务按钮区：用于显示当前打开的程序窗口的对应图标，使用该图标可以进行还原、切换和关闭窗口等操作，用鼠标拖动图标可以改变图标的排列顺序。

　　⑥ "显示桌面"按钮：单击该按钮可以在当前打开的窗口和桌面之间进行切换。

案例实训

　　尝试制作启动闪存盘，下载 Windows 7 镜像文件，安装 Windows 7 操作系统，熟悉 Windows 7 的工作环境。

2.2 【案例 2】掌握 Windows 7 的个性化设置

案例内容

　　赵月是一位摄影爱好者，拍了很多美丽的图片，希望将自己拍摄的汽车图片作为计算机桌面的背景图片。本案例通过 Windows 7 个性化命令，完成修改桌面背景、调整分辨率等操作。

案例中的知识点

- Windows 7 桌面背景设置。
- 屏幕分辨率调整。
- 屏幕保护程序设置。
- 改变系统时间。

 案例讲解

2-2 Windows 7 的
个性化设置

1. Windows 7 桌面背景设置

① 右击桌面空白处，在弹出的快捷菜单中选择"个性化"命令（见图 2-2），或选择"开始"→"控制面板"命令，然后单击"外观和个性化"超链接。

② 打开"个性化"窗口，如图 2-3 所示。

图 2-2　桌面快捷菜单　　　　　　　　图 2-3 "个性化"窗口

③ 单击"桌面背景"图标，在打开的窗口中选择一种背景，或者单击"浏览"按钮在计算机中找到所需的图片作为桌面背景，如图 2-4 所示，然后单击"保存修改"按钮，桌面背景即被应用。

图 2-4　选择桌面背景

2．屏幕分辨率调整

① 在桌面空白处右击，从弹出的快捷菜单中选择"屏幕分辨率"命令，打开"屏幕分辨率"窗口，如图 2-5 所示。

② 在"显示器"下拉列表中，选择用于工作的显示器。

③ 在"分辨率"下拉列表中，拖动滑块以调整显示器分辨率。

④ 在"方向"下拉列表中，设置当前屏幕为"横向""纵向""横向（翻转）""纵向（翻转）"等选项。

⑤ 修改所需要的分辨率，当前分辨率发生变化时，系统弹出"显示设置"对话框，单击"保留更改"按钮可以应用当前设置，单击"还原"按钮可以放弃当前修改，如图 2-6 所示。

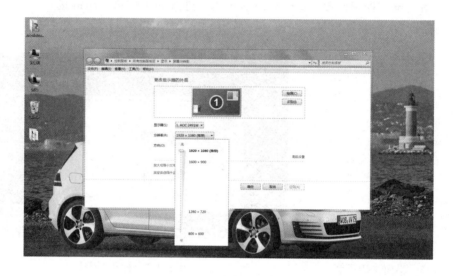

图 2-5 "屏幕分辨率"窗口

图 2-6 "显示设置"对话框

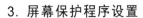

3. 屏幕保护程序设置

"屏幕保护程序"是指在使用 Windows 系统时，如果较长一段时间没有任何操作，系统就自动启动屏幕保护程序，对显示器和系统进行保护。

单击"屏幕保护程序"超链接，弹出"屏幕保护程序设置"对话框，如图 2-7 所示。在"屏幕保护程序"下拉列表中选择程序，在"等待"数值框中设置启动屏幕保护程序所需的时间。

依次单击"更改电源设置"→"唤醒时需要密码"→"创建或更改用户账户密码"超链接，表示在退出屏幕保护程序时，必须输入登录密码，设置完成后单击"创建密码"按钮。如果在规定时间内没有对计算机进行任何操作，系统将自动启动屏幕保护程序。

图 2-7 "屏幕保护程序设置"对话框

4. 改变系统时间

① 在任务栏右端显示的时间上单击，在弹出的面板（见图 2-8）中单击"更改日期和时间设置"按钮，弹出"日期和时间"对话框，如图 2-9 所示。

② 单击"更改日期和时间设置"按钮，弹出"日期和时间设置"对话框。

图 2-8 日期和时间面板

图 2-9 "日期和时间"对话框

③ 在"日期"的域中，选择年、月、日的信息。

④ 在"时间"区域中，拖动表针设置时间，或在下面的数值框中直接输入时间。

⑤ 单击"确定"按钮。

案例实训

下载一幅喜欢的图片，将 Windows 7 桌面背景设置为该图片；将屏幕保护设置为"三维文字"，显示"长春财经学院"，旋转类型为"摇摆式"；查看系统日期时间是否正确，如果不正确，请改成当前日期时间。

2.3 【案例 3】掌握 Windows 7 任务栏和快捷方式的设置

案例内容

王宇掌握了 Windows 7 的安装过程、基本的安装方法以及 Windows 7 的基本工作环境。但对于改变任务栏的设置并不是非常熟悉，同时需要对新安装的程序设置应用程序的快捷方式。通过本案例的学习，可掌握任务栏的设置和应用程序快捷方式的设置。

案例中的知识点

● 任务栏的设置。

● 快捷方式的设置。

案例讲解

1. 任务栏的设置

改变任务栏的位置：将鼠标指针移动到任务栏的空白处，按住鼠标左键并拖动到屏幕的上部、左侧或右侧，观察拖动后任务栏的位置。

改变任务栏的宽度：将鼠标指针移动到任务栏的边缘，当鼠标指针变成双向箭头时拖动鼠标，然后观察任务栏的宽度。

隐藏任务栏：右击任务栏的空白处，在弹出的快捷菜单中选择"属性"命令，弹出"任务栏和「开始」菜单属性"对话框，如图 2-10 所示。选中"自动隐藏任务栏"复选框，然后单击"确定"按钮，此时任务栏就被隐藏了。当将鼠标指针移动到桌面下边缘时，将自动显示任务栏。选中"自动隐藏任务栏"复选框后，系统将自动隐藏任务栏。要显示被隐藏的任务栏，将鼠标指针

图 2-10 "任务栏和「开始」菜单属性"对话框

移到任务栏所在的位置即可。

① 选中"锁定任务栏"此项后，将来即使窗口最大化或是全屏显示时，任务栏也总是可见的；如果不选中，任务栏就可能被其他窗口所挡住。

② 选中"使用小图标"此项后，任务栏中的图标以小图标方式来显示。

③ 从"屏幕上的任务栏位置"下拉列表中选择合适的选项，一般选择"底部"。

④ 单击"自定义"按钮，弹出"通知区域图标"对话框，进行合适的设置，如图 2-11 所示。

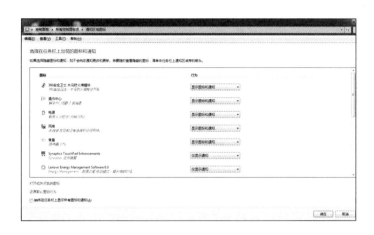

图 2-11　"通知区域图标"对话框

2. 快捷方式的设置

快捷方式是计算机或网络上任何可访问的项目（如程序、文件、文件夹、磁盘、网页、打印机或计算机）的链接，可以看作一个指向某个计算机资源的指针。创建快捷方式的目的是使用户能快速完成一些日常的访问工作。

（1）直接在 C 盘上创建快捷方式

例如，在 C 盘上创建"mytest"程序的快捷方式，具体操作步骤如下：

① 进入 C 盘，右击空白处，在弹出的快捷菜单中选择"新建"→"快捷方式"命令，如图 2-12 所示，弹出"创建快捷方式"对话框。

② 在"请键入对象的位置"中输入要创建快捷方式的源文件的路径"D:\mytest.txt"，或者单击其右边的"浏览"按钮，在打开的"浏览文件夹"对话框中设置源文件的路径。操作完成后，在"创建快捷方式"对话框中单击"下一步"按钮，如图 2-13 所示。

（2）利用"计算机"窗口创建程序的桌面快捷方式

例如，在桌面上创建"记事本"程序的快捷方

图 2-12　创建快捷方式快捷菜单

式，具体操作步骤如下：

单击"开始"按钮，用鼠标指针依次指向"所有程序"→"附件"→"记事本"命令，右击"记事本"程序，选择"打开文件位置"命令，在打开的窗口中选中 notepad.exe 应用程序，右击该程序，在弹出的快捷菜单中选择"发送到"→"桌面快捷方式"命令。

图 2-13　"创建快捷方式"对话框

（3）创建"开始"菜单中的程序桌面快捷方式

例如，在桌面上创建"Word 2010"程序的快捷方式，具体操作步骤如下：

单击"开始"按钮，将鼠标指针指向"所有程序"→"Microsoft Office"，右击"Microsoft Word 2010"程序，在弹出的快捷菜单中选择"发送到"→"桌面快捷方式"命令，或在按住 Ctrl 键的同时单击，将其拖动到桌面上，即在桌面上创建了"Word 2010"程序的快捷方式，如图 2-14 所示。

（4）创建普通文件的桌面快捷方式

例如，在桌面上创建"C:\mytest.txt"程序的快捷方式，具体操作步骤如下：

进入 C 盘，右击 mytest.txt，在弹出的快捷菜单中选择"发送到"→"桌面快捷方式"命令，即在桌面上创建了"C:\mytest.txt"的快捷方式，如图 2-15 所示。

图 2-14　"开始"中菜单程序
快捷方式设置

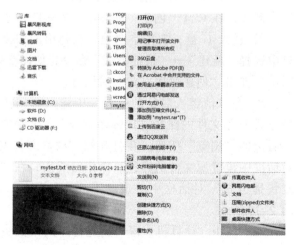

图 2-15　文件的快捷方式设置

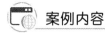

案例实训

在 C 盘上新建文件 mytest.txt，在桌面上建立该文件的快捷方式；在桌面上建立 QQ 应用程序的快捷方式。

2.4 【案例 4】认识文件和文件夹

案例内容

赵明在网站上下载了一些学习资料，对于这些资料需要分门别类地存放，因此需要对文件和文件夹操作有一定的了解。通过本案例的学习，赵明掌握了创建"计算机基础"文件夹，使用写字板创建"学习笔记"文件，并将文件存入文件夹中，对文件和文件夹进行复制、移动、删除、恢复、重命名、查看属性等操作。

案例中的知识点

- 资源管理器。
- 文件和文件夹的概念。
- 文件和文件夹的操作。

2-3 认识文件和文件夹

案例讲解

1. 资源管理器

资源管理器是 Windows 系统提供的资源管理工具，是用于管理计算机所有资源的应用程序。通过资源管理器可以新建、打开、复制、移动、删除文档以及搜索文件和文件夹，启动、运行应用程序，访问控制面板中的各个程序项，对硬件进行设置。

1）启动资源管理器

在 Window 7 中，启动资源管理器的常用方法有以下几种：

方法一：右击"开始"按钮，在弹出快捷菜单中选择"打开 Windows 资源管理器"命令。

方法二：单击"开始"按钮，选择"开始"→"所有程序"→"附件"→"Windows 资源管理器"命令。

方法三：单击"开始"按钮，选择"开始"→"运行"命令，在弹出的对话框中输入 explorer.exe 单击 Enter 键即可启动 Windows 资源管理器。

使用上述方法都可以打开图 2-16 所示的 Windows 资源管理器窗口，即"库"窗口。"库"可以收集不同位置的文件，并以单一集合方式显示，而无须从其存储位置移动这些文件。默认的库有 4 个，分别是文档、音乐、图片和视频，也可以新建库用于其他集合。

图 2-16　Windows 资源管理器窗口

2）资源管理器窗口

资源管理器的窗口分为地址栏、菜单栏、常用工具栏和导航窗格、工作区等几部分。

（1）地址栏

地址栏显示当前文件在系统中的路径。单击地址栏中按钮▶，会弹出相应的路径菜单。单击地址栏最右边的按钮▼，会弹出含有以前曾经成功访问过地址的下拉菜单。

（2）菜单栏

菜单栏包括"文件""编辑""查看""工具""帮助"菜单，菜单栏可通过"组织"→"布局"→"菜单栏"选项，选择显示或隐藏菜单栏。

（3）常用工具栏

常用工具栏内的命令按钮列表是动态变化的，主要包括"组织""更改您的视图""显示/隐藏预览窗格""获取帮助"4 个固定按钮。随着选择对象的不同，还会有"打开""刻录""新建文件夹""新建库"等按钮。

① 组织：是在常用工具栏中唯一的一个下拉按钮，主要集中了对文件及文件夹的相关操作命令，其中还有一个"布局"级联菜单，包含四个选项，如图 2-17 所示。

● 菜单栏：选择在资源管理器窗口地址栏下方是否显示菜单栏。

● 细节窗格：选择在窗口底部是否显示详细信息面板。

● 预览窗格：选择在资源管理器窗口工作区是否显示预览窗格。

● 导航窗格：选择在资源管理器窗口左侧是否显示导航窗格。

图 2-17　布局级联菜单

② 更改您的视图：每单击一次该按钮，工作区中的图标显示方式就会在"列表""详细信息""平铺""内容""大图标"中依次轮换；单击旁边的"更多选项"按钮，将会弹出有更多显示方式的菜单供用户选择。

③ 显示/隐藏预览窗格：每单击一次该按钮，预览窗格就会在"显示"和"隐藏"

之间转换一次。

④ 获取帮助：单击该按钮，弹出"Windows 帮助和支持"窗口，其中的内容与用户选定的对象或工作区中的对象有关，可供用户学习参考。

（4）导航窗格

可以使用导航窗格（左窗格）来查找文件和文件夹，并可以在导航窗格中直接移动或复制。

在有的文件夹（库）左侧有符号▷或符号◢。▷表示该文件夹（库）内有还未展示出来的子文件夹（库），单击▷则会展开显示这些文件夹（库），同时▷变为◢；◢则表示该文件夹（库）内的所有子文件夹（库）都已展开显示出来，单击◢，该文件夹将会折叠收起，同时◢又变为▷。若文件夹（库）左侧没有符号，表示该文件夹（库）内没有子文件夹（库）。

（5）搜索栏

可以在搜索栏输入要查找的文件（文件夹、库）名，并可以指定搜索范围、使用通配符、搜索筛选器协助搜索。系统会在详细信息面板显示查找到符合条件的项目总数，还可以对搜索内容、搜索方式进行设置。

① 用搜索筛选器搜索文件或文件夹。单击搜索栏空白处可显示搜索筛选器，根据当前窗口所处的不同位置，搜索筛选器的内容也会有所不同。

② 设置搜索范围。默认的搜索范围是当前窗口，但在搜索过程中或搜索结束后，可以随时重新设置搜索范围，再次进行搜索。只要在"在以下内容中再次搜索"提示下方选择相应的目标位置即可。

③ 设置搜索内容。选择"工具"→"文件夹选项"命令，在弹出的对话框中选择"搜索"选项卡。"搜索内容"选项默认为"有索引的位置搜索文件名和内容。在没有索引的位置，只搜索文件名"，索引可以在搜索时建立（但建立索引会要较长时间，没有特别需要可以不建）。也可选择"始终搜索文件名和内容"，即在搜索栏输入的内容既可以作为文件名，也可以作为文件中的内容进行查找，但要用更多的搜索时间。

④ 设置搜索方式。在"搜索方式"选项中，主要设置以下两项：

a. 查找部分匹配：是默认选项，即不完全匹配，只要文件名或文件内容中包含了搜索的字符就算匹配，是一种模糊搜索。用这种方式搜索的结果项目相对较多，精确度差，且在这种选项下，不太合适使用通配符（若要使用通配符进行搜索，应该取消该选项）。

b. 使用自然语言搜索：选中该项可以使用逻辑运算符 and、or 和 not 来协助搜索。

⑤ 保存搜索结果。若经常要对一个固定的搜索目标使用固定的搜索条件进行搜索，最好的方法是在进行过一次搜索后，进行保存搜索结果操作。单击"保存搜索"按钮，把以搜索条件为名称的搜索结果快捷图标添加到导航窗格的"收藏夹"中，下次只要单击导航窗格中该搜索结果的快捷图标，即可打开保存的最新搜索结果。

（6）工作区

工作区用来显示当前磁盘、可移动磁盘、光盘驱动器、文件夹及库中所包含的文件、文件夹和库信息。

（7）预览窗格

打开预览窗格时可对用户在工作区窗格选中的音乐、视频、图片、文档等文件的内容进行播放或预览。预览窗格宽度还可根据需要用鼠标进行调整。

（8）"详细信息"面板

"详细信息"面板用来显示当前选中文件的详细信息，并能对其属性等信息进行编辑。该面板的图标有大、中、小3种显示方式，右击面板空白区域，在弹出的快捷菜单中可以进行图标显示方式的选择。

（9）状态栏

状态栏位于窗口最下端，用于显示工作区的操作信息。

3）资源管理器的使用

（1）调整窗格

如果要调整各窗格的大小，只要将鼠标指针置于两个窗格之间的分隔条上，当鼠标指针变成双箭头形状时，按住鼠标左键并向左或向右拖动分割条，即可调整各窗格的大小。

（2）设置文件窗格的显示方式

视图方式：用户可以按需要来改变文件窗格中文件和文件夹的视图方式。最快捷的方法是单击显示方式切换开关中的"更改您的视图"按钮；如果单击该按钮右侧的箭头，将弹出视图选择列表，如图 2-18 所示，可以直接拖动滑块选择要使用的视图：超大图标、大图标、中等图标、小图标、列表、详细信息、平铺、内容。此外，也可以从"查看"菜单中选择所需的视图方式，如图 2-19 所示。

图 2-18　视图选择列表

图 2-19　"查看"菜单

① 超大图标、大图标、中图标：这 3 种显示方式只是大小的差异，都是图标的名称在图标之下，图片文件是以图片内容的小图来代替图标，内有图片文件的文件夹则将所包含的图片内容显示在文件夹的图标上，从"小图标"到"大图标"之间可进行无级缩放。

② 小图标：采用较小的图标显示，名称在图标的右侧，按行进行排列，使用户能快速浏览内容。

③ 列表：采用小图标按多列排列，名称显示于小图标右侧。

④ 详细信息：采用小图标按单列排列，包括名称、类型、大小和更改日期等列。

⑤ 平铺：是系统默认的显示方式，采用中图标且名称显示在图标右侧，按行排列。除显示名称外，还显示分类信息（如文件类型、大小等）。

⑥ 内容：采用的图标略小于中图标，名称显示在图标右侧。除显示名称外，还显示分类信息（如文件类型、作者、修改日期和大小等）。

⑦ 排序方式：用户可以按需要的方式在窗口中对文件进行排序。右击窗口空白处，在弹出的快捷菜单中选择"排列方式"级联菜单中的相应排列方式。可按文件或文件夹的名称、大小、类型及修改时间等方式排列图标。

2. 文件和文件夹的概念

文件是计算机系统中数据组织的基本单位，是有名称的一组相关信息的集合。计算机中所有的程序和数据都是以文件的形式存放在外存储器上，用户可以文件形式存储、查询和管理信息。为了方便管理，文件通常放在文件夹中。

1）文件

（1）文件的命名

由于计算机中文件众多，为了区分这些文件，便于系统对它们进行管理和操作，每一个文件都要有一个名字，称为文件名。因此，文件也可以被认为是用文件名标志的一组相关信息的集合，它可以是文档、图形、图像、声音、视频、程序等。文件名的一般格式为"文件名[.文件扩展名]"。

例如：学习笔记.doc，其中"学习笔记"是文件名，".doc"是扩展名。

在 Windows 7 中，一个文件的文件名是不能省略的，文件名的命名规则是：不要使用复杂的文件名，文件名应符合文件内容，尽量做到"见名知义"。文件名由一个或多个字符组成，最多不能超过 255 个字符，可以包含英文字母（不区分大小写），汉字、数字符号和一些特殊符号，如空格、圆点、下画线、括号等，但文件名中不能包含以下字符：\ / : * ? " < > 。

文件的扩展名又称类型名，系统给出的扩展名有"见名知类"的作用，一般不允许改变，否则系统会无法识别。

系统文件的文件名和扩展名由系统定义，用户文件的文件名可由用户自己定义，扩展名由创建文件的应用程序自动创建，用一个"."与文件名隔开。

要在文件夹窗口显示文件的扩展名，可单击"组织"按钮，在打开的下拉列表中选择"文件夹和搜索选项"命令，在弹出的"文件夹选项"对话框中选择"查看"选项卡，如图 2-20 所示，在"高级设置"列表中取消选择"隐藏已知文件类型

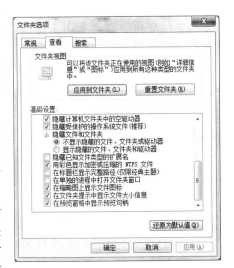

图 2-20 "文件夹选项"对话框

的扩展名"复选框，单击"确定"按钮。

（2）文件类型

文件类型很多，不同类型的文件具有不同的用途，通常它们显示的图标也不相同，一般情况下文件的类型可以用其扩展名来区分，表2-1列出了常见的扩展名及其含义。

表2-1　常用扩展名及代表的文件类型

扩展名	文件类型	扩展名	文件类型
.asp	动态网页文件	.log	日志文件
.avi/rm	视频文件	.mdf	虚拟光驱镜像文件
.bak	备份文件	.mid	MIDI 音乐
.bat	批处理文件	.mp3	MPEG 音频文件
.bmp/.gif	位图文件	.mpe/.mpeg/.mpg	MPEG 动画文件
.c	C 语言源程序文件	.obj	中间目标程序文件
.com	可执行二进制代码文件	.pdf	Adobe 可导出的 Web 文档
.dbf	Visual FoxPro 数据表文件	.ppt/.pptx	PowerPoint 演示文稿
.dll	动态链接库文件	.rar/.zip	压缩文档
.doc/.docx	Word 文档	.reg	注册表文件
.exe	可执行的程序文件	.sqr	结构化查询程序文件
.hlp	帮助文件	.swf	Flash 对象
.htm/.html	超文本文档	.sys	系统文件
.iso	镜像文件	.txt	文本文件
.java	Java 源文件	.tmp	临时文件
.jpe/.jpeg/.jpg	JPEG 图形文件	.xls/.xlsx	Excel 文件
.lib	类库文件	$$$	暂存或不正确存储文件

2）文件夹及路径

（1）文件夹

文件夹可以理解为用来存储文件的容器，便于用户使用和管理文件，文件夹的命名规则与文件的命名规则相同。

在 Windows 7 中，文件夹是按树状结构来组织和管理的，树状文件夹结构的特点是：根结点称为根文件夹，树枝结点称为子文件夹，树叶则是文件。每个磁盘只能有一个根文件夹，它是在磁盘初始化时由系统自动创建的，根文件夹下可以再创建子文件夹，子文件夹下也可以再创建子文件夹，而文件是某个分支的终点。在树状文件夹结构中允许在同一文件夹中建立多个不同名的子文件夹或文件，也可以在不同的文件夹中建立同名的子文件夹或文件，但不允许在同一文件夹中建立相同名字的子文件夹或文件。

Windows 7 系统的桌面是一个特殊的文件夹，它对应着一块真正的磁盘空间，用户可以存储文件或其他子文件夹。

（2）路径

在文件夹的树状结构中，从根文件夹开始到任何一个文件都有唯一的一条通路，

这条包含盘符和各级文件夹及文件名称信息的通路称为路径。路径是用"\"隔开的文件夹及该文件的名称。

按照开始查找的位置不同，路径又分为绝对路径和相对路径。绝对路径是从磁盘根文件夹出发，沿着各级子文件夹查找指定文件所确定的路径，如"E:\users\tools\qq.exe"就是绝对路径。相对路径是从当前文件夹开始去查找指定的文件，这里的当前文件夹是指正在操作的文件所在的文件夹。

3. 文件和文件夹的操作

1）新建文件或文件夹

（1）新建文件夹

通过创建文件夹来保存文件，是用户进行文件组织管理的重要操作，以在本地磁盘（D：）中创建"计算机基础"文件夹为例，方法如下：

方法一：在 D 盘根目录下，单击"新建文件夹"按钮，如图 2-21 所示，可以创建一个新文件夹，新创建的文件夹默认的名称是"新建文件夹"，将其名称修改为"计算机基础"，再按 Enter 键或在编辑框外的空白处单击，即完成在本地磁盘（D：）中创建"计算机基础"文件夹的工作。

方法二：在 D 盘根目录下，在空白位置右击，在弹出的快捷菜单中选择"新建"→"文件夹"命令。

（2）新建文件

以新建"学习笔记"文档为例，具体步骤如下：

第一步：选择"开始"→"所有程序"→"附件"→"写字板"命令，打开写字板应用程序，输入文档内容。

第二步：单击"保存"按钮，或者使用快捷键 Ctrl+S，均可弹出"保存为"对话框，如图 2-22 所示，在左边窗格中选择"本地磁盘(D：)"，在右边窗格中双击"计算机基础"文件夹，如图 2-23 所示，然后在"文件名"框中输入文档的名字"学习笔记"，单击"确定"按钮。

图 2-21　单击"新建文件夹"按钮

图 2-22　"保存为"对话框

2）打开及关闭文件或文件夹

（1）打开文件或文件夹的方法

方法一：双击文件或文件夹。

方法二：右击文件或文件夹，在弹出的快捷菜单中选择"打开"命令。

（2）关闭文件或文件夹的方法

方法一：单击窗口中标题栏上的"关闭"按钮或双击控制图标。

方法二：在打开的文件或文件夹窗口中选择"文件"→"关闭"命令。

方法三：使用 Alt+F4 组合键。

方法四：按 Ctrl+Shift+Esc 组合键，打开"Windows 任务管理器"窗口，在"应用程序"选项卡中选择要关闭的应用程序，然后单击"结束任务"按钮，如图 2-24 所示。此方法不仅可以关闭正在运行的应用程序，也可以关闭未响应的应用程序。

图 2-23　输入文件名

图 2-24　"Windows 任务管理器"窗口

另外，在打开的文件夹窗口中利用浏览导航按钮和地址栏也可以关闭该文件夹，返回到上一层文件夹。

3）选定文件和文件夹

在 Windows 7 操作系统中，若要对某一对象进行操作，就必须先选定该对象。选定文件或文件夹的常用方法如下：

① 选定单项：单击要选定的文件或文件夹即可将其选中。

② 拖动选定相邻项：用鼠标拖动选定文件或文件夹。

③ 连续选定多项：单击第一个要选定的文件或文件夹，按住 Shift 键不放，单击要选定的最后一项，则两项之间的所有文件或文件夹都将被选定。

④ 任意选定：按住 Ctrl 键，依次单击要选定的文件或文件夹即可。

⑤ 全部选定：如果要选定某个驱动器或文件夹中的全部内容，可选择"组织"→"全选"命令，或者选择"编辑"→"全选"命令，或者按 Ctrl+A 组合键。

⑥ 反向选定：选择"编辑"→"反向选择"命令，即可选定当前未选的对象，同时取消已选定对象，实现反向选定。

4）复制、移动文件或文件夹

复制和移动文件或文件夹的操作基本相同，区别在于复制文件或文件夹是将某位置上的文件或文件夹复制到一个新的位置上，原来位置上的文件或文件夹仍然保留，即在复制操作后，新的位置和原来位置上都具有相同的文件或文件夹；移动文件或文件夹是将某位置上的文件或文件夹移动到一个新的位置上，移动后原来位置上的文件或文件夹已不存在。

（1）利用剪贴板

剪贴板实际上是系统在内存中开辟的一块临时存储区域，专门用来存放用户剪切或复制下来的文件、文本或图形等内容。剪贴板上的内容可以无数次粘贴到用户指定的不同位置上。

另外，Windows 7 还可以将整个屏幕或活动窗口复制到剪贴板中。按 Print Screen 键可以将整个屏幕复制到剪贴板中，按 Alt+Print Screen 组合键可以将当前活动窗口复制到剪贴板中。

使用菜单命令。需先选定操作对象，选择"组织"→"复制（剪切）"命令；或选择"编辑"→"复制（剪切）"命令；或右击选定的对象，在弹出的快捷菜单中选择"复制（剪切）"命令，然后打开目标文件夹，选择"组织"→"粘贴"命令；或选择"编辑"→"粘贴"命令；或右击目标文件夹，在弹出的快捷菜单中选择"粘贴"命令即可完成复制（移动）。

使用键盘的快捷键：

Ctrl+C：复制，将用户选定的内容复制一份到剪贴板上。

Ctrl+X：剪切，将用户选定的内容剪切移动到剪贴板上。

Ctrl+V：粘贴，将剪贴板上的内容复制到当前位置。

先选定操作对象，然后按 Ctrl+C 或 Ctrl+X 组合键，打开目标文件夹，再按 Ctrl+V 组合键，即可完成复制或移动。

（2）使用鼠标拖动

先选定操作对象，将其拖动到目标文件夹中。若在不同磁盘驱动器中拖动，则完成复制操作，在拖动过程中若按住 Shift 键，则完成移动操作。若在同磁盘驱动器中拖动，则完成移动操作，在拖动过程中若按住 Ctrl 键，则完成复制操作。

（3）使用"发送到"命令

先选定操作对象，选择"文件"→"发送到"命令；或者右击选中的操作对象，在弹出的快捷菜单中选择"发送到"命令，选择要发送到的地址，随后系统开始复制，并给出进度提示。

5）删除、恢复文件或文件夹

（1）删除文件或文件夹

在使用计算机的过程中应及时删除已经没有用的文件或文件夹，以节省磁盘空间。删除一个文件夹意味着删除其中的所有文件。删除文件或文件夹，应首先选定要删除的文件或文件夹，然后通过以下几种方法可以实现删除操作（以删除"计算机基础"文件夹为例）：

方法一：单击"组织"按钮，在弹出的下拉列表中选择"删除"命令。

方法二：右击，在弹出的快捷菜单中选择"删除"命令。

方法三：将"计算机基础"文件夹拖动到"回收站"中。

方法四：按 Delete 键。

通过以上方法删除文件或文件夹时，系统通常会提示"确认删除文件"对话框，询问是否将该文件或文件夹放入"回收站"中，在提示对话框中单击"是"按钮即可将被删除文件或文件夹移动到"回收站"中，在清空"回收站"之前，被删除文件或文件夹都保存在回收站中，并没有真正从磁盘中删除。

物理删除是真正的删除，一经物理删除的文件或文件夹，不能再恢复回来。使用的方法如下：

方法一：在键盘上直接按 Shift+Delete 组合键，弹出确认删除对话框。

方法二：在"回收站"中，选中准备物理删除的文件或文件夹，选择"文件"→"删除"命令（或在快捷菜单中选择"删除"命令），弹出对话框，单击"是"按钮，则执行删除操作。

方法三：在"回收站"中，选择"文件"→"清空回收站"命令，则"回收站"中的全部内容将被物理删除。

（2）恢复文件或文件夹

送入"回收站"的操作并非真正的物理删除，需要时可以把它们恢复到原来的位置上。以恢复"计算机基础"文件夹为例，实现的方法如下：

方法一：打开"回收站"，"回收站"中的文件将显示在右侧窗口中，选中需要恢复的"计算机基础"文件夹，选择"文件"→"还原"命令，或者单击"还原此项目"按钮，或者右击"计算机基础"文件夹，在弹出的快捷菜单中选择"还原"命令，则"计算机基础"文件夹将恢复到原有的位置上。

方法二：在"回收站"中，单击"组织"按钮，在弹出的下拉列表中选择"撤销"命令，可以恢复刚刚被删除的文件或文件夹。

6）重命名文件或文件夹

（1）单个文件或文件夹的重命名

方法一：首先选定要重新命名的文件或文件夹，单击该文件或文件夹的名称，也可以单击"组织"，在弹出的下拉列表中选择"重命名"或按 F2 键，名称变为反白显示，此时输入新名称即可。

方法二：右击要重新命名的文件或文件夹，在弹出的快捷菜单中选择"重命名"命令，名称也变为反白显示，输入新名称即可。

（2）批量修改文件或文件夹名

若对从网上或照相机中下载的一批图片一次性进行重命名，具体操作步骤如下：

① 选定所有需要重命名的文件。

② 选择"组织"下拉列表中的"重命名"命令或按 F2 键，当第一个文件名称（也可能是其中一个文件名称）变为反白显示时，输入新名称即可。批量重命名前后对比如图 2-25 和图 2-26 所示。

图 2-25　批量重命名前　　　　　　　　　　　图 2-26　批量重命名后

7）文件或文件夹属性的查看与设置

每个文件和文件夹都有属性，它是系统赋予的一些特性和一些有用的信息，用户可以查看信息，也可以对一些特性进行修改。右击文件（夹），在弹出的快捷菜单中选择"属性"命令，则弹出相应的属性对话框，如图 2-27 和图 2-28 所示。

图 2-27　文件夹属性对话框　　　　　　　　　图 2-28　文件属性对话框

（1）显示的主要信息

尽管文件和文件夹属性对话框有所不同，但一些主要信息还是一样的，主要有：

① 类型：文件或文件夹。若是文件类型还有打开文件的应用程序名。

② 所处的位置和大小。

③ 创建时间：若是文件还有最后的修改日期和访问日期。

（2）属性设置

① 只读：若选中该项，表示该文件或文件夹不能更改。若设置文件夹为只读时，会弹出文件夹"确认属性更改"对话框。当选择"将更改应用于该文件夹、子文件夹

和文件"选项后，该文件夹内的所有文件和文件夹都将设置为只读。若文件夹取消只读选项，经"将更改应用于该文件夹、子文件夹和文件"确认后，该文件夹内的所有文件和文件夹都将取消只读。

② 隐藏：若选中该项，表示不再显示，此时若不知道名称就不能使用该文件或文件夹。

8）对"文件夹选项"对话框的操作

（1）设置"隐藏文件"的显示方式。

① 打开"文件夹选项"对话框：选择"工具"→"文件夹选项"命令。

② 设置"隐藏文件"的显示方式：在"文件夹选项"对话框中，单击"查看"标签，进入"查看"选项卡。有关"隐藏文件"的设置有 2 种选择。

a. 不显示隐藏的文件、文件夹或驱动器：选中该复选框，在资源管理器中不显示具有隐藏属性的文件和文件夹。

b. 显示所有文件、文件夹或驱动器：选中该选项，即使具有隐藏属性的文件和文件夹，也将在资源管理器中显示出来。

对于初学者，建议选中"不显示隐藏的文件、文件夹或驱动器"，以免破坏 Windows 7 操作系统的有用文件。

（2）设置"系统文件"的显示方式

选中"隐藏受保护的操作系统文件（推荐）"选项，可隐藏系统文件。

（3）显示或隐藏已知文件类型的扩展名

在"查看"对话框中，选中"隐藏已知文件类型的扩展名"选项，则资源管理器显示文件名时，将不显示已在 Windows 7 系统中注册过的文件扩展名（类型名）。

案例实训

C 盘上新建一个文件夹 myapp，利用记事本在文件夹中新建 4 个文本文件，批量修改文件名 app(1)-app(4)；移动 app(2).txt 到桌面，复制 app(3).txt 到 D 盘。

2.5 【案例 5】认识控制面板

案例内容

付斌对于 Windows 7 操作系统有一定的了解，但对于比较高级的系统管理操作不是很清楚，控制面板是用来对系统进行设置的一个工具集。通过本案例中对控制面板工具的学习，付斌学会了根据自己的喜好更改显示器、键盘、鼠标器、桌面等硬件的设置，以及安装新的硬件和软件等。

案例中的知识点

- 控制面板的启动和退出。
- 外观和个性化设置。
- 桌面图标的设置。
- 设置鼠标和键盘。
- 添加和卸载应用程序。
- 添加打印机。

2-4 Windows 7 控制面板

 案例讲解

1. 外观和个性化设置

① 选择"开始"→"控制面板"命令，如图 2-29 所示，打开"控制面板"窗口。

② Windows 7 系统的控制面板默认以"类别"的形式来显示功能菜单，分为系统和安全，用户账户和家庭安全，网络和 Internet，外观和个性化，硬件和声音，时钟、语言和区域，程序，轻松访问等类别，每个类别下会显示该类的具体功能选项，除了"类别"，还提供了"大图标"和"小图标"的查看方式，单击控制面板右上角的"查看方式"下拉按钮，从中选择显示的形式，如图 2-30～图 2-32 所示。

③ 在"控制面板"窗口中单击"外观和个性化"超链接，打开"外观和个性化"窗口，如图 2-33 所示。

④ 选择更改主题、更改桌面背景、更改窗口颜色与外观设置屏幕保护程序、设置显示器的分辨率和添加桌面小工具，对系统进行设置。单击"更改主题"超链接，显示"个性化"窗口，如图 2-34 所示。

图 2-29 "开始"菜单窗口

图 2-30 控制面板"类别"查看方式

图 2-31　控制面板"大图标"查看方式

图 2-32　控制面板"小图标"查看方式

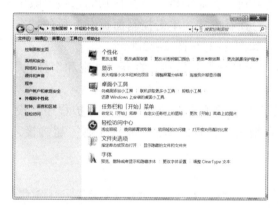

图 2-33　"外观和个性化"窗口

图 2-34　"个性化"窗口

2．桌面图标的设置

桌面上的图标一般都以默认的方式进行显示，但用户也可以根据自己的喜好设置桌面的图标，具体操作步骤如下：

①　在"个性化"窗口的左边窗格中单击"更改桌面图标"超链接，弹出"桌面图标设置"对话框。如图 2-35 所示。

②　这里以改变"计算机"图标为例进行讲解。选中"计算机"图标，单击"更改图标"按钮，弹出"更改图标"对话框，如图 2-36 所示。

③　选择想要的图标，并单击"确定"按钮。回到"桌面图标设置"对话框中，再单击"确定"按钮即可。

图 2-35　"桌面图标设置"对话框　　　　图 2-36　"更改图标"对话框

3. 设置鼠标和键盘

① 鼠标的设置：在图"个性化"窗口的左边窗格中单击"更改鼠标指针"超链接，弹出"鼠标 属性"对话框，如图 2-37 所示，根据需要调整鼠标的属性。

② 键盘的设置：打开"控制面板"窗口，双击"键盘"图标，弹出"键盘 属性"对话框，如图 2-38 所示，根据需要调整键盘的属性。

图 2-37　"鼠标 属性"对话框　　　　图 2-38　"键盘 属性"对话框

4. 添加和卸载应用程序

一般的应用程序本身带有一个安装程序文件，文件名为 setup.exe，双击该文件，便可开始安装应用程序。有些应用程序本身也带有一个卸载程序文件 uninstall.exe，只要执行了卸载程序，该程序会自动从系统中删除。

控制面板中，Windows 7 对应用程序的卸载提供了专门的"卸载程序"工具进行卸载，例如卸载一个应用程序"暴风影音 5"，具体操作步骤如下：

① "控制面板"窗口中，单击"程序和功能"超链接，弹出"卸载或更改程序"窗口，如图 2-39 和图 2-40 所示。

图 2-39　单击"程序和功能"超链接　　　　　图 2-40　"卸载或更改程序"窗口

② 选中"暴风影音 5"程序，单击"卸载"按钮，弹出确认卸载信息框，如图 2-41 所示。

③ 单击"下一步"按钮即可卸载软件。

5. 添加打印机

① 在"控制面板"窗口中，单击"硬件和声音"超链接，打开图 2-42 所示的窗口。

② 单击"添加打印机"超链接，弹出"添加打印机"对话框，如图 2-43 所示。

③ 选中合适的选项，单击"下一步"按钮，根据提示安装打印机，如图 2-44 所示。

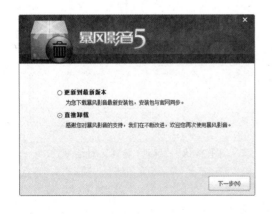

图 2-41　确认卸载对话框　　　　　　　　图 2-42　"硬件和声音"窗口

图 2-43 "添加打印机"对话框 　　　　　　图 2-44 选择打印机

案例实训

熟悉控制面板，卸载一个不常用的非系统应用程序。

2.6 【案例6】认识附件程序

案例内容

李玲感觉 Windows 7 的"开始"菜单"附件"栏中的应用程序都很有用，但不太了解这些工具都有什么用处，以及各种工具如何使用。通过本案例的学习，李玲掌握了"附件"程序内置的很多实用的小工具，如画图、计算器等，为李玲日常工作带了极大的方便。

案例中的知识点

- 掌握记事本工具的使用。
- 掌握磁盘格式化的方法。
- 掌握磁盘清理。
- 掌握磁盘碎片整理。

案例讲解

1. 记事本

记事本是一个编写和编辑小型文本文件的编辑器，如图 2-45 所示。记事本的功能有文件、编辑、搜索和帮助 4 个，启动记事本的方式有以下 3 种：

① 选择"开始"→"所有程序"→"附件"→"记事本"命令。

② 打 "C:\Windows \system 32 \Notepad"文件。

③ "文档关联"方式启动：双击纯文本文件即可。

记事本文件的大小最多为 50 000 个字节（25 000 个汉字），超出此范围，系统将提示错误信息。记事本文件的扩展名为".txt"。

2. 写字板

写字板适合创建、编辑、排版、打印输出内容较多的文档，如图 2-46 所示。它提供了在文档中插入图片、电子表格、声频和视频信息等对象的功能。启动写字板方法：

① 选择"开始"→"所有程序"→"附件"→"写字板"命令。

② 打"C:\Windows\system 32\Wordpad"文件。

③ "文档关联"方式启动：双击相应的文件即可。

3. 画图软件

画图软件是一个绘图工具，如图 2-47 所示。启动方式有以下 3 种：

① 选择"开始"→"所有程序"→"附件"→"画图"命令。

② 打开"C:\Windows\system 32\MSPAINT"文件。

③ "文档关联"方式启动：双击位图文件即可。

画图文件的扩展名为".bmp"。

4. 计算器

选择"开始"→"所有程序"→"附件"→"计算器"命令可打开计算器，如图 2-48 所示。

图 2-45　记事本

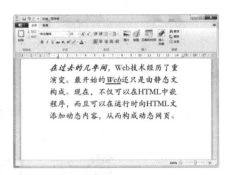

图 2-46　写字板

图 2-47　画图工具

计算器包括标准计算器和科学计算器，可进行简单的加、减、乘、除四则运算，也可进行复杂的函数、统计等运算。

注意：在科学计算器窗口中可以进行各种进制的相互转化。

5. 磁盘格式化

Windows 7 的磁盘格式默认为 NTFS 格式，磁盘格式化的步骤如下：

① 右击要格式化的磁盘，在弹出的快捷菜单中选择"格式化"命令。

② 在弹出的"格式化文档"对话框中，选择"文件系统"类型，输入该卷名称，如图 2-49 所示。

③ 单击"开始"按钮，即可格式化该磁盘。

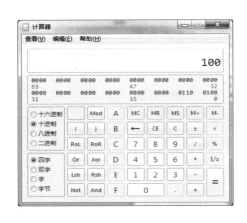

图 2-48 计算器 　　　　　　　图 2-49 "格式化文档"对话框

6. 磁盘清理

磁盘清理的步骤如下：

① 单击"开始"→"所有程序"→"附件"→"系统工具"→"磁盘清理"命令。

② 在弹出的"磁盘清理：驱动器选择"对话框中，选择待清理的驱动器。

③ 单击"确定"按钮，系统自动进行磁盘清理操作。

④ 磁盘清理完成后，在"磁盘清理"结果对话框中，勾选要删除的文件，单击"确定"按钮，即可完成磁盘清理操作，如图 2-50 和图 2-51 所示。

图 2-50 "磁盘清理"对话框 　　　　图 2-51 磁盘清理的过程

7. 磁盘碎片整理

碎片整理有利于程序运行速度的提高，磁盘碎片整理步骤如下：

① 选择"开始"→"所有程序"→"附件"→"系统工具"→"磁盘碎片整理程序"命令。

② 在弹出的"磁盘碎片整理程序"对话框中，选择待整理的驱动器，如图 2-52 所示。

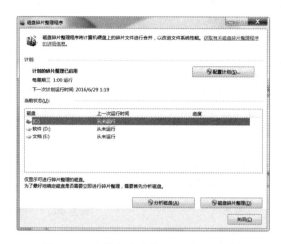

图 2-52 "磁盘碎片整理程序"对话框

案例实训

利用"画图"程序，建立一个 bmp 文件，内容为自己的签名，并保存到桌面；利用"磁盘清理"程序清理计算机。

2.7 【案例 7】了解常用工具软件

案例内容

王亮是一名大一新生，刚刚购买计算机，可以通过网络下载一些软件，但对于 Windows 7 的常用工具软件不是很了解，不知道日常学习工作中都需要哪些基本软件。通过对案例的学习，王亮逐渐掌握了计算机工具软件的使用方法，提高了计算机的使用水平，能更方便、更有效地利用计算机解决工作当中遇到的问题，大大提高了工作效率。

案例中的知识点

- 虚拟光驱软件——UltraISO 的使用。
- 解压缩软件——WinRAR 的使用。
- 文件编辑软件——EditPlus 的使用。
- 图片浏览工具软件——ACDSee 的使用。
- 电子书阅读软件——PDF 阅读器的使用。
- 杀毒软件——金山毒霸的使用。

案例讲解

1. 虚拟光驱——UltraISO

UltraISO 是光盘刻录、打开镜像文件、修改镜像文件的软件。它可以直接编辑虚拟光驱文件和从虚拟光驱中提取文件，也可以从 CD-ROM 将硬盘上的文件制作成 ISO 文件。同时，也可以处理 ISO 文件的启动信息，从而制作引导光盘。

① 安装 UltraISO 以后，在系统的计算机中会增加一个光驱盘符，如图 2-53 所示。

② 查看计算机中的 ISO 镜像文件，如图 2-54 所示。

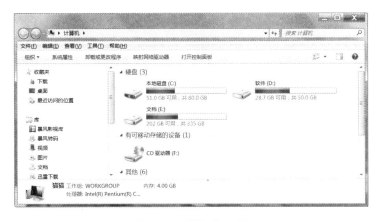

图 2-53　增加的盘符　　　　　　　　图 2-54　ISO 镜像文件

③ 右击 VB6CHS1.Iso，选择"用 UltraISO 打开"命令，如图 2-55 所示。

④ 选择"工具"→"加载到虚拟光驱"命令，如图 2-56 所示，此时即可像使用光驱设备一样使用该镜像文件。虚拟光驱软件对管理硬盘上的软件提供了极大的方便，同时为没有光驱并且需要安装软件的计算机提供了有效的方法。

图 2-55　右键菜单　　　　　　　　图 2-56　选择"加载到虚拟光驱"命令

2. 解压缩软件——WinRAR

WinRAR 是一款功能强大的压缩包管理器，它是档案工具 RAR 在 Windows 环境下的图形界面。WinRAR 可以让用户根据需要，将压缩后的文件保存为 ZIP 或 RAR 的格式，而压缩时间根据压缩程度的不同，可以自行调整。WinRAR 使用广泛，界面友好，使用方便，在压缩率和速度方面都有很好的表现。

① 如果要压缩文件，选择要压缩的文件（实例为"常用工具软件文件夹"），打开图 2-57 所示的主界面，单击"添加"按钮，弹出"压缩文件名和参数"对话框，如图 2-58 所示。

② "压缩文件名"：用于输入压缩文件的路径和文件名，可以单击"浏览"按钮指定文件名。

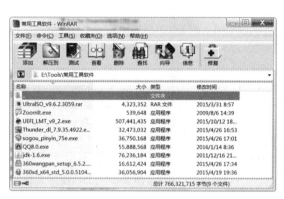

图 2-57　WinRAR 主界面

图 2-58　"压缩文件名和参数"对话框

③ "压缩文件类型"：可以选择是压缩成 RAR 文件还是压缩为 ZIP 文件，默认为 RAR 文件。进行其他设置后，单击"确定"按钮开始压缩。

解压缩的过程非常简单，先选好要解压缩的文件，如"常用工具软件.rar"，再单击工具栏上的"解压到"按钮，弹出图 2-59 所示的"解压路径和选项"对话框，在其中输入或选择要解压缩到的目录，然后单击"确定"按钮，文件就被解压缩到这个目录。

图 2-59　"解压路径和选项"对话框

3. 文件编辑软件——EditPlus

EditPlus 是一套功能强大，可取代记事本的文字编辑器，拥有无限制的撤销与重做、英文拼字检查、自动换行、列数标记、搜寻取代、同时编辑多文件、全屏幕浏览功能。还具有一个好用的功能，就是它有监视剪贴板的功能，同步于剪贴板，可自动粘贴进 EditPlus 的窗口，中省去粘贴的步骤。另外，它也是一个非常好用的 HTML 编辑器。

（1）下载安装

EditPlus 是免费共享软件，可以使用 30 天的未注册版本，30 天以后，需要重新安装再使用。下载的是一个自解压安装文件，执行安装程序即可完成安装。在安装过程的最后界面上，单击"I agree"按钮，可使用未注册版本。

（2）预先设置

双击桌面上的快捷方式 EditPlus，启动 EditPlus，如图 2-60 所示。选择"工具"→"配置用户工具"命令，弹出图 2-61 所示的对话框，进行包括字体、色彩、打印、页面等方面的设置。选择某个选项卡，可打开相应的选项卡进行设置。

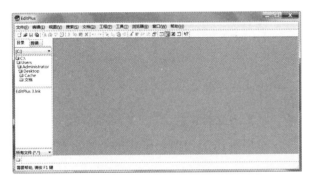

图 2-60　EditPlus 主界面　　　　　图 2-61　"参数选择"对话框

（3）编辑文本文件

新建 txt 文档，输入文档内容，如图 2-62 所示，并编辑文档。

图 2-62　新建和编辑文档

4. 图片浏览工具——ACDSee

ACDSee 是目前流行的数字图像处理软件，它能广泛应用于图片的获取、管理、浏览、优化以及和他人的分享。使用 ACDSee，可以从数码照相机和扫描仪中高效获取图片，并进行便捷的查找、组织和预览。

① 打开 ACDSee，浏览文件夹下的所有照片，如图 2-63 所示，将鼠标指针放置在图片上时，系统会将该图片放大显示。

图 2-63　ACDSee 主界面

② 右击选择的图片，选择相应操作，如图 2-64 所示。

③ 双击一张照片，单独显示该文件，可以利用 ACDSee 提供的工具对照片进行修改，如图 2-65 所示。

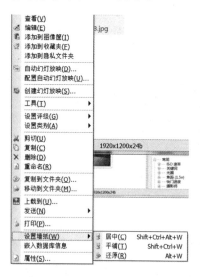

图 2-64　ACDSee 快捷菜单　　　　　　图 2-65　ACDSee 编辑界面

5. 电子书阅读——PDF 阅读器

Adobe Reader 是一款优秀的 PDF 文档阅读软件，文档的撰写者可以向任何人分发自己制作的文档而不用担心被恶意篡改。Adobe Reader 是用于打开和使用在 Adobe Acrobat 中创建的 PDF 的工具。可以使用 Adobe Reader 查看、打印和管理 PDF 文件，还可以使用 Adobe Reader 的多媒体工具播放 PDF 中的视频和音乐。

① 双击并打开 PDF 文件，进入 Adobe Reader 主界面，如图 2-66 所示。

② 利用 Adobe Reader 提供的功能，可以对页面进行放大或缩小操作，也可以利用"文本和图像选择工具"选取 PDF 电子书中的内容，进行复制操作，如图 2-67 所示。

图 2-66　Adobe Reader 主界面

图 2-67　文本的选择

6. 杀毒软件——金山毒霸

金山毒霸是一款为用户计算机减负并提供安全保护的云查杀杀毒软件。采用云引擎，100%可信与病毒文件识别率，互联网新文件 2 分钟鉴定；实时防毒，低资源占用，提供高效保护，亦可防御未知新病毒；全新界面，清爽皮肤，全面支持 Windows 7 新特性；下载、聊天、U 盘全面安全保护，免打扰模式，自动调节资源占用。

① 双击桌面上的金山毒霸快捷方式，进入金山毒霸主界面，如图 2-68 所示。

② 单击"一键云查杀"按钮，进入云查杀界面，如图 2-69 所示，金山毒霸对网络环境、网络服务、DNS 设置、系统登录、系统服务、系统组件、系统设置、输入方法等进行云查杀。

③ 一键云查杀完成后，金山毒霸会对查杀进行总结，显示图 2-70 所示的扫描结果，用户可根据提示进行相应的操作。

④ 在主界面中单击"电脑医生"按钮，显示图 2-71 所示的界面，"电脑医生"提供计算机常见故障的解决方法和异常的处理工具。

图 2-68　金山毒霸主界面

图 2-69　云查杀界面

⑤　在主界面中单击"垃圾清理"按钮，显示图 2-72 所示的界面，金山毒霸对系统进行全面的扫描，为用户扫描清理各种系统、上网和应用程序产生的垃圾，单击"一键清理"或手工操作，进行垃圾的清理。

图 2-70　一键云查杀扫描结果

图 2-71　电脑医生界面

图 2-72　垃圾清理功能

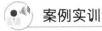 案例实训

下载并安装 UltraISO、WinRAR、EditPlus、ACDSee、Adobe Reader、金山毒霸等软件，熟悉使用这些常用的应用软件。

本 章 测 试

测 试 一

一、单选题

1. 下列（　　）操作系统不是微软公司开发的操作系统。

 A. Windows Server   B. Windows 7

 C. Linux   D. Vista

2. Windows 7 目前有（　　）个版本。

 A. 3   B. 4   C. 5   D. 6

3. 在 Windows 7 的各个版本中，支持的功能最少的是（　　）。

 A. 家庭普通版   B. 家庭高级版   C. 专业版   D. 旗舰版

4. 在 Windows 7 的各个版本中，支持的功能最多的是（　　）。

 A. 家庭普通版   B. 家庭高级版   C. 专业版   D. 旗舰版

5. 在 Windows 7 操作系统中，将打开窗口拖动到屏幕顶端，窗口会（　　）。

 A. 关闭   B. 消失   C. 最大化   D. 最小化

6. 在 Windows 7 操作系统中，显示桌面的快捷键是（　　）。

 A. Win+D   B. Win+P

 C. Win+Tab   D. Alt+Tab

7. 文件的类型可以根据（　　）来识别。

 A. 文件的大小   B. 文件的用途

 C. 文件的扩展名   D. 文件的存放位置

8. 在下列软件中，属于计算机操作系统的是（　　）。

 A. Windows 7   B. Word 2010   C. Excel 2010   D. PowerPoint 2010

9. 为了保证 Windows 7 安装后能正常使用，采用的安装方法是（　　）。

 A. 升级安装   B. 卸载安装   C. 覆盖安装   D. 全新安装

10. 安装 Windows 7 操作系统时，系统磁盘分区必须为（　　）格式才能安装。

 A. FAT   B. FAT16   C. FAT32   D. NTFS

二、填空题

1. 在安装 Windows 7 的最低配置中，内存的基本要求是_____GB 以上。

2. Windows 7 是由_____公司开发，具有革命性变化的操作系统。

3. 要安装 Windows 7，系统磁盘必须为_____格式。

4. 在安装 Windows 7 的最低配置中，硬盘的基本要求是_____GB 以上的存

储空间。

5. 在 Windows 7 操作系统中，Ctrl+C 是_____命令的快捷键。

6. 在 Windows 7 操作系统中，Ctrl+X 是_____命令的快捷键。

7. 在 Windows 7 操作系统中，Ctrl+V 是_____命令的快捷键。

8. Windows 允许用户同时打开_____个窗口，但任一时刻只有一个是活动窗口。

9. 使用_____可以清除磁盘中的临时文件等，释放磁盘空间。

三、判断题

1. 正版 Windows 7 操作系统不需要激活即可使用。（　　）

2. Windows 7 旗舰版支持的功能最多。（　　）

3. Windows 7 家庭普通版支持的功能最少。（　　）

4. 在 Windows 7 的各个版本中，支持的功能都一样。（　　）

5. 在 Windows 7 中默认库被删除后可以通过恢复默认库进行恢复。（　　）

6. 在 Windows 7 中默认库被删除了就无法恢复。（　　）

7. 正版 Windows 7 操作系统不需要安装安全防护软件。（　　）

8. 任何一台计算机都可以安装 Windows 7 操作系统。（　　）

9. 安装安全防护软件有助于保护计算机不受病毒侵害。（　　）

10. 在 Windows 中，可以对磁盘文件按名称、类型、文件大小进行排列。

（　　）

测　试　二

单选题

1. 下列关于 Windows 7 菜单的说法中，不正确的是（　　）。

　　A. 命令有"·"记号的菜单选项，表示该项已经选用

　　B. 当鼠标指针指向带有向右黑色等边三角符号的菜单项时，弹出一个子菜单

　　C. 用灰色字符显示的菜单选项表示相应的程序被破坏

　　D. 当带有"…"的菜单选项执行后会打开一个对话框

2. Windows 7 对磁盘格式化分为"快速"和"完全"两种方式，就此而言，以下有关叙述正确的是（　　）。

　　A. "快速"和"完全"格式化的功能相同，但执行速度有快慢之分

　　B. "快速"格式化不检查坏扇区，而"完全"格式化检查坏扇区

　　C. "快速"格式化不能改写卷标，而"完全"格式化则可以改写卷标

　　D. "快速"格式化后的闪存盘不带系统，而"完全"格式化后的闪存盘带有系统

3. 准确地说，文件是存储在（　　）。

　　A. 内存中的数据集合

　　B. 辅存中的一组相关信息的集合

　　C. 存储介质上的一组相关信息的集合

D. 打印纸上的一批数据的集合

4. 在Windows 7的命令菜单中，命令名右边带下画线的字母表示（   ）。

    A. 弹出一个对话框　　　　　　　　B. 该命令正在使用

    C. 该命令的热键　　　　　　　　　D. 该命令当前不能使用

5. 下列命令菜单选项中，（   ）表示该命令对应的功能正在起作用。

    A. 右侧带有省略号的命令　　　　　B. 右侧带有下画线字母X的命令

    C. 灰色的命令　　　　　　　　　　D. 左侧带符号√的命令

6. Windows 7是一个（   ）。

    A. 单用户多任务操作系统　　　　　B. 单用户单任务操作系统

    C. 多用户单任务操作系统　　　　　D. 多用户多任务操作系统

7. 在Windows 7操作系统中，桌面指的是（   ）。

    A. 屏幕背景　　　B. 计算机台面　　　C. 活动窗口　　　D. 计算机窗口

8. 在资源管理器窗口中，若要选定全部文件或文件夹，按（   ）组合键。

    A. Ctrl+A　　　　　　B. Shift+A　　　　　C. Alt+A　　　　　D. Tab+A

9. 下列命令菜单选项中，（   ）表示该命令目前不能执行。

    A. 右侧带有省略号的命令　　　　　B. 右侧带下画线的命令

    C. 灰色的命令　　　　　　　　　　D. 左侧带有√的命令

10. 格式化硬盘的两个作用是（   ）。

    A. 整理磁盘碎片　　　　　　　　　B. 遍历用户的磁盘文件

    C. 给磁盘分区　　　　　　　　　　D. 在磁盘上建立文件分配表及目录

11. 在Windows 7中，剪贴板是（   ）的一块区域。

    A. 硬盘上　　　　　B. 闪存盘上　　　　C. 内存中　　　　D. 外存中

12. 在Windows 7的操作过程中，按（   ）键可以随时获得联机帮助。

    A. Esc　　　　　　　B. Alt　　　　　　C. F1　　　　　　D. Home

13. 可以利用任务栏的快捷菜单来排列显示屏幕上的多个应用程序窗口，它们的排列方式为（   ）。

    A. 只能平铺排列　　　　　　　　　B. 只能层叠排列

    C. 既可平铺，也可重叠排列　　　　D. 有系统安排，用户不用调整

14. 在Windows 7的命令菜单中，命令名后带有省略号"…"表示（   ）。

    A. 将弹出一个对话框　　　　　　　B. 该命令正在起作用

    C. 该命令的热键　　　　　　　　　D. 该命令当前不能使用

15. 用鼠标拖动窗口的（   ），可以同时以水平和垂直两个方向改变窗口大小。

    A. 窗口边框　　　B. 窗口角　　　　C. 滚动条　　　　D. 标题栏

16. 若屏幕上同时显示多个窗口，可以根据窗口中（   ）的特殊颜色来判断其是否为当前窗口。

    A. 菜单栏　　　　　B. 窗口角　　　　C. 滚动条　　　　D. 标题栏

17. 窗口的右部或底部有时会出现（　　），利用它可以方便地将窗口中的内容做上下左右滚动。

    A. 窗口边缘　　　　B. 窗口角　　　　C. 滚动条　　　　D. 菜单栏

18. Windows 7 的任务栏不可用于（　　）。

    A. 启动应用程序　　　　　　　　　　B. 结束应用程序

    C. 切换当前应用程序窗口　　　　　　D. 改变应用程序窗口大小

19. 应用程序窗口和文档窗口的区别在于有没有（　　）。

    A. 控制按钮　　　B. 关闭按钮　　　C. 标题栏　　　　D. 菜单栏

20. 在"计算机"或者资源管理器中，若要选定多个不连续的文件，可以先单击第一个文件，然后按（　　）键，再单击另外一个文件。

    A. Alt　　　　　　B. Ctrl　　　　　C. Shift　　　　D. Tab

21. 在 Windows 7 中，用键盘关闭当前窗口，使用的组合键（　　）。

    A. Esc+F4　　　　B. Ctrl+F4　　　C. Shift+F4　　　D. Alt+F4

22. 在 Windows 7 中，将整个计算机显示屏幕看作是（　　）。

    A. 窗口　　　　　B. 背景　　　　　C. 工作台　　　　D. 桌面

23. 在 Windows 7 中，关于窗口和对话框，下列说法正确的是（　　）。

    A. 对话框可以改变大小，而窗口不能

    B. 窗口、对话框都不可以改变大小

    C. 窗口可以改变大小，对话框不能

    D. 窗口、对话框都可以改变大小

24. 窗口被放大到最大化，其"最大化"按钮会被（　　）按钮所代替。

    A. 最大化　　　　B. 最小化　　　　C. 还原　　　　　D. 控制

25. 在 Windows 7 中，为结束陷入死循环的程序，应首先按的键是（　　）。

    A.Ctrl+Alt+Del　　B. Ctrl+Del　　　C. Alt +Del　　　D. Del

26. 在 Windows 7 中，若在某一个文档中连续进行多次剪切操作，当关闭该文档后，剪贴板中存放的是（　　）。

    A. 空白　　　　　　　　　　　　　　B. 第一次剪切的内容

    C. 所有剪切过的内容　　　　　　　　D. 最后一次剪切的内容

27. 在 Windows 7 系统中，回收站是用来（　　）。

    A. 接收输出的信息　　　　　　　　　B. 存放删除的文件夹和文件

    C. 接收传来的网络信息　　　　　　　D. 存放使用的资源

28. 在 Windows 7 中按 Print Screen 键，则整个桌面内容被（　　）。

    A. 复制到剪贴板上　　　　　　　　　B. 打印到打印纸上

    C. 打印到指定文件　　　　　　　　　D. 复制到指定文件

第 3 章

文字处理软件 Word 2010 «‹‹

Word 2010 是美国微软公司开发的办公自动化软件 Microsoft Office 2010 中的组件之一，也是目前 Windows 平台上最流行的文字处理软件。它的文字处理功能强大，具有操作方便、编辑排版功能齐全、所见即所得等一系列优点，适用于各种文档、书籍编排、公文制作、论文的设计等。

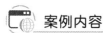 3.1 【案例 1】初识 Word 2010

案例内容

通过本案例的学习，完成 Office 2010 的安装，掌握启动和退出 Word 2010 的方法，了解 Word 2010 的工作界面和基本概念等。

案例中的知识点

- Office 2010 的安装。
- Word 2010 的启动。
- Word 2010 的退出。
- Word 2010 窗口的组成。

案例讲解

1. Office 2010 的安装

安装步骤如下：

① 下载 Office 2010 软件存到计算机的某个盘中，找到安装文件并双击，接受协议，如图 3-1 所示。

② 可以单击"立即安装"按钮，也可以单击"自定义"按钮进行安装，如图 3-2 所示。

③ 单击"自定义"按钮，在安装选项中可能出现某些应用程序上面带有红色叉号的情况，这些将不被安装，如果想要安装可以单击右侧的箭头，在下拉列表中选择"从本机运行"，如图 3-3 所示。

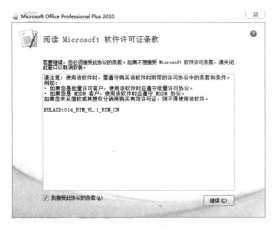

图 3-1 接受协议条款

图 3-2 选择安装方式

④ 在"文件位置"选项卡中可选择文件路径将文件安装到任意盘，如图 3-4 所示，"用户信息"选项卡可填写也可不填写。

图 3-3 选择安装内容

图 3-4 "文件位置"选项卡

⑤ 单击"立即安装"按钮进行安装。这个过程可能需要一段时间，具体与计算机配置有关，如图 3-5 所示

⑥ 安装完成后，界面如图 3-6 所示，Office 2010 办公软件即可正常使用。

2. Word 2010 的启动与退出

（1）启动 Word 2010

按如下几种方法可启动 Word 2010：

方法一：双击桌面上的 Word 2010 快捷方式图标。

图 3-5　安装进度

图 3-6　安装成功

方法二：单击"开始"按钮，选择"所有程序"→"Microsoft Office 2010"→"Microsoft Word 2010"命令

方法三：单击 Windows 7 系统的"开始"按钮，在搜索框中输入"word"，然后在显示的列表中选择"Microsoft Word 2010"。

方法四：双击任意已存在的.docx 文档，系统将直接启动 Word 2010 程序并打开此文档。

（2）退出 Word 2010

退出 Word 2010 的方法也很多，常用的主要有以下几种：

方法一：单击 Word 2010 窗口右上角的"关闭"按钮。

方法二：单击标题栏左上角的 ⊞ 按钮，在弹出的菜单中选择"关闭"命令。

方法三：选择"文件"→"退出"命令。

3-1 初识 Word 2010

3. Word 2010 窗口的组成

启动 Word 2010 后即出现图 3-7 所示的窗口。

（1）标题栏

标题栏位于界面顶端，用于显示当前正在使用的文档名称等信息，一般由控制菜单按钮、快速访问工具栏、文档名称、窗口控制按钮（最小化、最大化、关闭）等组成。

（2）选项卡

标题栏下方为选项卡栏，是相关功能区的名字标签，类似 Windows 的菜单，选择某个选项卡时，即切换到与之对应的功能区面板。选项卡分为主选项卡和工具选项卡。默认界面提供的是主选项卡，依次为文件、开始、插入、页面布局、引用、邮件、审阅和视图 8 个选项卡。插入的形状、图片、图标、表格、艺术字、文本框和 SmartArt 等元素被选中操作时，在选项卡栏的右侧都会出现相应的工具选项卡。如插入图片后，就能在主选项卡右侧出现图 3-8 所示的"图片工具"选项卡。

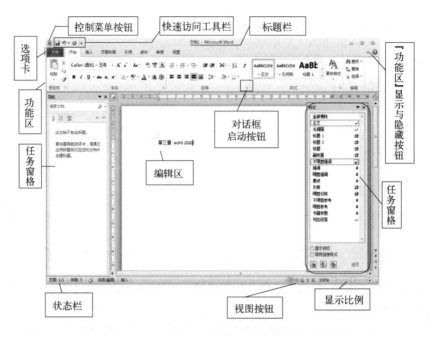

图 3-7　Word 2010 窗口界面

图 3-8　"图片工具"选项卡

（3）功能区

功能区位于选项卡的下方，由逻辑组和命令两部分组成。每选择一个选项卡，会打开相应的功能区面板，每个功能区根据功能的不同又分为若干个逻辑组，如图 3-9 所示，这些组将相关命令显示在一起。某些组的右下角有一个小箭头，该箭头称为对话框启动器按钮，单击该箭头就会弹出该组相关的对话框。例如，单击"开始"选项卡"字体"组中的右下角箭头，即弹出图 3-10 所示的"字体"对话框。

单击选项卡右侧的 ⌃ 按钮，可将功能区折叠，这时 ⌃ 按钮变成了 ⌄ 按钮，再次单击该按钮可展开功能区。

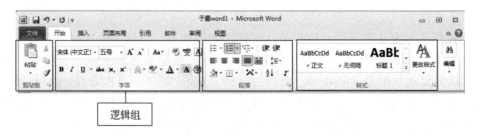

图 3-9　逻辑组

图 3-10 "字体"对话框

下面以 Word 2010 提供的默认选项卡的功能区为例进行说明。

① "开始"功能区从左到右依次包括剪贴板、字体、段落、样式和编辑五个组，该功能区主要用于帮助用户对 Word 2010 文档进行文字编辑和格式设置，是用户最常用的功能区。

② "插入"功能区包括页、表格、插图、链接、页眉和页脚、文本和符号等几个组，主要用于在 Word 2010 文档中插入各种元素。

③ "页面布局"功能区包括主题、页面设置、稿纸、页面背景、段落、排列等几个组，用于帮助用户设置 Word 2010 文档页面样式。

④ "引用"功能区包括目录、脚注、引文与书目、题注、索引和引文目录等几个组，实现在 Word 文档中插入目录等比较高级的功能。

⑤ "邮件"功能区包括创建、开始邮件合并、编写和插入域、预览结果和完成等几个组，该功能区的作用比较专一，主要用于在文档中进行邮件合并方面的操作。

⑥ "审阅"功能区包括校对、语言、中文简繁转换、批注、修订、更改、比较和保护等几个组，主要用于对 Word 文档进行校对和修订等操作，适用于 Word 2010 长文档。

⑦ "视图"功能区包括文档视图、显示、显示比例、窗口和宏等几个组，主要用于帮助用户设置 Word 2010 操作窗口的视图类型。

（4）快速访问工具栏

Word 2010 文档窗口中的快速访问工具栏用于放置一些常用的命令按钮，便于快速启动经常使用的命令，如保存、撤销、恢复、打印预览等，单击该工具栏右侧的 ▾ 按钮，在弹出的下拉列表中选择一个左边复选框未选中的命令，如图 3-11 所示，可以在快速访问工具栏中增加该命令按钮；要删除某个按钮，只需要右击该按钮，从弹出的快捷选择"从快速访问工具栏删除"命令即可，如图 3-12 所示。

图 3-11　快速访问工具栏的下拉列表　　　　图 3-12　快捷菜单

（5）状态栏

状态栏包括一些状态数据，如页码、字数、视图方式、显示比例等。

（6）任务窗格

Word 2010 窗口文档编辑区的左右两侧会在适当的时候打开相应的任务窗格，任务窗格为用户提供了所需要的常用工具或信息，帮助用户快速完成操作。编辑区左侧的任务窗格通常有"审阅"窗格、"导航"窗格和"剪贴板"窗格，编辑区右侧的任务窗格有"剪贴画""样式""邮件合并""信息检索"窗格。例如单击"视图"选项卡中"显示"组中的"导航"窗格按钮，在编辑区左侧即打开"导航"窗格，如图 3-13 所示。

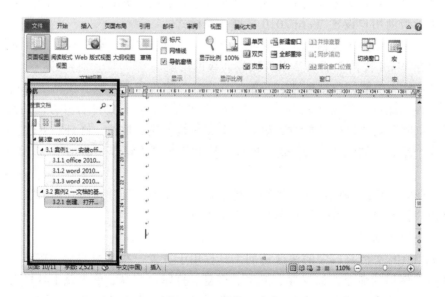

图 3-13　"导航"窗格

（7）视图

Word 2010 提供了页面、阅读版式、Web 版式、大纲和草稿 5 个视图方式。各个视图之间的切换可通过单击状态栏右侧的视图按钮来实现。

 案例实训

下载 Office 2010 安装程序，并在本地计算机上安装 Office 2010，要求必须安装 Office 2010 中的 Word 2010、Excel 2010、PowerPoint 2010。安装成功后，启动 Word 2010，熟悉 Word 2010 的窗口构成。

3.2 【案例 2】掌握文档的基本操作

案例内容

通过本案例的学习，完成图 3-14 所示的 Word 内容。

图 3-14 案例 2 效果图

 案例中的知识点

- Word 2010 文档的创建、打开、保存、关闭。
- 输入文档。
- 选择文档。
- 复制、剪切与粘贴。
- 删除、撤销与恢复。
- 插入字符与特殊字符。
- 查找与替换。
- 自动更正和自动图文集。

案例讲解

1. 创建、打开、保存及关闭文档

1）新建文档

启动 Word 2010 软件，在 E 盘的"Word 项目"文件夹中新建一个"长春财经学院简介"Word 文档，并按样文输入一定的内容。

3-2 文档的编辑

① 启动 Word 2010，会自动创建一个文件名为"文档1.docx"的空文档。

② 单击"新建"按钮，双击"空白文档"选项（见图 3-15）；或利用快捷键 Ctrl+N 新建空白文档。

2）打开文档

（1）打开最近使用的文件

为了方便用户继续进行之前的工作，Word 2010 系统会记住最近使用过的文件。当打开 Word 2010 后，选择"文件"→"最近所用文件"命令可以看到最近用过的文件。如果要打开某个文件，单击该文件名即可。

（2）打开其他文档

在对文档进行管理与编辑时，往往需要打开原来保存的文档，打开方法如下：

① 选择"文件"→"打开"命令，弹出"打开"对话框，如图 3-16 所示。

② 在此对话框中，显示的是文档库中的文件夹，在左侧窗格中可以选择不同的驱动器和文件夹选择要打开的 Word 文档，再单击右下角的"打开"按钮。

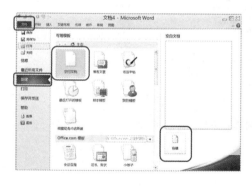

图 3-15　新建空白文档

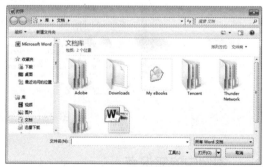

图 3-16　打开文档

3）保存文档

（1）保存新建文档

要保存新建的文档，可以选择"文件"→"保存"命令；或者直接单击快速访问工具栏的 ⊞ 按钮；或者使用快捷键 Ctrl+S。如果是第一次保存，会弹出"另存为"对话框，如图 3-17 所示。在"另存为"对话框中，选择好保存位置，输入文件名，并注意在"保存类型"下拉列表框中选择好类型，最后单击"确定"按钮。

默认 Word 2010 文档类型为 "Word 文档"，扩展名是 ".docx"；系统还可提供选择 Word 2010 以前的版本，如 "Word 97-2003"，即 2010 版本是向下兼容以往版本的；从 "保存类型" 下拉列表中可以看到系统提供的保存类型很多，有 PDF、XPS、纯文本、网页等。

（2）保存已有文档

第一次保存后文档就有了名称。如果之后对文档进行了修改，再保存时可选择 "文件" → "保存" 命令；或者直接单击快速访问工具栏中的 按钮；或者直接采用快捷键 Ctrl+S 都可以进行保存，但系统不再弹出 "另存为" 对话框，只是用当前文档覆盖原有文档，实现文档更新。

如果用户保存时不想覆盖修改前的内容，可利用 "另存为" 命令保存，通过选择 "文件" → "另存为" 命令，在 "另存为" 对话框输入新的保存位置、文件名、文件类型，最后单击 "确定" 按钮即可。

（3）保存并发送文档

选择 "文件" → "保存并发送" 命令，会弹出图 3-18 所示的窗口，提供了 "使用电子邮件发送" "保存到 Web" 等 4 种方式。

图 3-17 "另存为" 对话框

图 3-18 保存并发送文档

4）关闭文档

通过按钮 ；或者单击左上角的控制菜单按钮选择 "关闭" 命令；或者直接使用快捷键 Alt+F4；或者选择 "文件" → "关闭" 命令等方式实现文档的关闭。

2. 文档的输入

在 Word 2010 中输入文字时，首先必须找到插入点（光标），形状为一条闪烁的竖线 "|"，正文输入的位置与插入点位置密切相关。可以使用单击移动插入点。当插入点位置不在当前屏幕上时，可以利用滚动条到用户需要的位置上单击。利用键盘移动插入点除了使用←、→、↓、↑、Pagedown/PgDn、Pageup/PgUp 键外，还常用 Home、End、Ctrl+Home 和 Ctrl+End 等键，后者分别用于移到本行首、移到本行尾、移到文档首和移到文档尾。

在输入文档的过程中有以下几点需要注意：

（1）中英文切换

启动 Windows 后，默认状态是英文输入状态，在文档中输入的是英文字符数字，如果要输入中文汉字，就需要把英文输入转换成汉字输入状态。可以采用 Ctrl+空格键在中、英文输入法之间切换，或采用 Ctrl+Shift 组合键进行输入法的切换。

（2）输入特殊符号

在输入内容时，经常会遇到一些特殊的、很难从键盘上直接输入的符号，可以先打开中文输入法 ，单击软键盘中的按钮 ，设为中文标点符号，如图 3-19 所示，然后直接从键盘输入，如图 3-20 所示。

也可以通过"插入"选项卡中的"符号"或"其他符号"按钮进行符号的插入，如图 3-21 所示。

图 3-19　软键盘设置　　　　图 3-20　标点符号键盘　　　　图 3-21　输入特殊符号

3. 文档的基本编辑

1）文本的选择

在 Word 2010 中，有许多操作都是针对选择的对象进行工作的，它可以是一部分文本，也可以是图形、表格等，在对它们进行编辑排版操作之前，先要将其"选定"。

① 拖动选择：从要选择文档的起始位置单击，按住不放，直到需要的文档全被选中，释放鼠标左键，完成所需文档的选择。

② 对字词的选择：将鼠标指针移动到词或词组的任何地方，双击即可选定词或词组。

③ 对句子的选择：按住 Ctrl 键，然后在该句子的任何位置单击。

④ 对一行的选择：将鼠标指针移到一行的最左侧，鼠标指针由 I 变为 ⤢，这时单击可以选定该行。

⑤ 对多行的选择：将鼠标指针移到一行的最左侧，鼠标指针由 I 变为 ⤢，按住鼠标左键向上或向下拖动鼠标即可。

⑥ 对段落的选择：将鼠标指针移到一行的最左侧，鼠标指针由 I 变为 ⤢，这时双击左键可以选定该段；或者在该段落的任意位置三击。

⑦ 对整个文档的选择：将鼠标移到一行的最左侧，鼠标指针由 I 变为 ⤢，这时三击可以选定整篇文档，或者在文档的任意位置按 Ctrl+A 组合键全选。

⑧ 对任意连续文本的快速选择：将光标定位到起始位置，按住 Shift 键，移动鼠标指针到终止位置单击；起始位置和终止位置间的连续文本被选中。

⑨ 不连续文本的选定：先选取一个文本区域，然后按住 Ctrl 键再选取其他文本。

⑩ 对矩形文本块的选择：按住 Alt 键，拖动鼠标可选中垂直的一块文字。

选择了某些文字或项目后，若想取消选择，可以单击未被选择的部分，或按键盘上的任意一个方向键。

需要说明的是，若用户此时按键盘中的其他键，将删除被选择的内容，取而代之的是这个键的字符。

2）剪切、复制和粘贴

当一篇文章中多次出现某一段词句或项目时，用户可以不必重复输入，利用复制和粘贴操作，可以快速地在文章中多次复制这些内容。移动或复制操作可以实现将某块文字或项目（如图、表）从当前文档的一处移动或者复制到另一处，甚至移动或复制到另一文档中。

（1）移动/复制操作可以使用命令方式或鼠标方式

使用命令方式的步骤如下：

① 选择要移动/复制的文本块或项目。

② 使用"开始"选项"剪贴板"组中的"剪切"/"复制"按钮，或使用快捷键 Ctrl+X 或 Ctrl+C。

③ 如果是移动/复制到另一文档中，则打开另一文档，或利用窗口操作切换到另一文档。

④ 将插入点定位于需要获得本模块或项目的位置。

⑤ 使用"粘贴"按钮，或使用快捷键 Ctrl+V，粘贴对象。

（2）用"剪贴板"进行编辑

要在同一时间反复输入一组长字符时，或者需要收集和粘贴多个项目，可以利用"剪贴板"组提供的"剪贴板"窗格来完成，如多次输入"计算机文化基础"，可将它先复制到剪贴板上，需要时，单击该选项，"计算机文化基础"即可粘贴到光标处，如图 3-22 所示。"剪贴板"最多可容纳 24 个项目，当复制或剪切第 25 项内容时，原来的第一项内容将被清除。

3）删除、撤销和恢复

删除文字可以使用 Delete（Del）键或 Backspace 键，它们分别用于删除插入点后的内容或删除插入点前的内容。

若需要删除一块连续的文字或项目，则先选中它们，再按 Delete 键或 Backspace 键。

撤销操作是一个非常有用的操作，它可以撤销用户的误操作，甚至可以取消多个步骤，回到原来的状态。使用撤销的方法是单击 ↺ ▾ 按钮，或使用快捷键 Ctrl+Z。

若使用撤销一步或多步操作后，发现撤销过多，则可以使用"恢复"命令，以还原用"撤销"命令撤销的操作，单击 ↻ 按钮即可。

4）查找和替换

编辑好一篇文档后，往往要对其进行核对和订正，如果文档有错误，Word 2010 提供了一个查找替换功能，通过它可查找一个字、一句话或者是一段内容，还可以用它替换某些内容，非常方便快捷。

查找的步骤：单击"开始"选项卡"编辑"组中的"查找"按钮，打开图 3-23 所示的"导航"窗格。输入要查找的文本即可。或者单击"高级查找"按钮，弹出"查找和替换"对话框，输入要查找的文本，单击"查找下一处"按钮即可。

图 3-22   "剪贴板"窗格

图 3-23   "导航"窗格

替换的步骤：单击"开始"选项卡"编辑"组中的"替换"按钮，弹出图 3-24 所示的"查找和替换"对话框，输入需要查找和替换的内容，单击"替换"或"全部替换"即可。

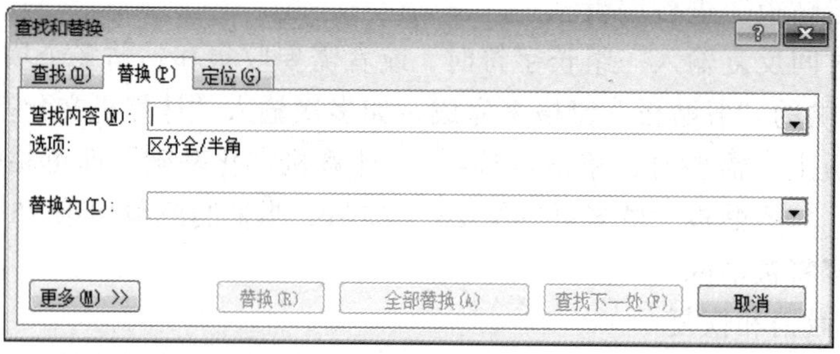

图 3-24   "查找和替换"对话框

查找、替换功能不仅可以查找替换字符，还可以查找、替换字符的格式。单击"更多"按钮，展开对话框如图 3-25 所示。单击"格式"或"特殊格式"按钮可对查找内容或替换内容设置所需格式，包括"字体""段落""制表位"等。

图 3-25　"查找和替换"的展开对话框

在查找或替换操作时，请注意查看和定义"查找和替换"对话框的"搜索"中的各个选项，以免查找或替换操作后得不到需要的结果。"搜索"选项中的各项含义如表 3-1 所示。

表 3-1　"搜索"选项的含义

操作选项	操作含义
全部	操作对象是全篇文档
向上	操作对象是插入点到文档的开头
向下	操作对象是插入点到文档的结尾
区分大小写	查找或替换字母时需要区分字母大小写的文本
全字匹配	在查找中，只有完整的词才能被找到
使用通配符	可以使用通配符，如"?"代表任一个字符
区分全角/半角	查找或替换时，所有字符要区分全角或半角才符合要求
忽略空格	查找或替换时，有空格的将被忽略

4. 字符的快速输入

利用"自动更正"或"自动图文集"能够自动快速地插入一些长文本、图像和符号。使用"自动更正"功能还可以自动检查并更正输入错误、误拼的单词、语法或大小写错误。如输入"wrod"及空格，系统会自动更正为"word"。

1）创建"自动更正"词条

若要添加在输入特定字符集时自动插入的文本条目，可以使用"自动更正"对话框，操作步骤如下：

① 选择"文件"→"选项"命令。

② 在弹出的"Word选项"对话框中选择"校对"选项卡。

③ 单击"自动更正选项"按钮，在"自动更正"对话框中选择"自动更正"选项卡。

④ 选中"键入时自动替换"复选框（如果尚未选中）。在"替换"文本框输入"cccj"，在"替换为"输入框输入"长春财经学院"。

⑤ 单击"添加"按钮，如图 3-26 所示。

此时如在文档编辑区输入"cccj"，系统会自动替换成"长春财经学院"。这种自动更正功能可以提高用户输入一些比较复杂且输入频率又高的文本或符号的效率，也可作为更正全篇文档多处存在相同的某个错误输入字符或词组的简单方法。

2）创建和使用自动图文集词条

在 Word 2010 中，可在自动图文集库中添加"自动图文集"词条。

若要从库中添加自动图文集，用户需要将该库添加到快速访问工具栏。添加库之后，可以新建词条，并将 Word 2003/2007 中的词条迁移至此库中。

（1）向快速访问工具栏添加自动图文集步骤如下：

① 选择"文件"→"选项"命令。

② 在弹出的"Word 选项"对话框中选择"快速访问工具栏"选项卡。

③ 在"从下列位置选择命令"下拉列表框中选择"所有命令"选项。滚动命令列表，直到看到"自动图文集"为止。

④ 选择"自动图文集"选项，然后单击"添加"按钮。

此时快速访问工具栏中将显示"自动图文集" 按钮，单击该按钮可从自动图文库中选择词条。

（2）新建自动图文集词条

在 Word 2010 中，自动图文集词条作为构建基块存储。若要新建词条，使用"新建构建基块"对话框即可。如在"自动图文集"中创建"吉林省长春市长春财经学院"新词条。新建自动图文集词条的方法如下：

① 在屏幕上空白处输入"吉林省长春市长春财经学院"后选中。

② 在快速访问工具栏中单击"自动图文集"按钮。

③ 选择"将所有内容保存到自动图文集库"命令，弹出"新建构建基块"对话框，如图 3-27 所示。

图 3-26 "自动更正"对话框   图 3-27 "新建构建基块"对话框

④ 单击"确定"按钮。

添加词条后，如果需要输入"吉林省长春市长春财经学院"，只要在屏幕上输入"吉林"两字即可在光标上方看到自动图文集词条 吉林省长春市长春财经学院 (按 Enter 插入) 的提示，按 Enter 键，词条将自动输入在屏幕上。

"自动图文集"除了可以存储文字外，最能节省时间的地方在于可以存储表格、剪贴板，其他操作与上述方法相同。

3）自动图文集词条的迁移

Word 2003 自动图文集词条可以迁移至 Word 2010 中。通过执行下列操作之一，将 Normal11.dot 文件复制到 Word 启动文件夹即可：

① 如果计算机操作系统是 Windows 7 或 Windows Vista，打开 Windows 资源管理器，然后将 Normal11.dot 模板从 C:\Users\用户名\AppData\Roaming\Microsoft\Templates 复制到 C:\Users\用户名\AppData\Roaming\Word\Startup。

如果在 Windows 资源管理器中未看到 AppData 文件夹，请依次单击"组织"→"文件夹和搜索选项"命令，在弹出的"文件夹选项"对话框中选择"查看"选项卡，选中"显示隐藏的文件、文件夹和驱动器"单选按钮。然后关闭并重新打开 Windows 资源管理器。

② 如果计算机操作系统是 Windows XP，打开 Windows 资源管理器，然后将 Normal11.dot，模板从 C:\Documents and Settings\用户名\Application Data\Microsoft\Templates 复制到 C: \Documents and Settings\用户名\Application Data\Word\Startup 即可。

Word 2007 自动图文集词条也可以迁移至 Word 2010，方法很简单，在 Office Word 2007 中打开 Normal11.dot 模板，将该文件另存为 AutoText.dotx，在系统提示时单击"继续"按钮。

选择"文件"→"转换"命令，单击"确定"按钮即可。

 案例实训

步骤如下：

① 打开 Word 2010，在其中输入图 3-28 所示的文字，并命名为"文档"。

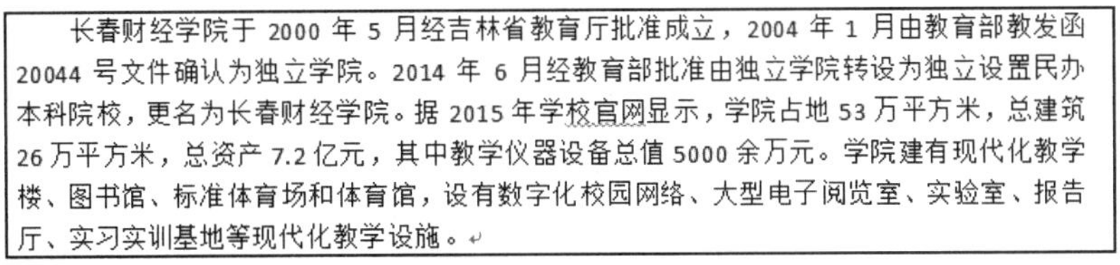

长春财经学院于 2000 年 5 月经吉林省教育厅批准成立，2004 年 1 月由教育部教发函 20044 号文件确认为独立学院。2014 年 6 月经教育部批准由独立学院转设为独立设置民办本科院校，更名为长春财经学院。据 2015 年学校官网显示，学院占地 53 万平方米，总建筑 26 万平方米，总资产 7.2 亿元，其中教学仪器设备总值 5000 余万元。学院建有现代化教学楼、图书馆、标准体育场和体育馆，设有数字化校园网络、大型电子阅览室、实验室、报告厅、实习实训基地等现代化教学设施。

图 3-28　实训用图 1

② 将"文档 1"最小化，打开一个新的"文档 2"，输入以下内容，如图 3-29 所示。

③ 在此文档中对应位置插入如下符号"①""②"。从"插入"选项卡"其他符号"中选择合适的符号并插入，如图 3-30 所示，完成后如图 3-31 所示。

④ 复制"文档2"中的所有文字，然后粘贴到"文档1"中的文字之后，如图3-32所示。

⑤ 查找文档中所有的"长春财经学院"，并将其全部替换为"华文彩云"字体，小三号加粗格式。打开"查找和替换"对话框，设置如图3-33示，单击"全部替换"按钮。替换后效果如图3-34所示。

⑥ 将做好的文档进行保存。文档名为"Word案例一"保存到D盘相应的文件夹。

⑦ 完成所有操作后保存好文档，关闭Word 2010。

图 3-29　实训用图 2

图 3-30　实训用图 3

图 3-31　实训用图 4

图 3-32　实训用图 5

图 3-33　实训用图 6

图 3-34　实训用图 7

3.3 【案例3】掌握长文档的编辑

案例内容

通过本案例的学习，完成图 3-35 所示的 Word 内容。

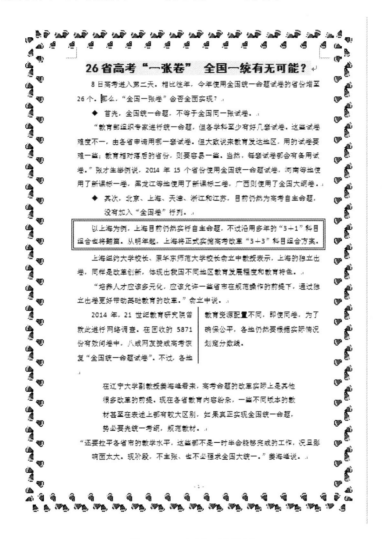

图 3-35 案例 3 效果图

案例中的知识点

- 设置字体、字号及字形。
- 段落格式的设置。
- 页面设置、分栏。

● 设置颜色、边框及底纹。

● 项目符号编号的设置方法。

● 论文目录的生成。

3-3 文字格式、段落格式的设置

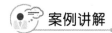 **案例讲解**

1. 文字格式的设置

1）字体、字号及字形

（1）用字体工具栏来设置字体、字号及字形

通过"开始"选项卡中的"字体"组设置字体、字号及字形（见图3-36），其方法如下。

① 选中要设置的文字。

② 单击"字体"组中所需的按钮。单击"加粗"按钮，这时所选择的文字会变粗。

③ 单击字体中的"字体颜色"下拉按钮，从下拉列表中选择合适的颜色。

④ 单击字体组"字体""字号"下拉按钮，从下拉列表中选择合适的字体和字号。

使用"格式刷"按钮 可以方便地复制各种格式，方法如下：

① 先选中具有某种格式的文字，然后单击"格式刷"按钮 。

② 此时，鼠标指针变为刷子样式，把指针移动到需要改变格式的文字上，拖动鼠标选择这些文字即可。

（2）启动"字体"对话框来设置

也可以使用"字体"对话框来改变字体格式，方法如下：

① 选择要设置格式的文字。

② 单击"字体"组中的对话框启动器按钮 ，打开图 3-37 所示的"字体"对话框，在此对话框中可以设置字体、字号及字形。

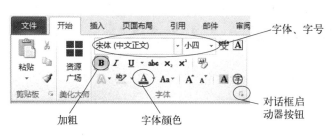

图 3-36　字体、字号及字形的设置　　　　图 3-37　"字体"对话框

2）文字的颜色

颜色、边框与底纹是对文本的一种效果修饰，可达到强调需要突出的内容，增强文档显示和输出效果的目的。不同的文字颜色在进行彩色输出时可使文本更加醒目突出。其设置方法有以下几种：

（1）利用"字体"组中的按钮

选定需要改变颜色的文字，单击"字体"组中的"字体颜色"按钮即可改变字体的颜色。如果颜色不合适，可单击右侧的下拉按钮，出现图 3-38 所示的下拉列表，可在"主题颜色"中选择需要的颜色。如果标准配色盘中的颜色不满意，可选择"其他颜色"命令，在出现"颜色"对话框中选择其他颜色，如图 3-39 所示。

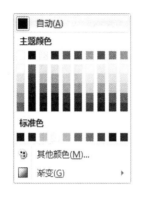
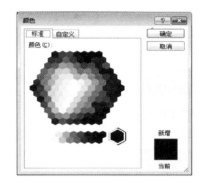

图 3-38 "字体颜色"下拉列表　　　图 3-39 "颜色"对话框

（2）利用"字体"对话框

单击"字体"右下角的对话框启动器按钮，打开图 3-40 所示的"字体"对话框，在此对话框中即可设置；或者右击，在快捷菜单中选择"字体"命令。

3）字符的缩放比例

字符的缩放是指根据需要，把文本在宽度上加以放大或缩小。设置字符缩放比例的步骤如下：

① 选定需要缩放的文本。

② 单击"段落"组中的"字符缩放"按钮，选定的文字就放大一倍，即由原来的 100% 放大到 200%，再单击一下就可以还原。

③ 若需要缩放到其他比例，可以在"字符缩放"下拉列表中进行比例的选择，如 "150%""50%" 等。

也可以打开"字体"对话框，选择"高级"选项卡，如图 3-40 所示，打开"缩放"下拉列表，如图 3-41 所示，可以选择其他比例，也可直接输入所要的比例。

4）格式刷

复制字符、段落格式可以使用"格式刷"。具体操作如下：选定具有所需要格式的文本或段落，单击"开始"选项卡"剪贴板"组中的"格式刷"按钮，将鼠标指针指向要改变格式的文本头，拖动鼠标到文本尾以应用格式。若双击"格式刷"按钮，则可将格式复制到多个地方。

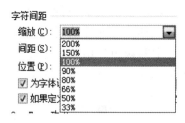

图 3-40 "高级"选项卡　　　　　图 3-41 字符间距缩放比例

2. 段落的格式化设置

1）设置段落对齐

所谓段落对齐，就是利用 Word 2010 的编辑排版功能调整文档中段落相对于页面的位置。常用的段落对齐方式有左对齐、居中对齐、两端对齐，右对齐和分散对齐。其设置方法有如下两种：

① 单击段落组右下角的按钮 ，打开"段落"对话框，调整对齐方式，如图 3-42 所示。

② 利用"段落"组对应的按钮进行设置，如图 3-43 所示。

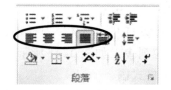

图 3-42 "段落"对话框　　　　　图 3-43 "段落"组

2）设置段落缩进

页边距决定页面中所有的文本到页面边缘的距离，而段落的缩进和对齐方式决定段落如何适应页边距。此外，还可以改变行间距、段前和段后间距的大小，以求达到美观的效果。

① 精确设置缩进。精确设置缩进主要是运用"段落"对话框来实现。

a. 单击"段落"右下角的对话框启动器按钮，打开"段落"对话框。

b. 选择"缩进和间距"选项卡，在"缩进"栏中，可精确调整左缩进和右缩进，默认单位为"字符"，也可以为其他单位，如"磅"，如图 3-44 所示。

② 利用"段落"组中对应的按钮设置，如图 3-45 所示。但此种方式每次只能左缩进或右缩进一个字符。

③ 利用"段落"对话框中的"特殊格式"调整缩进，方法如下：

a. 选定需要调整缩进的段落。

b. 打开"段落"对话框，如图 3-46 所示。

c. 在特殊格式中选择"无""首行缩进"或者"悬挂缩进"。

d. 单击"确定"按钮完成设置。

图 3-44 "段落"对话框　　　图 3-45 "段落"组　　　图 3-46 "段落"对话框

3）设置文档间距

（1）设置行间距

行间距（简称行距）决定段落中各行文本间的垂直距离。默认值为"单倍行距"。调整行距的方法如下：

① 选定要调整行距的段落。

② 打开"段落"对话框，如图 3-47 所示，做出对应设置。

（2）设置段间距

段间距决定段落前后空白距离的大小。当按 Enter 键重新开始一个段落时，光标会跨过一定的距离到下一段的位置，这个距离就是段间距。设置段间距的方法如下：

① 选定要更改间距的段落。

② 在"段落"对话框的"间距"下拉列表中，设置满意的段间距，如图 3-47 所示。

4）设置项目符号

在描述并列或有层次的文档时需要用项目符号和编号来组织文档，可以使文档层次分明、条理清晰、内容醒目。项目符号一般用于使文档中的某些段落的突出显示，添加项目符号一般有两种方法。

方法一：自动创建项目符号。

项目符号在输入时可以自动创建，具体步骤如下：

在段前先输入一种项目符号，然后再输入一个空格，此时就自动创建了项目符号。输入任何所需的文字，按 Enter 键。这时 Word 会自动在下一段的段首也插入相同的项目符号，以后每次按 Enter 键创建新的段落时，都会自动在下一段的段首添加一个项目符号。要结束项目符号列表时，按 Backspace 键删除列表中的最后一个项目符号即可。

方法二：添加项目符号。

① 选中要添加项目符号的三段文本。

② 单击"开始"选项卡中"段落"组的"项目符号"下拉按钮，在展开的项目符号库中选择最近使用过的项目符号即可，如"◆"，如图 3-48 所示。

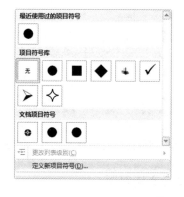

图 3-47 "段落"对话框　　　　　图 3-48 "项目符号"下拉列表

③ 如果没有需要的项目符号，选择该列表下方的"定义新项目符号"命令，弹出对话框如图 3-49 所示。

④ 单击"符号"按钮，弹出"符号"对话框，如图 3-50 所示，在"符号"对话框选择需要的项目符号即可。

⑤ 单击"确定"按钮返回"定义新项目符号"对话框。

⑥ 再次单击"确定"按钮，应用所选的项目符号。

5）设置项目编号

项目编号是按照大小顺序为文档中的行或段落添加编号。为文档中的段落添加项目编号与添加项目符号类似，方法也有两种。

方法一：自动创建与项目符号的自动创建方法相同。

方法二：添加项目编号。

单击"开始"选项卡"段落"组的"编号"下拉按钮，然后在展开的编号样式库中选择一种编号形式即可。如果没有想要的编号，可以使用"定义新编号格式"对话框设置编号，如图 3-51 所示，在"编号格式"文本框中输入想要的编号方式即可。

图 3-49 "定义新项目符号"对话框

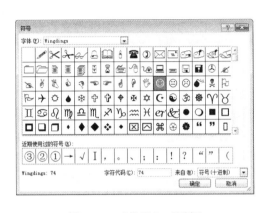

图 3-50 "符号"对话框

图 3-51 "定义新编号格式"对话框

3．页面的设置

页面的设置是通过"页面布局"选项卡完成的。

1）页面设置

（1）页边距的设置

在"页面设置"组中选择"页边距"下拉列表中选择内置的边距格式或"自定义边距"命令，还可以单击"页面设置"右下角的对话框启动器按钮，打开"页面设置"对话框，选择图 3-52 所示的"页边距"选项卡，可以设置正文的上、下、左、右四边与纸张边界之间选择的距离，还可以设置装订线的位置和距离。

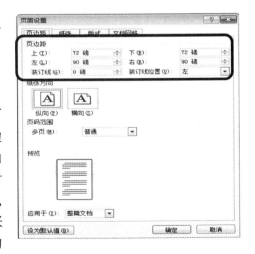

图 3-52 "页边距"选项卡

（2）纸张大小的设置

在"页面布局"的"纸张大小"组中，可以设置打印纸张的大小，可在下拉列表中选择标准纸张；还可以在"页面设置"对话框的"纸张"选项卡中进行设置。所选的纸张必须与实际打印的纸张大小一致，否则在打印时可能会出错。

2）显示和打印方向设置

（1）显示方向设置

单击"页面布局"选项卡中的"文字方向"下拉按钮，出现图 3-53 所示的"文字方向"下拉列表，选定一种文字方向即可。

（2）打印方向设置

在"页面布局"选项卡中单击"纸张方向"下拉按钮或打开"页面设置"对话框，在"页边距"选项卡中选择"纵向"或"横向"，如图 3-54 所示。

图 3-53 "文字方向"下拉列表

图 3-54 "页边距"选项卡

3）分栏操作

分栏就是将文档分隔成两三个相对独立的部分，利用分栏功能，可以实现类似报纸或刊物的排版方式，既可美化页面，又可方便阅读，具体步骤如下：

① 选择要设置分栏的段落，或将光标置于要分栏的段落中。

② 在"页面布局"选项卡中单击"页面设置"组中的"分栏"按钮，打开图 3-55 所示的下拉列表。

③ 在"分栏"下拉列表中可设置常用的一、二、三栏及偏左、偏右的格局，如果有进一步的设置要求，可单击该列表的"更多分栏"按钮，弹出"分栏"对话框，如图 3-56 所示，可设置栏数、分隔线以及宽度等。

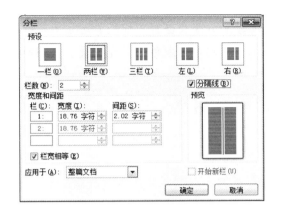

图 3-55 "分栏"下拉列表　　　　　　图 3-56 "分栏"对话框

4. 边框、底纹和背景的设置

为了让文档更引人入胜，或满足一些特殊场合的需要（如邀请函、备忘录），可以为文字、段落和页面加上边框、底纹及背景，增加文档的生动性和使用性。

（1）设置边框

把光标定位到要设置的段落中，单击"开始"选项卡"段落"组"边框"下拉列表中的"边框和底纹"按钮，弹出图 3-57 所示"边框和底纹"对话框，即可设置各种不同的边框，并可设置边框的线型、颜色、宽度。

（2）设置页面边框

在"边框和底纹"中选择"页面边框"选项卡，如图 3-58 所示，可以设置页面边框。除了可以设置和段落相同的边框外，还可以设置艺术型的页面边框。

3-4 页面设置

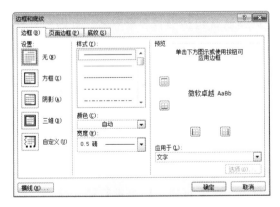

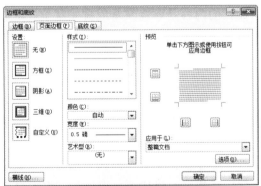

图 3-57 "边框和底纹"对话框　　　　　图 3-58 "页面边框"选项卡

（3）设置底纹

设置底纹的方法与设置边框的方法基本一致。选择"边框和底纹"对话框中的"底纹"选项卡，可对填充颜色、填充图案、应用范围进行设置，如图3-59所示。

图3-59　"底纹"选项卡

（4）设置背景

选择"页面布局"选项卡，单击"页面背景"组中的"水印"下拉按钮，选择"自定义水印"选项，可以为文档添加水印背景。水印可以是一些内置的文字，也可以自定义图片。但此时图片大小只能以百分比缩放，不能随意控制大小。如果以插入的图片作为背景，则可以用鼠标拖动的方式决定图片的大小，设置图片颜色为冲蚀，也就相当于水印的效果。选择"页面布局"选项卡，单击"页面背景"组中的"页面颜色"下拉按钮，可以设置页面的颜色及效果。页面颜色在打印预览时若无法预览效果，则不能进行打印。但水印背景是可以被打印出来的。

5. 页眉、页脚、页码和公式的插入

页眉是指每页文稿顶部的文字或图形，页脚是指每页文稿底部的文字或图形。

一本完美的书刊都会有页眉和页脚，特别是页眉上的文字，可以让读者了解当前阅读的内容是哪篇文章或哪一章节。页眉、页脚通常包括书目、章节名、页码和日期等文字或图形。

1）添加页眉或页脚

Word 2010可以为文档的每一页建立相同的页眉、页脚，也可以交替更换页眉和页脚，即在奇数和偶数页上建立不同的页眉和页脚。在添加页眉和页脚时，必须先切换到页面视图方式，只有在页面视图和打印预览视图方式下才能看到页眉和页脚的效果。设置页眉的方法如下：

第一步：单击"插入"选项卡"页眉和页脚"组（见图3-60）中的"页眉"按钮，在弹出的快捷菜单中选择"编辑页眉"命令，激活页眉，即可进行输入文本、插入图形对象、设计边框和底纹等操作，同时打开"页眉和页脚工具"的"设计"选项卡，在"选项"组中，可以选中"首页不同"和"奇偶页不同"复选框进行控制，如图3-61所示。

图 3-60 "页眉和页脚"组

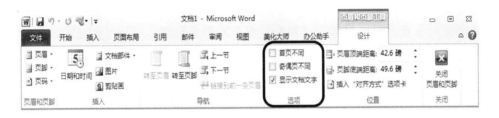

图 3-61 "页眉和页脚工具"的"设计"选项卡

第二步：输入页眉文本"长春财经学院"。

第三步：单击"页眉和页脚工具"下"设计"选项卡中的"关闭页眉和页脚"按钮返回。

页脚设置方法同理，不再赘述。

2）设置页码

（1）添加页码

页码是用来表示每页在文档中的顺序编号，在 Word 中添加的页码会随文档内容的增删而自动更新。页码一般添加在页眉或页脚中，也可以添加到其他地方。插入页码的一般方法如下：

① 单击"插入"选项卡"页眉和页脚"组中的"页码"按钮，在弹出的下拉列表中选择"设置页码格式"命令，如图 3-62 所示，打开图 3-63 所示的"页码格式"对话框。

图 3-62 "页码"下拉列表

图 3-63 "页码格式"对话框

② 在对话框的"编号格式"下拉列表中选择页码格式为"1,2,3…"，另外若选中"包含章节号"复选框，可以在添加的页码中包含章节号；在"页码编号"区域中，还可以重新设置页码的起始值。

③ 单击"确定"按钮返回。

（2）删除页码

若要删除页码，单击"插入"选项卡"页眉和页脚"组中的"页码"按钮，在弹出的下拉列表中选择"删除页码"命令即可。

如果页码是在页眉／页脚处添加的，双击页眉或页脚编辑区进入页眉／页脚编辑状态，选中页码所在的文本框，按 Delete 键即可。

3）公式的插入

在编辑科技型的文档时，通常需要输入数理公式，其中含有许多数字符号和运算式子，Word 2010 内置输入和编辑公式功能，可以满足人们日常大多数公式和数字符号的输入和编辑要求。

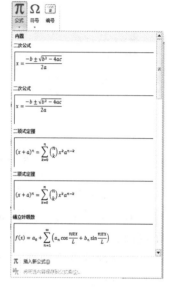

（1）插入内置公式

在 Word 中插入公式的具体操作步骤如下：

将光标置于需要插入公式的位置，单击"插入"选项卡"符号"组中的"公式"下拉按钮，然后单击"内置"公式下拉列表中所需的公式，如图 3-64 所示。例如，选择"二次公式"，即可在光标处插入相应的公式。

图 3-64　插入公式

（2）插入新公式

如果系统的内置公式不能满足要求，用户可以选择插入新公式来插入自己编辑的公式，以满足个性化要求。

步骤如下：

① 将光标定位到要输入公式的位置，单击"插入"选项卡"符号"组中的"公式"下拉按钮，然后选择"内置"公式下拉列表的"插入新公式"命令，在光标处插入一个空白公式框 在此处键入公式。 。

② 选中空白公式框，Word 会自动展开"公式工具"的"设计"选项卡，如图 3-65 所示。

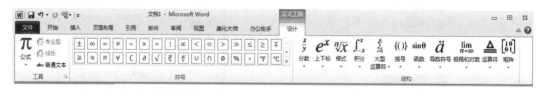

图 3-65　"公式工具"的"设计"选项卡

③ 先输入"A="，然后选择"设计"选项卡"结构"组中的"极限和对数"按钮，在弹出的样式框中选择"极限"样式。

④ 利用方向键，将光标定位在 Lim 下边，输入 x→0，再将光标定位在右方。

⑤ 选择"结构"组中"分数"列表框中第一行第一列的样式，单击分母位置，输入 x；单击分子位置，选择"积分"列表框中第一行第二列的样式。

⑥ 分别单击积分符号的下标与上标，输入 0 与 x，移动光标到右侧。

⑦ 选择"结构"组中"上下标"列表框第一行第一列的样式，置位光标在底数输入框，输入 cos；置位光标在上标位置，输入 2。

⑧ 在积分公式右侧单击，输入 dx。

输入完成的公式如下：

$$A = \lim_{x \to 0} \frac{\int_0^x \cos^2 dx}{x}$$

（3）公式框"公式选项"按钮

公式框的"公式选项"按钮提供了公式框，方便设置显示方式和对齐方式。

公式框的显示方式可以通过单击公式框右下角的"公式选项"按钮设置，会弹出一个下拉列表，里面可供用户选择公式为"专业性"还是"线性"，或是"更改为'内嵌'"，如图 3-66 所示。

公式框的对齐同样可通过"公式选项"下拉列表，选择"两端对齐"级联菜单的"左对齐""右对齐""居中""整体居中"四种对齐方式的一种即可。

图 3-66 "公式选项"下拉列表

（4）插入外部公式

在 Windows 7 操作系统中，增加了"数学输入面板"程序，利用该功能可手写公式并将之插入到 Word 文档中。插入外部公式的操作步骤如下：

① 定位光标在输入公式的位置。

② 选择"开始"→"所有程序"→"附件"→"数学输入面板"命令，启动"数学输入面板"程序，利用鼠标手写公式。

③ 单击右下角的"输入"按钮，即可将编辑好的公式插入到 Word 文档中。

6. 论文排版

1）样式的创建与应用

（1）应用样式

① 选中要使用"标题 1"样式的标题行，选择"开始"选项卡，单击"样式"组中的"标题 1"按钮，如图 3-67 所示；或单击"样式"组中的对话框启动器按钮，打开"样式"窗格，如图 3-68 所示，单击"标题 1"选项，则选中的标题使用"标题 1"样式。

② 使用同样的方法，可以将想要设为"标题二"的行均应用"标题 2"样式。

③ 其他样式同理。

图 3-67　应用标题样式

（2）样式的修改

根据论文对各标题格式的要求，可修改标题 1、标题 2、标题 3 样式。比如修改"标题 1"样式为"小二号、黑体字"：单击"样式"窗格中"标题 1"样式右侧的下拉箭头，选择"修改"命令，如图 3-69 所示。在弹出的图 3-70 所示的"修改样式"对话框中，进行设置即可。需要时单击"格式"按钮，在打开的下拉列表中（见图 3-71）选择相关选项，在弹出的对话框中进行设置即可。

3-5 论文排版及
目录生成

单击"确定"按钮后，样式被修改且自动更新应用"标题 1"样式的标题。

（3）样式的新建

单击"样式"窗格中的"新建样式"按钮 [按钮图标]，弹出"根据格式设置创建新样式"对话框，如图 3-72 所示，可设置样式"名称""样式类型""字体格式"等。设置好新样式后，选择文档内容，然后选择"样式"窗格中的样式，即可应用该样式。

图 3-68　"样式"窗格

图 3-69　选择"修改"命令

图 3-70 "修改样式"对话框　　　　　图 3-71 "格式"下拉列表

（4）将标题样式链接多级编号

① 选择"开始"选项卡，单击"段落"组中的"多级列表"下拉按钮，在弹出的下拉列表中选择"定义新的多级列表"选项（见图 3-73），弹出"定义新的多级列表"对话框，如图 3-74 所示。

② 在"定义新的多级列表"对话框中，在"单击要修改的级别"列表框中选择"1"选项，打开右侧的"将级别链接到样式"下拉列表，选择"标题 1"选项。

③ 在"单击要修改的级别"列表框中选择"2"选项，打开右侧的"将级别链接到样式"下拉列表，选择"标题 2"选项，如图 3-75 所示。

④ 其他级别方法相似，不再赘述。

图 3-72 "根据格式设置创建新样式"对话框　　　图 3-73 "多级列表"下拉按钮

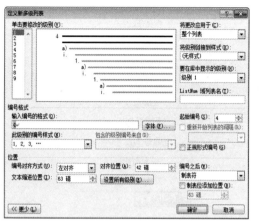 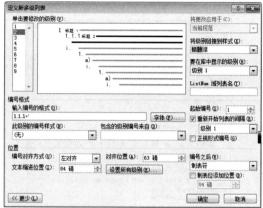

图 3-74 "定义新的多级列表"对话框　　　　图 3-75 多级列表的设置

2）目录的生成

（1）插入目录页

将光标定位在正文的最前面，单击"页面布局"选项卡"分隔符"下拉按钮，在弹出的下拉列表中选择"下一页"，正文前即插入了一个空白页。

（2）生成目录

① 将光标定位在正文内容前的空白页中，输入文字"目录"后按 Enter 键。

② 选择"引用"选项卡，单击"目录"组中的"目录"下拉按钮，在图 3-76 所示的下拉列表中选择"插入目录"选项，弹出"目录"对话框，在对话框中的具体设置如图 3-77 所示。

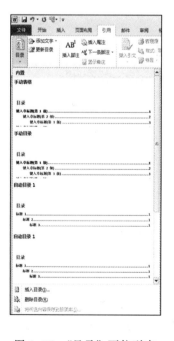 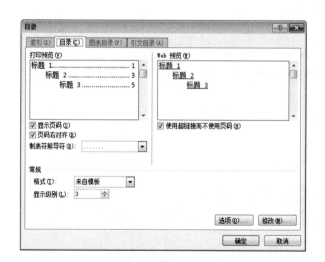

图 3-76 "目录"下拉列表　　　　　　图 3-77 "目录"对话框

③ 单击对话框中的“选项”按钮，打开“目录选项”对话框，设置有效样式为“标题 1”“标题 2”“标题 3”。单击“确定”按钮后，生成目录。

案例实训 1

① 打开 Word 2010，在其中输入图 3-78 所示的文字。

② 格式化要求如下：

a. 第一行文字设为标题：黑体、小二、加粗并居中，其他正文字体为宋体、小四。

b. 倒数第二段左、右各缩进 2 字符，其他段首行缩进 2 字符。

c. 正文各段两端对齐，1.5 倍行距。

d. 第 2、4 段加菱形项目符号。

e. 标题文字加“橄榄色、强调文字颜色 3、淡色 60%”底纹。

f. 第 5 段加红色双实线边框。

g. 纸张设为 A4 纸，页边距设为上、下边距 70 磅，左、右边距 80 磅，装订线距左侧 30 磅。

h. 页面边框设为艺术型第四种。

i. 倒数第三段分两栏加分隔线。

j. 页脚区添加页码“-1-”。

26 省高考“一张卷” 全国一统有无可能？

8 日高考进入第二天。相比往年，今年使用全国统一命题试卷的省份增至 26 个。那么，“全国一张卷”会否全面实现？

首先，全国统一命题，不等于全国同一张试卷。

“教育部组织专家进行统一命题，但各学科至少有好几套试卷。这些试卷难度不一，由各省申请用哪一套试卷。但大致说来教育发达地区，用的试卷要难一些；教育相对落后的省份，则要容易一些。当然，每套试卷都会有备用试卷。”张才生举例说，2014 年 15 个省份使用全国统一命题试卷，河南等地使用了新课标一卷，黑龙江等地使用了新课标二卷，广西则使用了全国大纲卷。

其次，北京、上海、天津、浙江和江苏，目前仍然为高考自主命题，没有加入“全国卷”行列。

以上海为例，上海目前仍然实行自主命题，不过沿用多年的“3+1”科目组合也将翻篇。从明年起，上海将正式实施高考改革“3+3”科目组合方案。

上海纽约大学校长、原华东师范大学校长俞立中教授表示，上海的独立出卷，同样是改革创新，体现出我国不同地区教育发展程度和教育特色。

“培养人才应该多元化，应该允许一些省市在规范操作的前提下，通过独立出卷更好带动基础教育的改革。”俞立中说。

2014 年，21 世纪教育研究院曾就此进行网络调查。在回收的 5871 份有效问卷中，八成网友赞成高考恢复“全国统一命题试卷”。不过，各地教育资源配置不同，即使同卷，为了确保公平，各地仍然要根据实际情况划定分数线。

在辽宁大学副教授姜海峰看来，高考命题的改革实际上是其他很多改革的前提。现在各省教育内容纷杂，一些不同版本的教材甚至在表述上都有较大区别，如果真正实现全国统一命题，势必要先统一考纲，规范教材。

“还要拉平各省市的教学水平，这些都不是一时半会能够完成的工作，况且影响面太大。现阶段，不主张、也不必强求全国大统一。”姜海峰说。

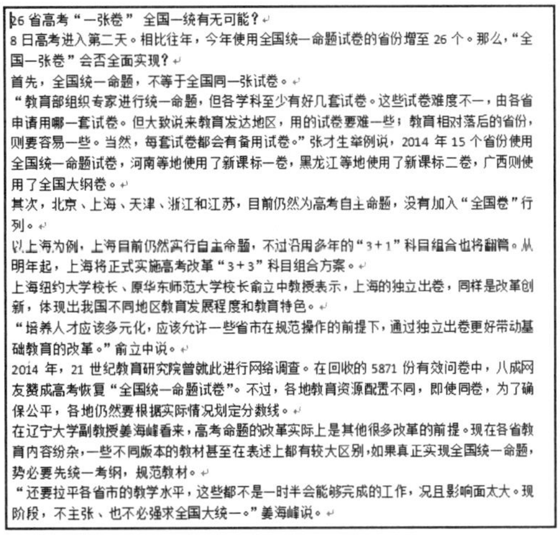

图 3-78 实训用图

案例实训 2

为一篇论文的自动生成目录。

① 打开 Word 2010，输入论文文本，如图 3-79 所示。

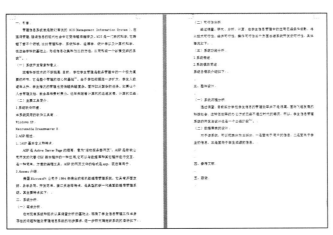

图 3-79 论文概要

② 将"一、二、……五、"设为"标题 1"样式，"（一）（二）……"设为"标题 2"样式，效果如图 3-80 所示。

③ 将光标定位到"一、引言"的前面，单击"页面布局"选项卡"页面设置"组中的"分隔符"下拉按钮，选择"下一页"，在引言前面即多出一页。

④ 将光标定位到新插入页中需要插入目录的位置，单击"引用"选项卡"目录"组中的"插入目录"按钮，最终效果如图 3-81 所示。

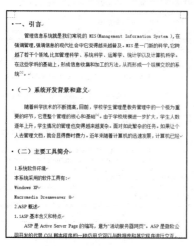

图 3-80　设置标题样式后的论文

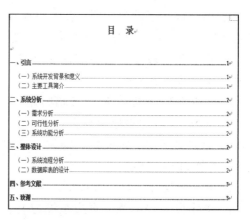

图 3-81　生成最终目录效果

3.4　【案例 4】制作电子报

　案例内容

通过本案例的学习，完成图 3-82 所示的内容。

图 3-82　电子报

案例中的知识点

- 电子报的布局。
- 插入文本框。
- 插入形状和图片。
- 制作艺术字及其效果。
- 图文混排

案例讲解

① 启动 Word 2010，新建文档，以"简报制作"为名保存文档。

② 单击"页面布局"选项卡"页面设置"组中的"纸张方向"下拉按钮，把纸张方向改为横向。

③ 确定电子报的主题内容为北国冰城——哈尔滨，在电子报中分为三个模块介绍哈尔滨，可以插入 3 个文本框来对页面进行布局。

第一种布局方式：单击"插入"选项卡"文本"组中的"文本框"下拉按钮，打开"文本框"下拉列表，如图 3-83 所示，选择"绘制文本框"选项，按住鼠标左键在页面上拖动，即可绘制出文本框。

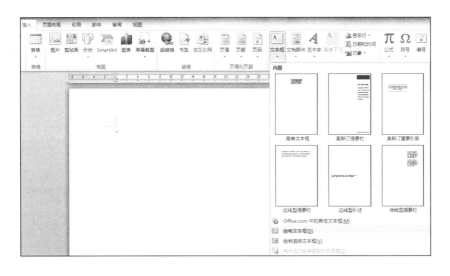

图 3-83 "文本框"下拉列表

将电子报划分为 3 个区域，分为 3 个模块介绍主题，如图 3-84 所示。

第二种布局方式：通过"分栏"命令将文档分为三栏，在"页面布局"选项卡的"分栏"组中选择"更多分栏"命令，弹出"分栏"对话框，设置如图 3-85 所示。

④ 单击"插入"选项卡"页眉"组中的"编辑页眉"按钮，添加页眉"2016 年第六期 我的家乡"，如图 3-86 所示。

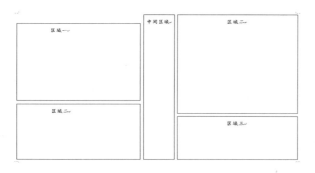

图 3-84　电子报页面布局 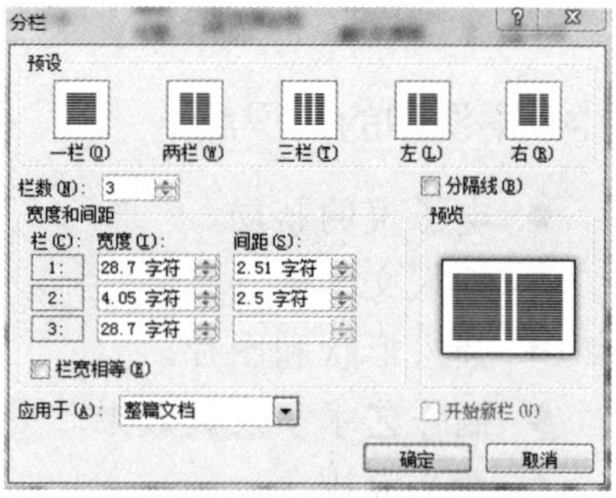　　　　　图 3-85　"分栏"对话框

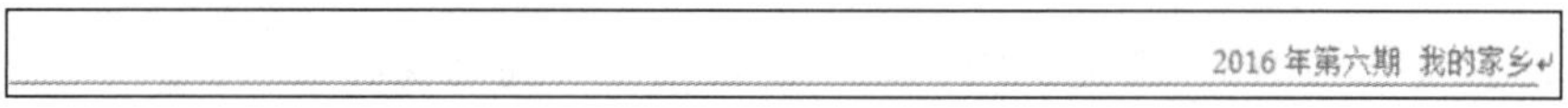

2016 年第六期 我的家乡

图 3-86　电子报页眉

选择"开始"选项卡"段落"组中的"下框线"下拉列表中的"边框和底纹"命令，如图 3-87 所示。弹出"边框和底纹"对话框，设置如图 3-88 所示。

⑤ 第一栏中插入艺术字"北国冰城——哈尔滨"。在"插入"选项卡"艺术字"下拉列表中，选择第一行第四列艺术字，如图 3-89 所示。

⑥ 电子报中主要介绍家乡简介、景点、美食 3 个模块。

⑦ 第一模块中首先输入"哈尔滨简介"，设置字体为宋体五号字加粗，字体颜色为绿色。把搜集到的文字编辑为宋体五号字，设置"段落"行间距为"单倍行距"，"首行缩进"两个字符，如图 3-90 所示。

3-6 插入文本框、艺术字和公式

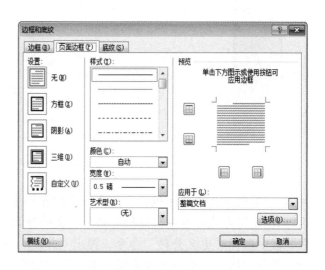

图 3-87　"下框线"下拉列表　　　　图 3-88　"边框和底纹"对话框

图 3-89　"页面边框"对话框

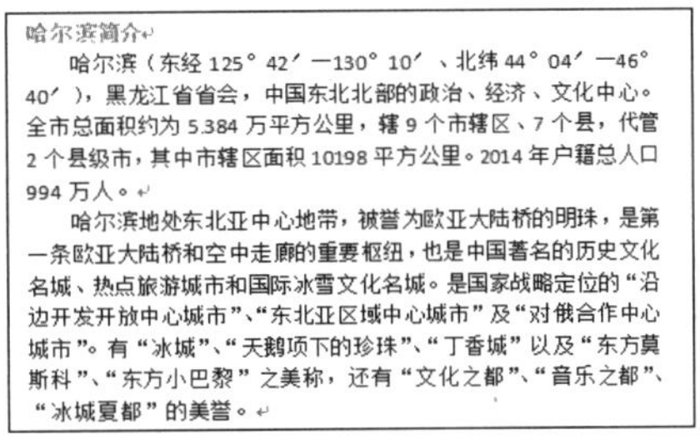

哈尔滨简介

哈尔滨（东经 125°42′—130°10′、北纬 44°04′—46°40′），黑龙江省省会，中国东北北部的政治、经济、文化中心。全市总面积约为 5 384 平方公里，辖 9 个市辖区、7 个县，代管 2 个县级市，其中市辖区面积 10 198 平方公里。2014 年户籍总人口 994 万人。

哈尔滨地处东北亚中心地带，被誉为欧亚大陆桥的明珠，是第一条欧亚大陆桥和空中走廊的重要枢纽，也是中国著名的历史文化名城、热点旅游城市和国际冰雪文化名城。是国家战略定位的"沿边开发开放中心城市"、"东北亚区域中心城市"及"对俄合作中心城市"。有"冰城"、"天鹅项下的珍珠"、"丁香城"以及"东方莫斯科"、"东方小巴黎"之美称，还有"文化之都"、"音乐之都"、"冰城夏都"的美誉。

图 3-90　模块一哈尔滨简介

⑧ 第二个景点模块，设置其字体同上。

先写入第一个景点"**哈尔滨冰雪大世界**"，把搜集到的文字编辑为宋体五号字，设置"段落"行间距是"单倍行距"。在下面插入冰雪大世界的图片，单击"格式"选项卡中的"自动换行"按钮，选择插入图片的类型为"嵌入型"，如图 3-91 所示。

第二个景点为"**太阳岛**"，把搜集到的文字编辑到后面，调节文字的格式，留出空白空间以放置图片，把太阳岛图片粘贴到后面，单击"格式"选项卡中的"自动换行"按钮，选择插入图片的类型为"浮于文字上方"，如图 3-92 所示。

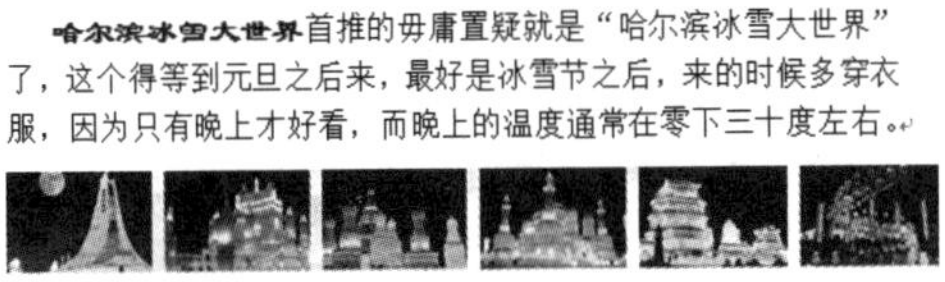

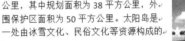

图 3-91　哈尔滨冰雪大世界景点

太阳岛坐落在黑龙江省哈尔滨市松花江北岸，总面积为 88 平方公里，其中规划面积为 38 平方公里，外围保护区面积为 50 平方公里。太阳岛是一处由冰雪文化、民俗文化等资源构成的

图 3-92　太阳岛景点

⑨ 第三个景点模块，设置其字体同上，格式设置方法同上，效果如图 3-93 所示。

⑩ "美食"模块，选取相关的美食图片，插入到电子报的最后。选中图片，选择"格式"选项卡"图片样式"中的圆形，然后在"图片样式"的"图片边框"中去掉图片的边框，如图 3-94 所示。

⑪ 在电子报的中间区域插入文本框，把准备好的笑话复制到文本框中，如图 3-95 所示。电子报最终效果如图 3-82 所示。

图 3-93　中央大街景点

图 3-94　"美食"模块

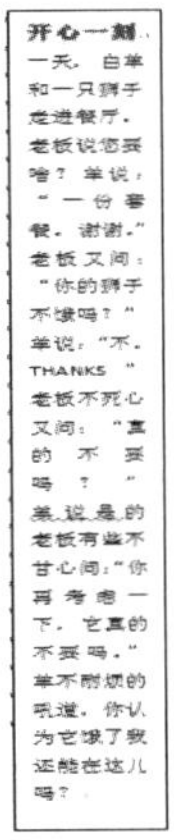

开心一刻
一天，白单和一只狮子走进餐厅，老板说您能喝？单说："一份薯条，谢谢。"老板又问："你的狮子不喝吗？"单说，"不，THANKS"老板不死心又问："真的不要吗？"单说不的老板走开了，老板的朋友不甘心问："你再考虑一下，它真的不喝吗？"单不耐烦的说道，"你们为它操了我还抢到这儿吗？"

图 3-95　"开心一刻"模块

案例实训

参照图 3-96～图 3-98 优秀的学生作品，制作自己的电子报。

图 3-96　电子报优秀作品 1

图 3-97　电子报优秀作品 2

图 3-98　电子报优秀作品 3

3.5　【案例 5】制作个人简历

案例内容

通过本案例的学习，完成个人简历的制作，如图 3-99 所示。

图 3-99　个人简历

案例中的知识点

- 插入文本框，并设置文本框的形状样式。
- 插入艺术字，并设置艺术字的形状样式、艺术字样式。
- 插入图片，并设置图片的环绕方式。
- 插入形状，并设置形状样式。
- 插入剪贴画，并设置图片的环绕方式
- 表格的制作，包括生成表格、编辑表格及设置表格格式。

案例讲解

1. 制作简历封面

（1）插入文本框

① 选择"插入"选项卡，单击"文本"组中的"文本框"下拉按钮，打开"文本框"下拉列表，如图 3-100 所示，选择"绘制文本框"命令，按住鼠标左健在页面上拖动，即可绘制出文本框。

② 在文本框中输入"财经学院"。

③ 选中文字，在"开始"选项卡的"字体"组中，将文字格式设置为"隶书""加粗""二号"，文字效果为"渐变填充-橙色，强调文字颜色6，渐变轮廓-强调文字颜色6"，如图 3-101 所示；调整阴影为"内部居中"，如图 3-102 所示。

3-7 插入形状、剪贴画及图片

④ 选定文本框。选择"格式"选项卡，在"形状样式"组中单击"样式填充"列表框的"其他"下拉按钮，如图 3-103 所示，打开"样式填充"下拉列表，选择"强烈效果-红色，强调颜色 2"填充样式，如图 3-104 所示。

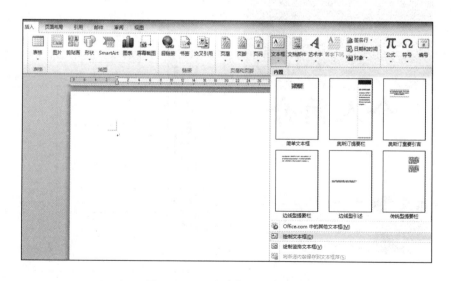

图 3-100　"文本框"下拉列表

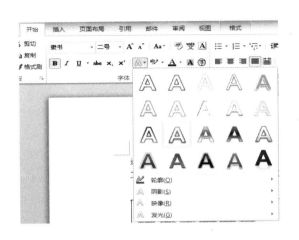
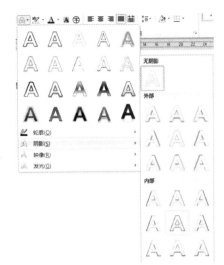

图 3-101　文字效果设置　　　　　　　　图 3-102　阴影设置

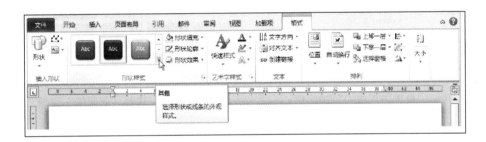

图 3-103　单击"其他"下拉按钮

⑤ 利用"格式"选项卡"大小"组中的按钮设置文本框的高度为 1.45cm，宽度为 14.7cm，效果如图 3-105 所示。

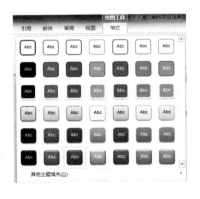
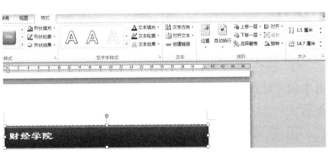

图 3-104　"样式填充"下拉按钮　　　　　图 3-105　文本框设置效果

⑥ 使用上述方法添加另外一个横排文本框，并在文本框中输入"姓名""学号""专业""联系电话"等信息，然后将文字格式设置为"宋体""加粗""四号"2 倍行距。

⑦ 选中文本框，单击"格式"选项卡"形状样式"组中的对话框启动器按钮，弹出"设置图片格式"对话框，设置"填充"为"图片或纹理填充"，如图 3-106 所示；单击"纹理"下拉按钮，选择图 3-107 中所示的"新闻纸"。

图 3-106 "设置图片格式"对话框

图 3-107 选择"新闻纸"纹理

设置线条颜色为"无线条"，如图 3-108 所示。

（2）插入线条

在文本框中的"姓名""学号""专业""联系电话"文字后添加直线段。

① 选择"插入"选项卡，在"插图"组中单击"形状"下拉按钮，选择"直线"形状，如图 3-109 所示。按住 Shift 键的同时，按住鼠标左键向右拖动绘制出水平线。

② 选中直线，在"格式"选项卡的"形状样式"组中设置直线的粗细为"1.5 磅"，如图 3-110 所示。并调整直线至合适的长度。

③ 选中直线，按住 Ctrl 键将其拖动到其余文字后面，实现复制操作。

④ 按住 Shift 键的同时单击，选中 4 条直线，在"格式"选项卡中，单击"排列"组中的"对齐"下拉按钮，依次选择"纵向分布""左对齐"对齐方式，效果如图 3-111 所示。

⑤ 按住 Shift 键，依次单击文本框和 4 条直线，将其全部选中，在"格式"选项卡中，单击"排列"组中的"组合"下拉按钮，如图 3-112 所示，再选择"组合"。

组合后的文本框如图 3-113 所示。最后将其移动到页面下方的适当位置。

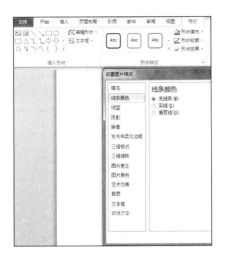

图 3-108 线条颜色设置

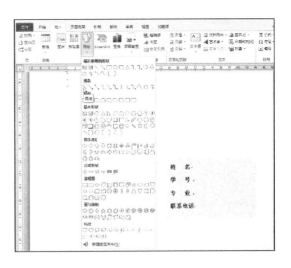

图 3-109 选择"直线"形状

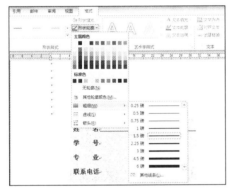

图 3-110 设置直线的粗细

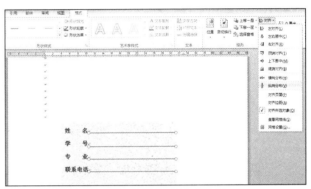

图 3-111 直线对齐效果

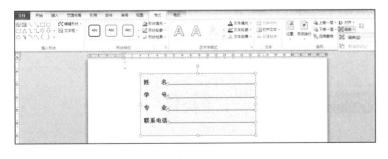

图 3-112 选择组合对象

图 3-113 对象组合后的效果

（3）插入艺术字

① 选择"插入"选项卡，在"文本"组中单击"艺术字"下拉按钮，选择"紫色，强调文字颜色4，映像"样式，如图 3-114 所示。

图 3-114　选择艺术字样式

此时在插入点的位置出现图 3-115 所示的艺术字框，输入文字"个人简介"。

图 3-115　"插入艺术字"

② 在"开始"选项卡的"字体"组中修改文字字号为"72"，字体为楷体。

③ 选中艺术字，选择"格式"选项卡，单击"艺术字样式"组中的"文本填充"下拉按钮，依次选择"渐变"→"其他渐变"选项（见图 3-116），弹出"设置文本效果格式"对话框，设置艺术字的"文本填充"为渐变填充，预设颜色为"红日西斜"，如图 3-117 所示。

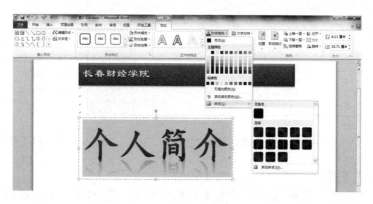

图 3-116　选择"其他渐变"选项

④ 给艺术字添加 1.5 磅粗细的"文本轮廓",如图 3-118 所示。

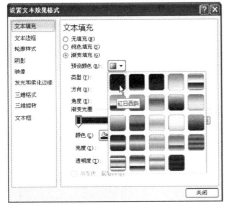

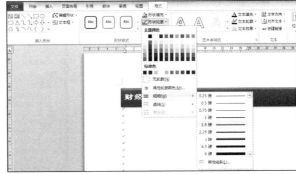

图 3-117 "设置文本效果格式"对话框　　　　图 3-118　设置文本轮廓

（4）插入图片

① 选择"插入"选项卡,单击"插图"组中的"图片"按钮,在弹出的"插入图片"对话框中选择图片,单击"插入"按钮。

"图片工具"的"格式"选项卡如图 3-119 所示。

图 3-119 "图片工具"的"格式"选项卡

② 单击"自动换行"下拉按钮,在图 3-120 所示的下拉列表中,选择"四周型环绕"选项。此时可将图片移动到页面下方。

③ 调整图片大小。选中图片,在"格式"选项卡中单击"大小"组中的对话框启动器按钮,在弹出的"布局"对话框的"大小"选项卡中设置图片宽度缩放 1%,如图 3-121 所示。

④ 修改图片样式。

选中图片,选择"格式"选项卡,单击"图片样式"组中的"其他"下拉按钮,在图 3-122 所示的下拉列表中选择"映像圆角矩形"选项。

（5）插入剪贴画

选择"插入"选项卡,单击"插图"组中的"剪贴画"按钮,弹出"剪贴画"任务窗格,在"搜索文字"文本框中输入"科技",单击"搜索"按钮,单击需要插入的剪贴画,如图 3-123 所示。

图 3-120 　"自动换行"下拉列表

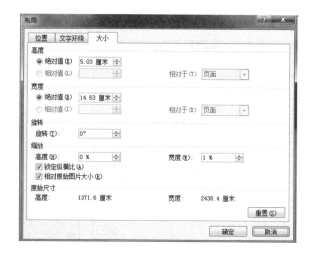

图 3-121 　设置图片缩放比例

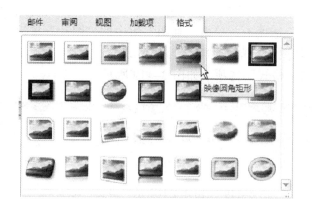

图 3-122 　图片样式列表

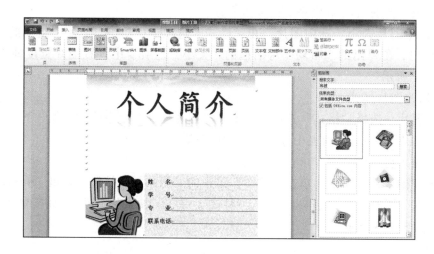

图 3-123 　插入剪贴画

2. 制作简历表

在文档中插入一个表格并输入标题，设置表格中内容的格式、表格的格式，利用表格的合并和拆分单元格功能调整好表格的构架，最后对表格进行美化、修饰。

（1）输入标题

在文档中输入标题"个人简历"，并将其格式设置为楷体、加粗、小一、字符间距加宽2磅、居中对齐、段前间距6磅。

（2）建立表格

① 将插入点定位在标题下方。

② 选择"插入"选项卡，单击"表格"组中的"表格"下拉按钮，如图3-124所示。

选择"插入表格"选项，弹出"插入表格"对话框，输入列数"5"，行数"10"，如图3-125所示。单击"确定"按钮，即创建了一个5列10行的标准表格。

3-8 表格的制作

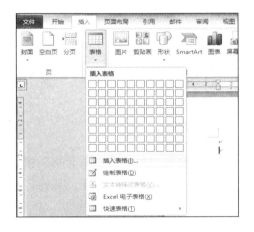

图 3-124 "表格"下拉列表

图 3-125 "插入表格"对话框

③ 单击表格左上角的表格移动柄⊞，选中整个表格，选择"开始"选项卡，单击"字体"组中的"清除格式"按钮，表格原有的格式被清除，如图3-126所示。

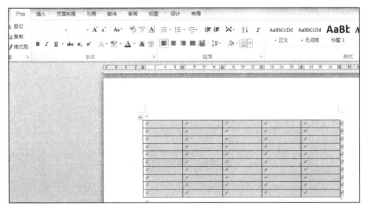

图 3-126 清除格式

（3）编辑表格

① 选中单元格区域 E1:E4，选择"表格工具"的"布局"选项卡，单击"合并"组中的"合并单元格"按钮，如图 3-127 所示，完成单元格的合并。

后面使用上述方法，依次合并单元格区域 B5:E5、B6:E6、B7:E7、B8:E8、B9:E9 和 B10:E10。

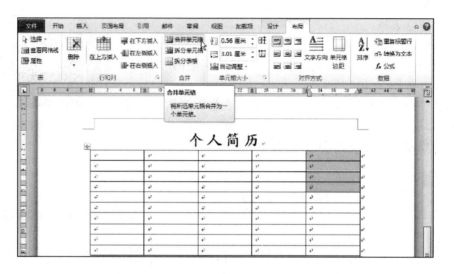

图 3-127　合并单元格的操作

② 选中单元格区域 A5:A8，单击"布局"选项卡中的"拆分单元格"按钮，弹出"拆分单元格"对话框，设置列数为"2"，如图 3-128 所示，单击"确定"按钮实现拆分。

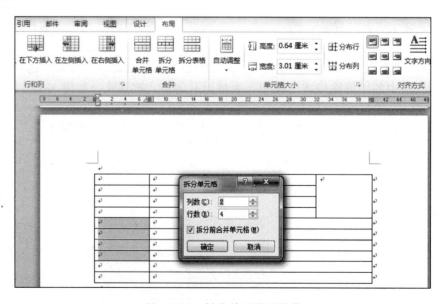

图 3-128　拆分单元格的操作

③ 合并刚刚拆分后形成的单元格区域 A5:A8。最终表格效果如图 3-129 所示。

（4）输入文字

按照图 3-130 所示的"个人简历"，在对应的单元格中输入简历内容。

（5）设置表格中各单元格的行高、列宽

将第 1 行至第 4 行单元格的行高设置为 1cm，为第 5 行、第 8 行至第 10 行指定行高 2.8cm，为第 6 行、第 7 行指定行高 4cm。

选中表格 1~4 行，选择"布局"选项卡，单击"单元格大小"组中的"表格行高"微调按钮，将值设置为 1cm，如图 3-131 所示。或者单击"布局"选项卡"单元格大小"组中的对话框启动器按钮，打开"表格属性"对话框进行设置，如图 3-132 所示。

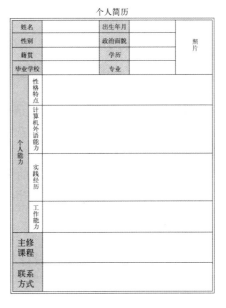

图 3-129　表格效果　　　　　　　　　图 3-130　个人简历表

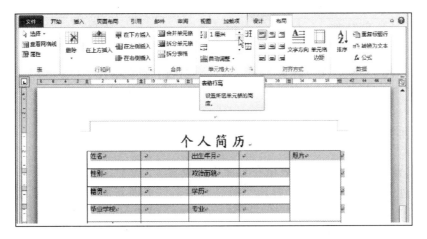

图 3-131　调整行高

使用上述方法将第 5 行、第 8 行至第 10 行的行高设为 2.5cm，第 6 行至第 7 行的行高设为 4cm。

此外，将鼠标指针放在行与行之间的表格线上，当其变成 ÷ 时，按住鼠标左键上下拖动可调整表格的行高。将鼠标指针放在列与列之间的表格线上，当其变成 ↔ 时，按住鼠标左键左右拖动可调整表格的列宽，并适当调整各列宽度。

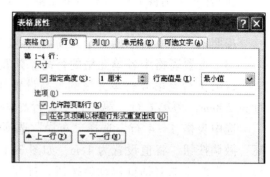

图 3-132　"表格属性"对话框

（6）设置文字格式和对齐方式

分别设置单元格内文字的字体、字号、字形和对齐方式。

① 将表格中的文字均设置为楷体，将表格各标题（即图 3-131 中有文字的单元格）设置为"四号、加粗、中部居中"，未填写内容的单元格设置为"小四，中部两端对齐"。

设置单元格的对齐方式可以在选中单元格后，单击"布局"选项卡"对齐方式"组中的对齐按钮来实现，也可以在选中的单元格上右击，在弹出的快捷菜单中选择相应命令，如图 3-133 所示。

② 选中表格第 5 行至第 8 行的标题名称及"照片"单元格，选择"布局"选项卡，单击"对齐方式"组中的"文字方向"按钮，将其设置为垂直中部居中对齐，如图 3-134 所示。

（7）设置表格样式

① 选中整个表格，选择"设计"选项卡，单击"表格样式"组中的"典雅型"样式，设置表格样式为"典雅型"。

② 选中相应单元格，单击"底纹"下拉按钮，设置单元格的深浅两种底纹分别为"白色，背景 1，深色 15%"和"白色，背景 1，深色 5%"，如图 3-135 所示。

图 3-133　单元格对齐方式设置

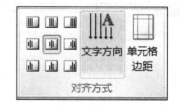

图 3-134　更改文字方向

（8）设置页边距，并调整表格在页面中的位置

① 通过选择"文件"→"打印"命令或单击"页面布局"中的"页面设置"组中的对话框启动器按钮，弹出"页面设置"对话框，设置上、下页边距均为"2 厘米"，左边距为"2.5 厘米"，右边距为"2 厘米"。

② 选中整个表格，选择"开始"选项卡，单击"段落"组中的"居中对齐"按钮，对齐表格。或者右击表格，在弹出的快捷菜单中选择"表格属性"命令，弹出"表格属性"对话框，在"表格"选项卡中设置。

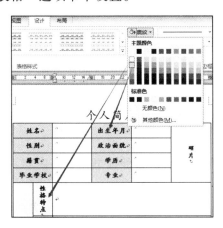

图 3-135　设置表格样式及底纹

设置完成效果如图 3-130 所示。

案例实训

假设你要到去某公司应聘，请制作一份个人简历。

3.6　【案例 6】制作荣誉证书

案例内容

制作荣誉证书模板，建立一个新的参赛团队信息表，使用邮件合并功能，制作一批格式统一但班级、获奖等级、参赛队员、指导教师等项目内容各不相同的获奖荣誉证书，如图 3-136 所示。

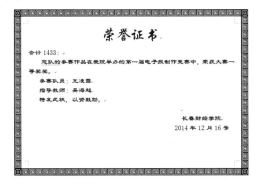

图 3-136　荣誉证书效果图

案例中的知识点

邮件合并功能。

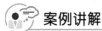 **案例讲解**

1. 建立邮件合并数据源文件

新建一个 Excel 工作簿，将参赛人员的各项信息输入其中，具体数据如图 3-137 所示，作为邮件合并的备用数据源。输入完成后将文件保存为"电子报制作竞赛获奖名单"。

2. 编辑制作荣誉证书模板

制作邮件合并的主文档，即编辑荣誉证书的具体内容。

① 新建 Word 文档。

② 设置"纸张方向"：单击"页面布局"选项卡"页面设置"组中的"纸张方向"下拉按钮，在下来列表中选择"横向"。

③ 设置"纸张大小"：单击"页面布局"选项卡"页面设置"组中的"纸张大小"下拉按钮，在下拉列表中选择"B5"。

④ 设置页边距：上、下、左、右均为 2.5 厘米。

⑤ 输入文字内容并格式化文档。

3-9 制作荣誉证书

参照图 3-136 所示的文字输入获奖证书的具体内容，设置标题字体为"华文行楷"，加粗，字号为 50 号；正文字体为隶书，二号；并在邮件合并时需要进行内容置换的位置处暂用"××"代替。

⑥ 设置页面边框：单击"页面布局"选项卡"页面背景"组中的"页面边框"按钮，弹出"边框和底纹"对话框，在其中选择图 3-138 所示的"艺术型"边框。

图 3-137　电子报制作竞赛获奖名单　　　　图 3-138　主文档的内容—荣誉证书模板

⑦ 保存文档，命名为"荣誉证书模板"。

3. 开始邮件合并

① 单击"邮件"选项卡"开始邮件合并"组中的"开始邮件合并"按钮。

② 在下拉列表中选择"普通 Word 文档"命令。

4. 选取邮件合并数据源

① 单击"邮件"选项卡"开始邮件合并"组中的"选择收件人"按钮。

② 在下拉列表中选择"使用现有列表",弹出"选取数据源"对话框。

③ 在"查找范围"中选择数据源所在的文件夹,找到刚才新建的数据源文件"电子报制作竞赛获奖名单",双击即可。

5. 编辑收件人列表

① 单击"邮件"选项卡"开始邮件合并"组中的"编辑收件人列表"按钮,弹出"邮件合并收件人"对话框,如图 3-139 所示,这是将在邮件合并中使用的数据源列表。

② 使用复选框来添加或删除将要合并的收件人。

③ 列表准备好之后,单击"确定"按钮。

6. 插入合并域

选择收件人后即可插入合并域。

① 选中文档正文第一行中的"<××班级>"。

② 单击"邮件"选项卡"编写和插入域"组中的"插入合并域"按钮。

③ 在下拉列表中选择"班级",将该合并域插入到主文档中。

④ 选中文档正文第二行引号内的"<××>",单击"邮件"选项卡"编写和插入域"组内的"插入合并域"按钮,在下拉列表中选择"获奖等级"。

⑤ 选中文档正文第三行内的"<××>",单击"邮件"选项卡"编写和插入域"组中的按钮,在下拉列表中选择"获奖等级"。

⑥ 选中文档第四行内的"<×××>",单击"邮件"选项卡"编写和插入域"组中的"插入合并域"按钮,在下拉列表中选择"姓名"。

⑦ 选中文档第五行内的"<××××>",单击"邮件"选项卡"编写和插入域"组中的"插入合并域"按钮,在下拉列表中选择"指导教师"。

完成上述操作之后,文档效果如图 3-140 所示。

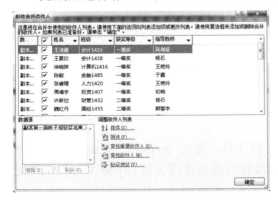

图 3-139　"邮件合并收件人"对话框　　　图 3-140　"插入合并域"后文档的效果

7．预览合并的结果

邮件合并完成后，主文档内的合并域名称将会被相应的数据源中的记录值所替代。单击"邮件"选项卡"预览结果"组中的"预览结果"按钮，即可查看合并后的文档效果。

8．完成邮件合并

单击"邮件"选项卡"完成"组中的"完成并合并"按钮，在下拉列表中选择"编辑单个文档"，弹出"合并到新文档"对话框，选择"全部"，单击"确定"按钮就会生成一个新的文档，其中包含所有参赛团队的获奖证书，可以保存或打印这个文档效果，如图 3-141 所示。

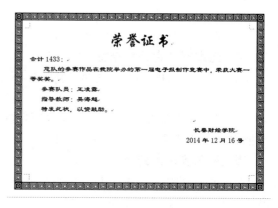

图 3-141　预览邮件合并后的效果

案例实训

参照图 3-142 所示的录取通知书模板，制作学校学生的录取通知书。

图 3-142　录取通知书模板

3.7　【案例 7】修订和审阅文档

案例内容

对事先建立好的一篇名为"境由心造"的文档（见图 3-143），实施修订与审阅操作。通过本案例应该掌握 Word 2010 文档修订功能的使用方法；了解 Word 2010 文档审阅功能的使用方法。

境由心造
有人安于某种生活，有人不能。因此能安于
自己目前处境的不妨就如此生活下去，不能的只
好努力另找出路。你无法断言哪里才是成功的，
也无法肯定当自己到达了某一点之后，会不会快
乐。有些人永远不会感到满足，他的快乐只建立
在不断地追求与争取的过程之中，因此，他的目
标不断地向远处推移。这种人的快乐可能少，但
成就可能大。
苦乐全凭自己判断，这和客观环境并不一定
有直接关系，正如一个不爱珠宝的女人，即使置
身在极其重视虚荣的环境，也无伤她的自尊。

图 3-143 未修订前的原始文档内容

案例中的知识点

修订与审阅操作。

案例讲解

1．修订文档步骤

① 打开要修订的文档"境由心造"。

② 单击"审阅"选项卡"修订"组中的"修订"按钮，打开修订状态。此后对文档所做的每一处改动，都将以修订痕迹的形式标出。

③ 直接对文档的内容及格式进行编辑修改。

选中标题文字，将其格式设置为华文行楷、二号；将题目中"境由心造"改为"境由心生"；第三行"不能"后插入"安于现状"四字；删除第一段最后一句话；添加批注建议第二自然段第一个"苦"字首字下沉。改动的文字格式以标记框的形式显示在文档的右侧，新插入的文字为红色加下画线，删除的文字为红色加删除线（见图 3-144）。

④ 如果不再对该文档实施其他的改动，则可再次单击"修订"按钮，关闭修订状态。

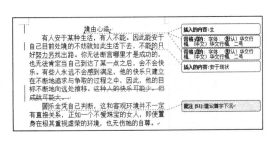

图 3-144 修订后的显示结果

2．审阅修订和批注的操作步骤

① 打开修改过的 Word 文档"境由心造"。

② 单击"审阅"选项卡"更改"组中的"上一条"或"下一条"按钮，定位到某一修订处。

③ 单击"审阅"选项卡"更改"组中的"接受"或"拒绝"按钮，确认修订结果。此时该处的修订标记会自动消失。

④ 重复上述过程，直到所有修订均被确认。

⑤ 结束审阅，关闭并保存文档。

案例实训

下段文字中有几处不妥之处，请按照要求修改：

①记得小时候，所有和母亲有关的节日，我都会很诚挚地为妈妈送上用彩笔绘制的贺卡，写一句"妈妈我爱你"。②简简单单。③每次她搂着我，亲亲我，笑得很开心。④我不明白，也许她为我有一双巧手而骄傲吧。⑤我常这么想。

批改要求：

① 为第②句加批注"看似简单并不简单"。

② 为第⑤句加着重号，并将字体改为红色。

③ 将第③句中的"她"改为"妈妈"。

④ 将第④句中的句号，改为感叹号。

3-10 文稿修订与审阅

本 章 测 试

测 试 一

一、单选题

1. 通常情况下，下列选项中不能用于启动 Word 2010 的操作是（　　）。

　　A. 双击 Windows 桌面上的 Word 2010 快捷方式图标

　　B. 单击 Windows 桌面上的 Word 2010 快捷方式图标

　　C. 单击"开始"→"所有程序"→"Microsoft Office"→"Microsoft Word 2010"

　　D. 在 Windows 资源管理器中双击 Word 文档图标

2. 在 Word 2010 窗口中，要新建文档，其第一步操作应该选择（　　）选项卡。

　　A. "开始"　　　　B. "插入"　　　　C. "文件"　　　　D. "视图"

3. 在 Word 2010 中"打开"文档的作用是（　　）。

　　A. 将指定的文档从外存中读入，并显示出来

　　B. 将指定的文档从内存中读入，并显示出来

　　C. 为指定的文档打开一个空白窗口

　　D. 显示并打印指定文档的内容

4. 在 Word 2010 中，要打开已有文档，在快速访问工具栏中应单击的按钮是（　　）。

　　A. 打开　　　　B. 保存　　　　C. 新建　　　　D. 打印

5. Word 2010 文档中，每个段落都有自己的段落标记，段落标记的位置在（　　）。

　　A. 段落的首部　　　　　　　　B. 段落中，但用户找不到的位置

　　C. 段落的中间位置　　　　　　D. 段落的结尾处

6. 在 Word 2010 编辑状态下，当前输入的文字显示在（　　　　）。

  A. 鼠标光标处　　　　　　　　B. 文件尾部

  C. 插入点处　　　　　　　　　D. 当前行的尾部

7. 在 Word 2010 编辑状态下，要想删除光标前面的字符，可以按（　　　）键。

  A. Shift+A　　　　　　　　　B. Del（或 Delete）

  C. Ctrl+P　　　　　　　　　　D.　Backspace

8. 在 Word 2010 的编辑状态，当前正编辑一个新建文档"文档 1"，当执行"文件"选项卡中的"保存"命令后（　　　）。

  A. "文档 1"被存盘　　　　　　B. 弹出"另存为"对话框，供进一步操作

  C. 自动以"文档 1"为名存盘　　D. 不能以"文档 1"存盘

9. 在 Word 2010 的编辑状态下，打开了 W1.docx 文档，若要将经过编辑或修改后的文档以"W2.docx"为名存盘，应当执行"文件"选项卡中的（　　　）命令。

  A. 保存　　　　　　　　　　　B. 另存为 HTML

  C. 另存为　　　　　　　　　　D. 版本

10. 在 Word 2010 中建立的 Word 文档文件，不能用 Windows 中的记事本打开，这是因为（　　　）。

  A. Word 文档保存的是声音信息　　B. Word 文档保存的是图像信息

  C. Word 文档中含有特殊控制符　　D. 以上都不对

11. 在 Word 2010 的编辑状态中，如果要输入希腊字母 Ω，则需要使用的选项卡是（　　　）。

  A. "引用"　　　　B. "插入"　　　　C. "开始"　　　　D. "视图"

12. 在 Word 2010 中，要用模板来生成新的文档，一般应先选择（　　　），再选择模板名。

  A. "文件"→"打开"　　　　　　B. "文件"→"新建"

  C. "引用"→"样式"　　　　　　D. "文件"→"选项"

13. 若要设定打印纸张大小，在 Word 2010 中可在（　　　）进行。

  A. "开始"选项卡中的"段落"组中

  B. "开始"选项卡中的"字体"组中

  C. "页面布局"选项卡的"页面设置"对话框中

  D. 以上说法都不正确

14. 在 Word 2010 的"页面设置"中，默认的纸张大小规格是（　　　）。

  A. 16K　　　　　　B. B4　　　　　　C. A3　　　　　　D. A4

15. 在 Word 2010 中，打印页码 5-7,9,10 表示打印的页码是（　　　）。

  A. 第 5、7、9、10 页　　　　　B. 第 5、6、7、8、9、10 页

  C. 第 5、6、7、9、10 页　　　　D. 以上说法都不对

16. 在 Word 2010 窗口的状态栏中显示的信息不包括（　　　）。

  A. 页面信息　　　　　　　　　B. "插入"或"改写"状态

  C. 当前编辑的文件名　　　　　D. 字数信息

17. 在 Word 2010 中，单击"项目符号"按钮后，（   ）。

A. 可在现有的所有段落中自动添加项目符号

B. 仅在插入点所在段落前自动添加项目符号，对之后新增段落不起作用

C. 仅在之后新增段落前自动添加项目符号

D. 可在插入点所在段落和之后新增段落前自动添加项目符号

18. 创建邮件合并在（   ）选项卡中进行。

A."文件"　　　　B."开始"　　　　C."邮件"　　　　D."邮件合并"

19. 邮件合并的数据源，（   ）是不正确的。

A. Access　　　　B. Excel　　　　C. Word 表格　　　D. E-mail

二、填空题

1. Word 2010 是一个＿＿＿＿＿＿软件。

2. 使用 Word 2010 建立的文档，其默认扩展名为＿＿＿＿。

3. Word 2010 窗口中对编辑区的文本进行定位的尺子称为＿＿＿＿。

4. Word 2010 窗口中的标尺上有四个符号，分别为是＿＿＿＿、＿＿＿＿、＿＿＿＿、＿＿＿＿。

5. 输入文本到一个自然段结束，应按＿＿＿＿键结束本段的输入。

6. 要恢复误删除的一段文字，可以单击快捷菜单中的＿＿＿＿。

7. 若用户想添加一个用户自定义选项卡，应该使用＿＿＿＿。

测　试　二

一、单选题

1. 在 Word 2010 编辑状态中，能设定文档行间距的功能按钮位于（   ）中。

A."文件"选项卡　　　　　　B."开始"选项卡

C."插入"选项卡　　　　　　D."页面布局"选项卡

2. Word 2010 中的文本替换功能所在的选项卡是（   ）。

A."文件"　　　B."开始"　　　C."插入"　　　D."页面布局"

3. 在 Word 2010 的编辑状态下，"开始"选项卡"剪贴板"组中的"剪切"和"复制"按钮呈浅灰色而不能用时，说明（   ）。

A. 剪切板上已经有信息存放　　B. 选定的内容是图片

C. 在文档中没有选中任何内容　　D. 选定的文档太长，剪贴板放不下

4. 在 Word 2010 中编辑文档时，切换"改写"和"插入"状态的键是（   ）。

A. Del 或 Delete　　　　　　B. Ins 或 Insert

C. Alt　　　　　　　　　　D. Ctrl

5. 在 Word 2010 编辑状态中，使插入点快速移动到文档尾的操作是（   ）。

A. Home　　　B. Ctrl+End　　　C. Alt +End　　　D. End

6. 在 Word 2010 中，将整篇文档的内容全部选中，可以使用的快捷键是（   ）。

A. Ctrl+X　　　B. Ctrl+C　　　C. Ctrl+V　　　D. Ctrl+A

7. 在 Word 2010 中，要选定文本中不连续的两个文字区域，应在拖动鼠标前，按住（　　）键不放。

    A. Ctrl　　　　　　B. Alt　　　　　　C. Shift　　　　　D. 空格

8. 在 Word 2010 编辑状态下，绘制文本框命令所在的选项卡是（　　）。

    A. "引用"　　　　B. "插入"　　　　C. "开始"　　　　D. "视图"

9. 在 Word 2010 中，要使用"格式刷"命令按钮，应该先选择（　　）选项卡。

    A. "引用"　　　　B. "插入"　　　　C. "开始"　　　　D. "视图"

10. 在 Word 2010 的编辑状态，执行"开始"选项卡中的"复制"命令后（　　）。

    A. 插入点所在段落的内容被复制到剪贴板

    B. 被选择的内容复制到剪贴板

    C. 光标所在段落的内容被复制到剪贴板

    D. 被选择的内容被复制到插入点

11. 在 Word 2010 的"字体"对话框中，不可设定文字的（　　）。

    A. 删除线　　　　B. 字符间距　　　　C. 字号　　　　D. 行距

12. 在 Word 2010 中，"段落"格式设置中不包括设置（　　）。

    A. 首行缩进　　　　B. 对齐方式　　　　C. 段间距　　　　D. 字符间距

13. 在 Word 2010 编辑状态中，如果要给段落分栏，在选定要分栏的段落后，首先要单击（　　）选项卡。

    A. "开始"　　　　B. "插入"　　　　C. "页面布局"　　D. "视图"

14. 能够看到 Word 2010 文档的分栏效果的页面格式是（　　）视图。

    A. 页面　　　　B. 草稿　　　　C. 大纲　　　　D. Web 版式在

15. Word 2010 中，下述关于分栏操作的说法，正确的是（　　）。

    A. 栏与栏之间不可以设置分隔线

    B. 任何视图下均可看到分栏效果

    C. 设置的各栏宽度和间距与页面宽度无关

    D. 可以将指定的段落分成指定宽度的两栏

16. 在 Word 2010 中，设置首字下沉先打开（　　）选项卡，然后在"文本"组中进行。

    A. "开始"　　　　B. "插入"　　　　C. "页面布局"　　D. "视图"

17. 在 Word 2010 中，单击"查找"按钮，在"查找内容"文本框中输入"电话"后，下面（　　）能被查找。

    A. "电　话"　　　　　　　　　　B. "电　　　话"

    C. "电话"　　　　　　　　　　　D. "　电话"

18. 在 Word 2010 中的段落对齐方式中，能使段落中每一行都保持首尾对齐的是（　　）。

    A. 左对齐　　　　B. 两端对齐　　　C. 居中对齐　　　D. 分散对齐

19. 以下说法正确的是（　　）。

    A. 移动文本的方法是：选择文本、粘贴文本、在目标位置移动文本

B. 移动文本的方法是：选择文本、复制文本、在目标位置粘贴文本

C. 复制文本的方法是：选择文本、剪切文本、在目标位置复制文本

D. 复制文本的方法是：选择文本、复制文本、在目标位置粘贴文本

20. Word 2010 的分节符中，不包括（　　）。

A. 下一页　　　　B. 结束页　　　　C. 偶数页　　　　D. 奇数页

21. Word 2010 文档中文字的红色波浪下画线代表（　　）。

A. 拼写错误　　　B. 语法错误　　　C. 专有名词　　　D. 超链接

二、填空题

1. 在进行段落排版时，常用的对齐方式为_____、_____、_____、_____。

2. 要给段落设置深蓝色底纹，应在"开始"功能区的_____分组中设置。

3. 要设置行间距为 24 磅，应使用"段落"对话框中"行距"选项中的_____。

4. 要为文档添加"水印"，需要在_____选项卡中进行设定。

5. 欲选定文本中的一个矩形区域，应在拖动鼠标前，按住_____键。

测　试　三

一、单选题

1. 要在 Word 2010 文档中创建表格，应使用的选项卡是（　　）。

A. "开始"　　　B. "插入"　　　C. "页面布局"　　　D. "视图"

2. 在 Word 编辑状态下，若光标位于表格外右侧的行尾处，按 Enter（回车）键，结果为（　　）。

A. 光标移到下一行，表格行数不变

B. 光标移到下一行

C. 在本单元格内换行，表格行数不变

D. 插入一行，表格行数改变

3. 在 Word 2010 中，在"表格属性"对话框中可以设置表格的对齐方式、行高和列宽等，选中表格会自动出现"表格工具"，"表格属性"在"布局"选项卡的（　　）组中。

A. "表"　　　B. "行和列"　　　C. "合并"　　　D. "对齐方式"

4. 在 Word 2010 编辑状态下，若想将表格中连续三列的列宽调整为 1cm，应该先选中这三列，然后在（　　）对话框中设置。

A. "行和列"　　　　　　　　　B. "表格属性"

C. "套用格式"　　　　　　　　D. 以上都不对

5. 在 Word 2010 中，表格和文本是可以互相转换的，有关此操作不正确的说法是（　　）。

A. 文本只能转换成表格　　　　B. 表格只能转换成文本

C. 文本与表格可以相互转换　　D. 文本与表格不能相互转换

6. 在 Word 2010 编辑状态下，插入图形并选择图形将自动出现"绘图工具"，插入图片并选择图片将自动出现"图片工具"，关于它们的"格式"选项卡，说法不对的是（　　）。

　　A. 在"绘图工具"下"格式"选项卡中有"形状样式"组

　　B. 在"绘图工具"下"格式"选项卡中有"文本"组

　　C. 在"图片工具"下"格式"选项卡中有"图片样式"组

　　D. 在"图片工具"下"格式"选项卡中没有"排列"组

7. 在 Word 2010 中，当文档中插入图片对象后，可以通过设置图片的文字环绕方式进行图文混排，下列（　　）方式不是 Word 提供的文字环绕方式。

　　A. 四周型　　　　　　　　　　B. 衬于文字下方

　　C. 嵌入型　　　　　　　　　　D. 左右型

8. 在 Word 中，当插入图片后，希望形成水印图案，即文字与图案重叠，既能看到文字又能看到图案，则应（　　）。

　　A. 将图片置于文本层之上　　　B. 将图片置于文本层之下

　　C. 设置图片与文本为同层　　　D. 以上都不对

9. 在 Word 2010 编辑状态下，绘制一个图形，首先应该选择（　　）。

　　A. "插入"选项卡→"图片"按钮

　　B. "插入"选项卡→"形状"按钮

　　C. "开始"选项卡→"更改样式"按钮

　　D. "插入"选项卡→"文本框"按钮

10. 在 Word 2010 中，如果在有文字的区域绘制图形，则在文字与图形的重叠部分（　　）。

　　A. 文字不可能被覆盖　　　　　B. 文字小部分被覆盖

　　C. 文字可能被覆盖　　　　　　D. 文字部分大部分被覆盖

11. 在 Word 2010 窗口的状态栏中显示的信息不包括（　　）。

　　A. 页面信息　　　　　　　　　B. "插入"或"改写"状态

　　C. 当前编辑的文件名　　　　　D. 字数信息

12. 在 Word 2010 中，下列关于多个图形对象的说法中正确的是（　　）。

　　A. 可以进行"组合"图形对象的操作，也可以进行"取消组合"操作

　　B. 既不可以进行"组合"图形对象操作，也不可以进行"取消组合"操作

　　C. 可以进行"组合"图形对象操作，但不可进行"取消组合"操作

　　D. 以上说法都不正确

13. Word 2010 在打印已经编辑好的文档之前，可以在"打印预览"中查看整篇文档的排版效果，打印预览在（　　）。

　　A. "文件"选项卡下的"打印"命令中

　　B. "文件"选项卡下的"选项"命令中

　　C. "开始"选项卡下的"打印预览"命令中

　　D. "页面布局"选项卡下的"页面设置"中

二、填空题

1. Word 2010 将页面正文的顶部空白称为＿＿＿＿＿＿＿，页面底部空白称为＿＿＿＿＿＿＿。

2. 用户若要书写积分公式，应通过＿＿＿＿＿＿选项卡。

3. 内置的 SmartArt 图形库，一共提供了＿＿＿＿＿＿种不同的模板。

4. 图形组合功能可以通过＿＿＿＿＿＿选项卡中的"组合"命令来实现。

5. 在图形编辑状态下，单击"矩形"按钮，按＿＿＿＿＿＿键的同时拖动鼠标，可以画出正方形。

6. 对表格进行排序时，汉字的默认排序是按＿＿＿＿＿＿排序。

7. 选定整个表格，按 Delete 键，所删除的是＿＿＿＿＿＿。

第4章

电子表格处理软件 Excel 2010 «

Excel 2010 是 Microsoft Office 2010 的主要组件之一，是一个功能强大的电子表格处理工具，可以有效地完成在日常工作中的公司行政管理、人事管理、财务管理、生产管理、进销存管理、售后服务管理和资产管理等方面的任务。

Excel 2010 不但可以制作美观的电子表格，还具有强大的数据分析和处理功能。Excel 2010 提供了丰富的公式、函数、图表、数据清单等数据计算和数据管理功能，并对数据进行排序和筛选、分类和汇总、图表化数据等，同时还可以保护与共享数据、从外部程序获取数据，为用户在日常办公中从事一般的数据统计和分析提供了简易快速平台。

通过本章的学习，应该熟练掌握如何快捷建立表格和运用公式与函数进行统计和数据分析的方法；掌握建立图表的基本技能。

4.1 【案例 1】初识 Excel 2010

案例内容

掌握启动 Excel 2010 的方法，熟悉 Excel 2010 的基本操作工具。

案例中的知识点

- Excel 2010 的启动和退出。
- Excel 2010 的工作环境。
- 工作簿、工作表的基本概念。
- 工作簿、工作表的基本操作。

案例讲解

1. 启动 Excel 2010

方法一：单击"开始"按钮，选择"程序"→"Microsoft Office"→"Microsoft Office Excel 2010"命令，即可启动 Excel 2010。

方法二：在 Windows 桌面上，双击已建立的 Excel 2010 快捷图标，即可启动 Excel 2010。

方法三：双击一个已经建立的 Excel 2010 文件，可以直接启动 Excel 2010。

2. Excel 2010 的工作窗口

启动 Excel 2010 后，会打开 Excel 2010 的基本窗口，如图 4-1 所示。

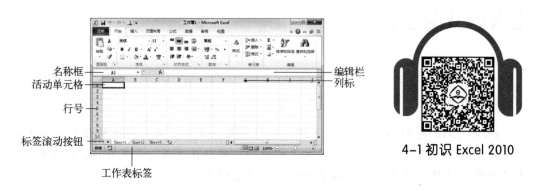

4-1 初识 Excel 2010

图 4-1　Excel 2010 的基本窗口

在 Excel 2010 中，一个用来计算和存储数据的文件称为一个工作簿，其扩展名为.xlsx，其中可以包含一个或多个工作表。默认情况下，一个新的工作簿中含有 3 张工作表，默认名字为 Sheet1、Sheet2、Sheet3，在实际工作中，可以根据需要添加更多的工作表。启动 Excel 2010 时，打开一个默认名为"工作簿 1"的空白工作簿，并定位在此工作簿的 Sheet1 工作表中。

Excel 2010 窗口的大部分界面组件与 Word 2010 相同，不同的是 Excel 工作区为表格界面，增加了名称框、编辑栏、列标、行号和工作表标签区域等。

① 名称框：显示当前选中的单元格地址。

② 编辑栏：显示单元格中输入或编辑的数据、公式与函数。

③ 工作表：即电子表格，与日常生活中使用的表格基本相同，由工作表标签标识不同的工作表，单击工作表标签栏上的标签名称，可切换到该工作表中。在某一时刻，用户只能在一个工作表中操作，此工作表称为当前工作表或活动工作表。

在工作表标签操作区可以对工作表进行各种操作，包括选择工作表、插入工作表、移动工作表、复制工作表、重命名工作表、隐藏工作表及删除工作表等操作，如图 4-2 所示。

④ 单元格：每个工作表是由行和列构成的，行列交叉组成单元格。

每一列的列标由 A、B、C 等字母表示，每一行的行号由 1、2、3 等数字表示。每个单元格的位置即单元格地址由"列标+行号"来标识，如 A1，表示 A 列第一行单元格。工作表中只有一个活动单元格用于接收用户输入内容，此单元格称为活动单元格。

工作簿、工作表和单元格之间的关系如图 4-3 所示。

图 4-2 工作表标签操作区

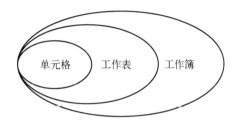

图 4-3 关系图

3. 工作簿和工作表的基本操作

1）工作簿的基本操作

（1）新建工作簿

① 启动 Excel 2010 后，系统将自动新建一个默认名为"工作簿 1"的空白工作簿。

② 在 Excel 2010 窗口中，单击"文件"菜单，在弹出的菜单中选中"新建"命令，可以创建"模板"或"空白工作簿"，如图 4-4 所示。

（2）打开工作簿

① 单击"文件"→"打开"命令。

② 单击"文件"→"最近所用文件"命令。

（3）保存工作簿

与 Word 相似，新工作簿第一次保存时会弹出"另存为"对话框。编辑过程中如果要进行存盘操作，应使用工具栏上的"保存"按钮或单击"文件"→"保存"命令或"文件"→"另存为"命令。

（4）关闭工作簿

① 单击"关闭窗口"按钮。

② 单击"文件"→"关闭"命令。

2）工作表的基本操作

（1）重命名工作表

新建工作簿后，工作表默认的名称为 Sheet1、Sheet2、Sheet3 等，不利于记忆也不直观，一般需要对其进行重命名操作。

① 双击工作表标签"Sheet1"，进入待编辑状态，输入新工作表的名称，按 Enter 键完成工作表的重命名，如图 4-5 所示。

② 右击工作表标签"Sheet1"，在弹出的菜单中选择"重命名"命令，如图 4-6 所示，进入待编辑状态，输入新工作表的名称，按 Enter 键完成工作表的重命名。

（2）插入工作表

方法一：单击工作表标签末尾的"新建"按钮，可以在所有工作表的后面新建空白工作表。

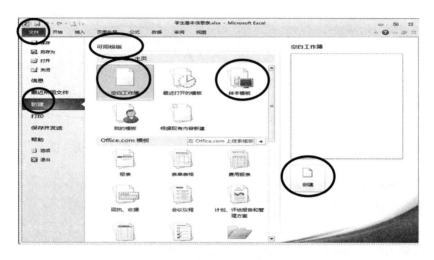

图 4-4　新建工作簿

图 4-5　工作表重命名 1

方法二：在要插入新工作表的位置右击，在弹出的快捷菜单中选择"插入"命令，如图 4-6 所示。弹出"插入"对话框，如图 4-7 所示，可以在其中设置插入工作表的格式。

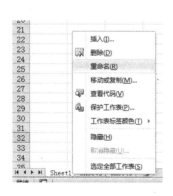
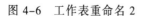

图 4-6　工作表重命名 2

图 4-7　"插入"对话框

（3）删除工作表

选中要删除的工作表，右击，在弹出的快捷菜单中选择"删除"命令，如图 4-6 所示。

（4）移动或复制工作表

方法一，选中要移动或复制的工作表，右击，在弹出的快捷菜单中选择"移动或复制"命令，如图 4-6 所示。弹出"移动或复制工作表"对话框，如图 4-8 所示。可以将工作表移动或复制到当前工作簿或其他工作簿中。

方法二，选中要移动或复制的工作表，按住鼠标左键后拖动到指定位置，能实现工作表的移动

图 4-8 "移动或复制工作表"对话框

操作；如果在拖动同时按住 Ctrl 键，即可实现工作表的复制操作。注意：此方法只能实现同一工作簿中的移动和复制。

（5）默认工作表数量的修改

在 Excel 2010 中默认新的工作簿中包含 3 张工作表，这个值是可以修改的。方法是使用"文件"菜单中的"选项"命令来实现，如图 4-9 所示。会弹出"Excel 选项"对话框，在"常规"选项卡中即可进行设置，如图 4-10 所示。

图 4-9 选择"选项"命令　　　　图 4-10 "常规"选项卡

4. Excel 2010 的退出

当打开的工作簿不需要做其他操作时，可以将其关闭。关闭工作簿的方法如下：

方法一：单击"文件"→"退出"命令

方法二：单击工作簿窗口右上角的"关闭"按钮，或双击标题栏最左端的控制菜单图标。

方法三：按 Ctrl+F4 组合键。

案例实训

启动 Excel 2010，熟悉 Excel 2010 的窗口界面。

4.2 【案例2】建立学生基本情况表

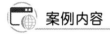案例内容

张峰作为新生辅导员，希望使用 Excel 来完成日常学生管理工作，首先把学生相关信息输入到 Excel 中，建立学生基本信息表。创建好的学生基本信息表如图 4-11 所示。

图 4-11 学生基本信息表

案例中的知识点

本案例要求掌握设计数据表的方法和快速高效地输入各种类型数据的方法与技巧。

- 单元格的基本操作。
- 准确、高效数据输入的技巧。
- 工作表中数据格式和单元格格式的设定。
- 工作表和工作簿的保护。

案例讲解

1. 单元格的基本操作

- 选定一行、一列：单击行号即可选择此行全部单元格；类似地，单击列标，即可选择此列的全部单元格。
- 选择多列、多行：首先在要选择的区域最前面一行的行号位置按住鼠标左键向下拖动，拖过的行都被选中；当选择不连续的多行时，可以按住 Ctrl 键，逐个单击要选择行的行号即可。

- 全选：单击位于行号和列标交叉处的"全选"按钮即可选择工作表中的所有单元格。
- 选择多个不连续单元格：先选定第一组单元格，然后按住 Ctrl 键的同时，选定其他单元格或单元格区域。

如图 4-12 所示，选择了第 2 行和第 3 行，操作方法是：在第 2 行的行号上按住鼠标左键，并拖动鼠标到第 3 行的行号上释放左键，拖动过程中鼠标指针变成粗箭头。选择列的操作方法与选择行类似，如图 4-13 所示。

图 4-12 选中多行

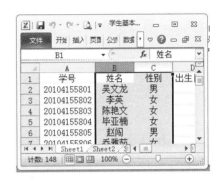

图 4-13 选中多列

2. 数据输入及格式设定

创建工作表后的第一步是向工作表中输入各种数据。在 Excel 2010 的工作表中，用户输入的基本数据类型有两种，即常量和公式。常量指的是不以等号开头的单元格数据，它包括文本、数字、日期和时间等。公式则是以等号开头的表达式，这个表达式将计算出一个结果，这个结果将显示在公式所在的单元格中。

1）常量的输入

Excel 2010 中输入的常量分为数值、文本、日期时间 3 种类型。

（1）数值输入

Excel 2010 中组成数值数据的字符有：0～9、正负号、圆括号、/、$、小数点、E、e。

对于数值型数据的输入，需要注意以下几点：

① 默认情况下，数值型数据在单元格中靠右对齐。

② 默认的数据格式为整数（如 1234）或小数（如 12.34）。

③ 输入负数时可用使用负号（-）或者圆括号，例如-100 或(100)。

④ 输入分数时，应先输入 0 和空格，再输入分数，否则系统会默认为日期数据。

⑤ 如果要调整小数位数，可以使用工具栏中"数字"工具进行设置，如图 4-14 所示。

注意：单元格如果宽度不够会显示"#"号，只需要调整单元格宽度即可正常显示。

（2）文本输入

Excel 文本包括汉字、英文、数字、空格及其他符号。

对于文本型数据的输入，需要注意以下几点：

① 默认情况下，文本型数据在单元格中靠左对齐。

② 对于文本型的数字序列，例如身份证号、电话号码等，因为 Excel 会将它们识别为数字类型，并以科学计数法的方式显示，所以需要手动将它们转变为文本型数据进行处理，转换方式有两种：

4-2 准确高效输入数据

方法一：在数字序列前面加上英文单引号。例如，电话号码的输入"1880245××××"。

方法二：通过工具栏中"数字"工具来进行设置，如图 4-15 所示。

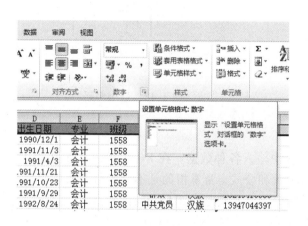

图 4-14 设置单元格格式

图 4-15 设置单元格数据的格式

（3）日期时间输入

Excel 2010 内置了一些日期时间的格式，当输入数据与这些格式相匹配时，Excel 将识别它们为日期型或时间型。例如，单元格中输入"2019-5-7"后，按 Enter 键，系统会自动将它变为日期型"2019/5/7"。用户也可以对日期显示格式进行设定，如图 4-15 所示。

2）标题行的输入

选择 A1 单元格，输入 A 列的标题"学号"，按 Tab 键，光标向右移动一列，依次输入图 4-16 所示的标题内容。

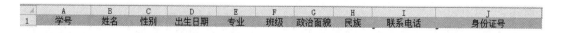

	A	B	C	D	E	F	G	H	I	J
1	学号	姓名	性别	出生日期	专业	班级	政治面貌	民族	联系电话	身份证号

图 4-16 输入标题

3）使用自动填充功能输入"学号""专业""班级"列的信息

① 在 A2 单元格中输入文本第一个学号"20104155801"。然后将鼠标指针放在 A2 单元格右下角的填充柄上，当鼠标指针由空心十字形变成实心的十字形时，拖动填充柄至 A7 单元格时松开鼠标，A3:A7 这 5 个单元格即复制了 A2 单元格中的数据，如图 4-17 所示。单击"自动填充选项"按钮，并在弹出的下拉列表中选择"填充序列"单选按钮，得到学号列的数据，如图 4-18 所示。

图 4-17 数据填充

图 4-18 自动填充选项

② 类似的，在 E2 单元格中输入专业"会计"，拖动填充柄到 E7 单元格，即可完成专业列的输入。

③ 在 F2 单元格中输入班级"1558"，双击填充柄，可以实现 F3:F7 单元格数据的自动填充。

注意：

① 拖动填充柄可以快速地复制或填充数据，当某列的左右已经有数据时，双击填充柄会以左侧或右侧的数据最末行为底向下填充数据。

② 填充数据也可以通过向左、向右、向上拖动填充柄实现数据填充。

③ 填充柄可以对单元格中的数字、日期与时间等进行填充。

4）设置"性别"列的数据有效性

① 选择"性别"列，单击列标 C。

② 选择"数据"选项卡，在"数据工具"组中单击"数据有效性"下拉按钮，如图 4-19 所示，选择"数据有效性"选项。

③ 弹出"数据有效性"对话框，在"允许"下拉列表中选择"序列"选项，"来源"折叠框中输入"男,女"，其中逗号必须为英文逗号，如输入中文逗号则会出错，如图 4-20 所示。

④ 切换到"出错警告"选项卡，在"样式"下拉列表中选择"停止"选项，"标题"为"性别字段输入提示"，"错误信息"为"输入的数据非法"，如图 4-21 所示，单击"确定"按钮，使设置生效。

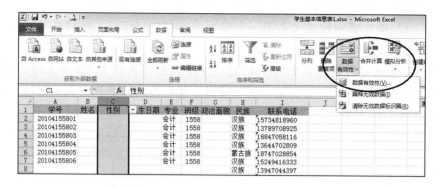

图 4-19　设置数据有效性

图 4-20　"数据有效性"对话框

图 4-21　"出错警告"选项卡

⑤ 设置数据有效性后，"性别"列中只能输入"男"或者"女"，并在单元格中提供了选择列表，如果输入其他数据，会出现图 4-22 所示的提示框，提醒用户数据出错了，单击"重试"按钮，再次进行输入数据，直到输入正确数据为止。

⑥ 可以使用相同的方法设置"专业"列数据有效性为"会计,管理,计算机,英语,金融"序列，"政治面貌"列数据有效性为"中共党员,预备党员,共青团员,群众"序列，如图 4-23 所示。

5）设置"联系电话"列的长度为 11 位

① 选择"联系电话"列，在"数据"选项卡中单击"数据有效性"按钮，弹出"数据有效性"对话框，在"允许"下拉列表中选择"文本长度"选项，在"数据"下拉列表中选择"等于"选项，设置"长度"为"11"，如图 4-24 所示，单击"确定"按钮。

图 4-22　错误提示框

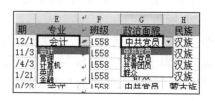

图 4-23　专业和政治面貌的有效性设置

② 当输入"联系电话"列的数据不是 11 位时，会出现图 4-25 所示的提示框。

③ "身份证号"列的设置与联系电话列相似。

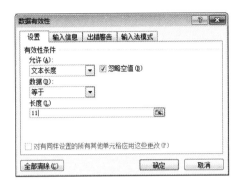

图 4-24　设置联系电话长度

图 4-25　错误提示框

6）设置"学号""班级""联系电话""身份证号"列数据为文本型，并输入相应列的数值

① 单击 A 列的列标，按 Ctrl 键，然后继续选择 F、I、J 列。

② 切换到"开始"选项卡，在"数字"组中设置其格式为文本，也可以打开"设置单元格格式"对话框进行设置，如图 4-26 所示。

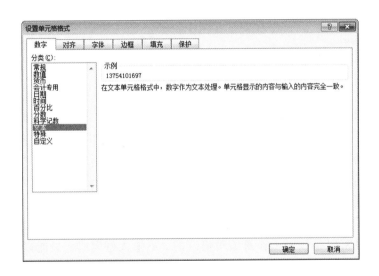

图 4-26　"设置单元格格式"对话框

3. 工作簿和工作表的保存与保护

1）保存工作簿"学生基本信息表"，并设置打开密码为"12345"

① 单击快速访问工具栏中的"保存"按钮，如图 4-27 所示。首次保存工作簿时会弹出"另存为"对话框，如图 4-28 所示，保存文件名为"学生基本信息表"。

图 4-27　单击"保存"按钮

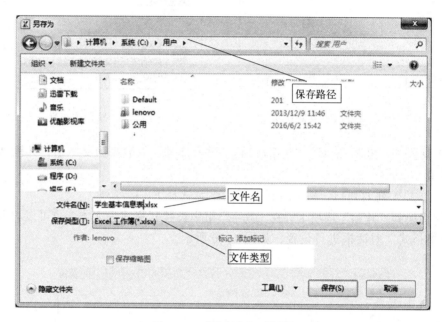

图 4-28　"另存为"对话框

②　如果要实现密码保护，在"另存为"对话框的"工具"下拉列表中选择"常规选项"，如图 4-29 所示。在弹出的"常规选项"对话框中，设置"打开权限密码"和"修改权限密码"，如图 4-30 所示，单击"确定"按钮后，会出现"确认密码"对话框，在此对话框中再次输入刚才设置的密码，并单击"确定"按钮，即可完成工作簿打开权限密码和修改权限密码的设置。

如果设置了打开权限密码，下次打开此工作簿时需要输入此密码，才能打开工作簿。而修改权限密码是针对工作簿编辑修改的，不输入密码时，只能以只读方式打开工作簿。

图 4-29　工具按钮

图 4-30　"常规选项"对话框

2）保护工作簿和工作表

（1）保护工作簿

切换到"审阅"选项卡，在"更改"组中单击"保护工作簿"按钮，弹出图 4-31 所示的"保护结构和窗口"对话框，可选择保护工作簿的"结构"（不允许插入、删除、重命名、移动和复制工作表）和保护工作簿的"窗口"（不允许当前工作簿窗口进行最大化、最小化、还原和关闭）。

（2）保护工作表

在"审阅"选项卡中单击"保护工作表"按钮，弹出图 4-32 所示的"保护工作表"对话框，输入密码和设置允许用户进行的操作，单击"确定"按钮，此时出现密码确认对话框，再次输入相同的密码。

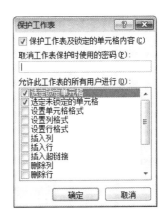

图 4-31 "保护结构和窗口"对话框　　图 4-32 "保护工作表"对话框

保护工作表后，要进行相关操作需要首先撤销工作表保护并输入正确的密码，如密码输入有误，则出现图 4-33 所示的提示框。

图 4-33 工作表保护提示框

 案例实训

（1）新建一个 Excel 工作簿，完成如下数据序列填充。

① 自定义序列：填充"计算机，英语，数学，马列"。

② 数据填充：填充 1～10。

③ 填充星期一到星期日。

④ 序列填充：填充 1～20 间的奇数。

（2）制作某公司员工档案表，输入相关数据，并进行数据表的格式设置及保存。完成制作的工作表如图 4-34 所示。

要求：

① 员工编号为序列填充。

② 性别列的数据有效性序列为（男，女）。

③ 部门列的数据有效性序列为（管理，行政，研发，销售）。

④ 职务列的数据有效性序列为（经理，部门经理，员工）。

⑤ 身份证号的数据有效性为文本长度为 18 位。

⑥ 学历列的数据有效性序列为（大专，本科，硕士，博士）。

⑦ 基本工资列为货币型。

⑧ 工作簿命名为"公司员工档案"，打开密码为"123456"，无修改密码。

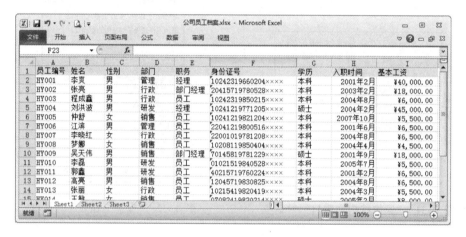

图 4-34　公司员工档案表样例

 4.3　【案例 3】掌握学生信息表中出生日期的计算

案例内容

在学生基本信息表中，身份证号中包含持证人出生日期等信息，要避免繁杂的人工输入数据，可以使用函数从中提取相关信息。即出生日期字段不需要手动输入，而是用公式计算得出。计算后的结果如图 4-35 所示。

学号	姓名	性别	出生日期	专业	班级	政治面貌	民族	联系电话	身份证号
20104155801	吴文龙	男	1990年12月1日	会计	1558	中共党员	汉族	1573481××××	2201021990 1201×××
20104155802	李英	女	1991年11月3日	会计	1558	群众	汉族	1378970××××	2203021991 1103×××
20104155803	陈艳文	女	1991年4月3日	会计	1558	共青团员	汉族	1884705××××	2201021991 0403×××
20104155804	毕亚楠	女	1992年5月4日	会计	1558	群众	汉族	1364470××××	1024541992 0504×××
20104155805	赵闯	男	1991年4月3日	会计	1558	中共党员	蒙古族	1874702××××	2201021991 0403×××
20104155806	乔雅茹	女	1991年12月8日	会计	1558	群众	汉族	1524941××××	7241251991 1208×××

图 4-35　计算出生日期列

本案例要求学生掌握 Excel 2010 中文本函数和日期函数的使用方法。

- 掌握 Excel 2010 中单元格的引用。
- 掌握文本处理函数 MID()的功能。
- 掌握日期函数 DATE()的功能。
- 掌握 Excel 2010 中公式和函数的复制。

案例讲解

1．Excel 2010 中单元格的引用

在公式中，对单元格中内容的引用共分为 3 类：相对引用、绝对引用和混合引用。单元格引用把单元格的数据和公式联系起来。

① 相对引用：单元格引用会随公式所在单元格的位置变更而改变，如 A1。

② 绝对引用：引用特定位置的单元格。在行号和列标的前面加上\$符号，如\$F\$6。

4-3 Excel 的公式和函数

③ 混合引用：固定某个行引用而改变列引用或固定某个列引用而改变行引用，如 A\$2、\$B2。如果公式改变位置，引用中的绝对部分（指\$符号后面的部分）不会改变，但相对部分发生变化。

在输入公式时，还可以引用同一工作簿中其他工作表中的单元格。用鼠标操作只需切换到需要的工作表，然后单击相应的单元格即可，如果是键盘操作，则只需在公式中需要引用的单元格地址前加入工作表名称，再加一个感叹号，如 Sheet2!A1。

2．出生日期字段的计算

（1）分析如何通过"身份证号码"信息获取"出生日期"信息

身份证号码共 18 位，其中第 7 位～第 14 位数字代表着持证人的出生年、月、日，因此只要能读取出对应的 4 位年份值（如 1990）、两位月份值（如 06）、两位日期值（如 18），即可得到出生日期为 1990 年 6 月 18 日。

（2）DATE()函数

Excel 2010 中可以使用函数或公式来实现值的计算。函数是系统预先定义好的、用于完成特定计算的公式，通过引用一些参数的特定值来完成计算。Excel 2010 提供了大量的内置函数，涉及很多领域。函数的基本格式包括两部分：函数名和参数。函数名表示执行的操作，参数描述操作的对象。本案例介绍日期函数 DATE()。

DATE() 函数是利用所给的参数，构造一个日期序列数，其完整格式为 DATE(YEAR,MONTH,DAY)。其中 YEAR 代表年份，MONTH 代表月份，DAY 代表日期。例如，在编辑栏中输入图 4-36 所示的 DATE()函数，在单元格中的显示如图 4-37 所示。如果看到的计算结果是一个看似与日期毫无意义的数值，如 88526，则需要设置单元格格式为日期形式才能显示为正确的日期值。

f_x =DATE(2015,5,8)

2015/5/8

图 4-36　编辑栏中的 DATE()函数 　　　　图 4-37　单元格中的显示

（3）MID()函数

MID()函数用来返回文本字符串中从指定位置开始的特定数目的字符，其完整格式为 MID(TEXT, START_NUM, NUM_CHARS)。其中，TEXT 代表原始字符串，START_NUM 表示取子串的开始位置，NUM_CHARS 表示取子串的长度。

例如，在编辑栏中输入图 4-38 所示的 MID()函数，单元格中的显示如图 4-39 所示。

f_x =MID("abcdefg",3,3)

cde

图 4-38　编辑栏中的 MID()函数 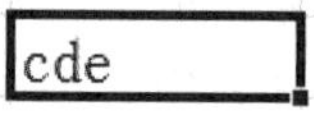　　　　图 4-39　单元格中的显示

（4）计算"出生日期"列的值

在"出生日期"列下的 D2 单元格中输入公式：=DATE(MID(J2,7,4),MID(J2,11,2),MID(J2,13,2))，按 Enter 键结束输入，如图 4-40 所示。

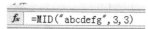

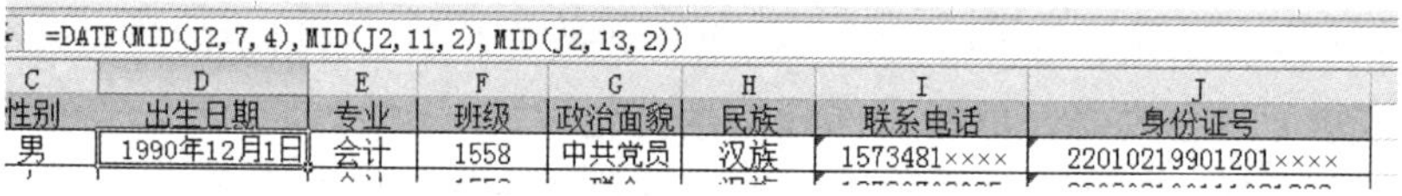

C	D	E	F	G	H	I	J
性别	出生日期	专业	班级	政治面貌	民族	联系电话	身份证号
男	1990年12月1日	会计	1558	中共党员	汉族	1573481××××	22010219901201××××
		会计	1558	群众	汉族	1359807××××	22010219001113××××

图 4-40　出生日期的计算

注意：输入公式时所使用的圆括号必须是英文半角的。

3. Execl 2010 中公式和函数的复制

计算出 D2 单元格中的"出生日期"值后，其余记录的"出生日期"信息即可通过公式的复制来快速填充。公式复制的方法如下两种：

方法一：使用填充柄实现公式的复制。拖动 D2 单元格右下角的填充柄，填充 D2 单元格中的公式至数据清单的最末一条记录。

方法二：使用 Ctrl+C 组合键对 D2 单元格的公式进行复制，单击 D3 单元格，使用 Ctrl+V 快捷键进行粘贴。

填充好出生日期的内容后，按快捷键 Ctrl+1，在弹出的"设置单元格格式"对话框中设置单元格显示格式为"日期"中的"2001 年 3 月 14 日"样式。进行修饰后的学生信息表如图 4-35 所示。

注意：公式 D2=DATE(MID(J2,7,4),MID(J2,11,2),MID(J2,13,2))向下填充后在 D3 单元格得到的公式是=DATE(MID(J3,7,4),MID(J3,11,2),MID(J3,13,2))。因为对 J2 单元格使用的是相对引用，当公式向下填充时，根据相对位置的关系，J2 自动更改成 J3，行号发生了改变。类似地，当公式向右填充时，自动更改的是列标。如果公式在复制

过程中不希望行号或列标改变，则需要使用绝对地址引用。

 案例实训

创建图 4-41 所示的数据表，利用公式，根据"职工号"字段分别计算职工的"部门"（职工号的前三位）；"入职时间"字段（职工号的 4～9 位，日期格式为"2001年 3 月"）

	A	B	C
	职工号	部门	入职时间（年月）
	101188505236		
	101187910208		
	201199812325		
	201199502112		
	302200708156		
	203199606127		

图 4-41　职工表

📚 4.4　【案例 4】修饰工作表及工作表页面设置

 案例内容

学生表的基本信息建立后，需要对表格进行适当的修饰。进行修饰后的学生信息表如图 4-42 所示。

☆2015级新生基本信息表☆									
学号	姓名	性别	出生日期	专业	班级	政治面貌	民族	联系电话	身份证号
20104155801	吴文龙	男		会计	1558	中共党员	汉族	1573481××××	22010219901201××××
20104155802	李英	女		会计	1558	群众	汉族	1378970××××	22030219911103××××
20104155803	陈艳文	女		会计	1558	共青团员	汉族	1884705××××	22010219910403××××
20104155804	毕平楠	女		会计	1558	群众	汉族	1364470××××	10245419920504××××
20104155805	赵闯	男		会计	1558	中共党员	蒙古族	1874702××××	22010219910403××××
20104155806	乔雅茹	女		会计	1558	群众	汉族	1524941××××	72412519911208××××
20104155807	杜雪梅	女		会计	1558	中共党员	汉族	1394704××××	10324019931123××××
20104155808	佳雪	女		会计	1558	群众	蒙古族	1554009××××	22030219910103××××
20104155809	张思哲	男		会计	1558	群众	汉族	1350060××××	33215719900821××××
20104155810	王瑞	女		会计	1558	预备党员	汉族	1384890××××	10245419920504××××
20104155811	苏芳	女		会计	1558	群众	回族	1590480××××	22010219910403××××

图 4-42　修饰后的学生基本信息表

 案例中的知识点

- 单元格的合并。
- 单元格的行高、列宽设置。
- 单元格中字体、边框和底纹的设置。
- 单元格添加批注和超链接。
- 单元格的清除和删除。
- 表格的套用格式。

● 工作表的页面设置及打印。

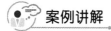
案例讲解

1. 单元格的合并、行高、列宽设置

（1）在表格开始插入标题行

① 选中第一行，右击，在弹出的快捷菜单中选择"插入"命令，如图 4-43 所示。即可在第一行的上面插入空白行。

② 单击 A1 单元格将其选中，在 A1 单元格中输入标题文字"2015 级新生基本信息表"，按 Enter 键确认输入，如图 4-44 所示。

③ 标题行中插入特殊字符。对于键盘上已经存在的符号，可以直接输入，但要输入键盘上没有的字符，如图 4-42 中的"☆"等，可以使用如下方法：

a. 选定要输入特殊字符的单元格 A1，将光标定位在文字的前面。

b. 切换到"插入"选项卡，单击"符号"组中的"符号"按钮，在弹出的"符号"对话框中选择需要的"☆"符号，单击"插入"按钮，如图 4-45 所示。

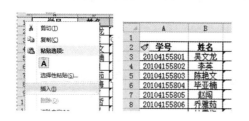

图 4-43　插入标题行　　　　　　图 4-44　输入标题内容

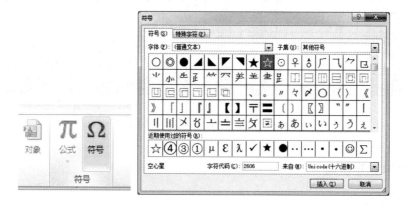

图 4-45　插入符号

④ 拖动鼠标选定要合并的单元格 A1 至 J1，在功能区"开始"选项卡的"对齐方式"组中单击"合并后居中"按钮，如图 4-46 所示，将选定的区域合并为一个单元格，并使其内容居中排列。

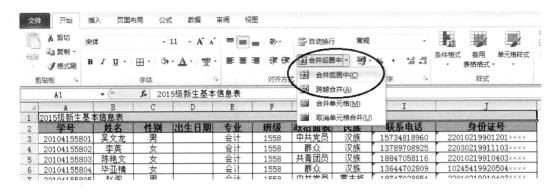

图 4-46　合并后居中

（2）设置单元格的行高和列宽

设置行高和列宽的方法主要有三种：

① 单击行号，选择第二行，在"开始"选项卡的"格式"组中单击"格式"下拉按钮，在下拉列表中选择"行高"选项，弹出"行高"对话框（见图 4-47），输入25，单击"确定"按钮。按同样的方法，选择"列宽"，即可设置精确的列宽。

图 4-47　设置行高

② 将鼠标指针移到行号之间的分隔线或者列标之间的分隔线上，鼠标指针变成十字形状时，按住鼠标拖动，可调整行高和列宽。

③ 将鼠标指针指向要调整宽度（高度）的列（或行）的右（下）边框，双击，可以快速地将列（或行）调整为最合适的列宽（行高）。

注意：当列宽不足时，数值数据会显示成一串#号，调整足够列宽后可以显示正确的信息。

4-4 数据表的格式设置

2. 单元格中字体、边框和底纹的设置

（1）设置单元格中字体：设置 A2:J13 单元格格式为楷体、加粗、12 磅

① 单击数据清单中的任意一个单元格，按 Ctrl+A 组合键，即可选择整个数据清单（A2:J13 单元格区域）。

② 在"开始"选项卡的"字体"组中设置选中单元格的格式为楷体、加粗、12磅，如图 4-48 所示。

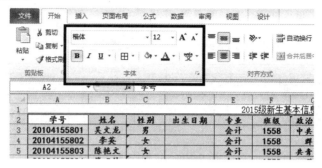

图 4-48　单元格字体的设置

（2）设置单元格边框格式：设置显示所有边框线，外边框线加粗

按 Ctrl+A 组合键，选择数据清单中的所有单元格，在"开始"选项卡的"字体"组中，单击"边框"下拉按钮，在显示的下拉列表中选择"所有框线"，给所有单元格加上边框线，再单击"粗匣框线"加上粗外框线，如图 4-49 所示。

（3）设置单元格底纹：为标题行添加"蓝色，淡色 60%"底纹

在"开始"选项卡的"字体"组中，设置第一行标题行填充色"蓝色，淡色 60%"，如图 4-50 所示。

图 4-49　单元格边框设置

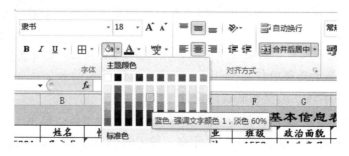

图 4-50　单元格底纹设置

3. 单元格添加批注和超链接

（1）为单元格添加批注

批注用于对单元格的内容进行解释说明。添加批注后，可以帮助他人理解表格内容或对表格的数据做出评论。

单击 A1 单元格，单击"审阅"选项卡"批注"组中的"新建批注"按钮，如图 4-51 所示，将会在 A1 单元格旁边出现一个批注框，如图 4-52 所示，可在批注框中输入制作人等批注信息。

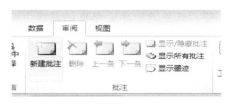

图 4-51 单击"新建批注"按钮

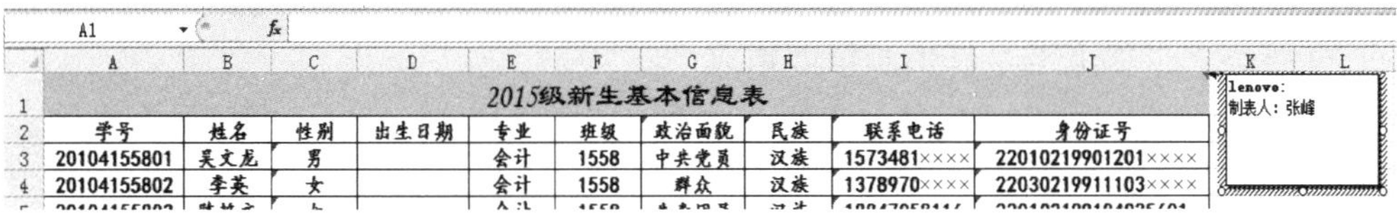

图 4-52 添加批注

可以看到，添加了批注的单元格右上角有一个红色小三角形，表示此单元格中有批注信息。

（2）为单元格添加超链接

与 Word 中的超链接类似，Excel 中单元格的超链接也能实现跳转功能。

单击 A1 单元格，单击"插入"选项卡"链接"组中的"超链接"按钮，弹出"插入超链接"对话框，如图 4-53 所示，可为单元格添加超链接。

图 4-53 "插入超链接"对话框

4. 单元格的清除和删除

（1）清除单元格

清除单元格，包括清除单元格的格式、内容、批注和超链接。选中要清除内容的单元格，单击"开始"选项卡"编辑"组中的"清除"按钮，如图 4-54 所示，可以设定单元格的清除内容。

提示：选中单元格后，直接按 Delete 键或 Backspace 键，只能清除单元格中的数据。

（2）删除单元格

与清除单元格内容和格式不同，删除单元格是去掉单元格，由其他单元格代替。

在数据清单中右击 B3 单元格，在弹出的快捷菜单中选择"删除"命令，并在弹出的"删除"对话框中选择"右侧单元格左移"单选按钮，如图 4-55 所示，此时右边的数据依次向左移一个单元格。结果如图 4-56 所示，出现了第三行单元格的错位。

图 4-54　清除单元格

图 4-55　"删除"对话框

号	B 姓名	C 性别	出生
L55801	吴文龙	男	
L55802		女	会计
L55803	陈艳文	女	
L55804	毕亚楠	女	
L55805	赵阆	男	

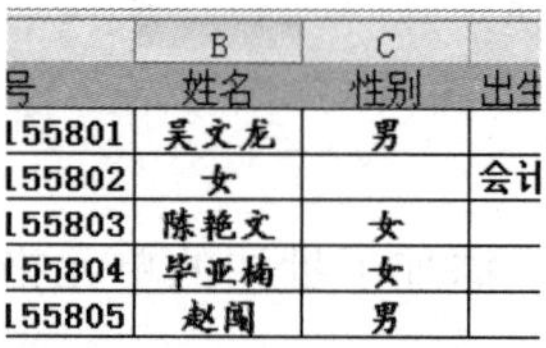

图 4-56　出现错位现象

5. 表格的套用格式

选中数据清单中的任一单元格，按 Ctrl+A 组合键，选择数据清单中所有单元格，在"开始"选项卡的"样式"组中，单击"套用表格格式"按钮，如图 4-57 所示，可以对数据清单进行套用格式的设置。

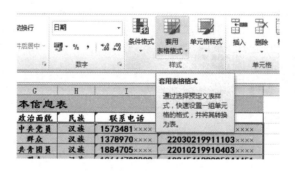

图 4-57　套用表格格式

6. 工作表的页面设置及打印

① 选择"页面布局"选项卡，如图 4-58 所示，在"页面设置"组中单击"纸张大小"下拉按钮，设置纸张为 A4；单击"纸张方向"下拉按钮，设置纸张方向为"横向"。

② 单击"页边距"下拉按钮，在下拉列表中选择"自定义边距"选项，在打开的"页面设置"对话框的"页边距"选项卡中，设置左右页边距均为 1.5cm，如图 4-59 所示。

③ 选择"页眉/页脚"选项卡，如图 4-60 所示，单击"自定义页眉"按钮，弹出"页眉"对话框，在其中设置页眉为"学生基本情况表"，如图 4-61 所示。单击确定按钮，完成页眉的设定。

图 4-58 "页面设置"组

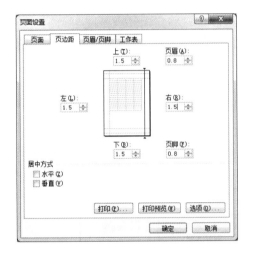

图 4-59 "页边距"选项卡

图 4-60 "页眉/页脚"选项卡

图 4-61 "页眉"对话框

在"页眉/页脚"选项卡中单击"页脚"下拉按钮，选择页脚为"第 1 页，共？页"，如图 4-62 所示。

④ 单击"打印预览"按钮或"打印"按钮，切换到"打印"选项卡，如图 4-63 所示，可以看到打印的效果，若对效果不满意，可以在页面设置区重新设置纸张方向、

页边距等，若对打印效果满意，单击"打印"按钮进行打印。

图 4-62　页脚的设定

图 4-63　打印预览界面

 案例实训

（1）设计一个面试时间安排表，并设置表格各行各列的宽度、高度及文本的格式等。设计的最终效果如图 4-64 所示。

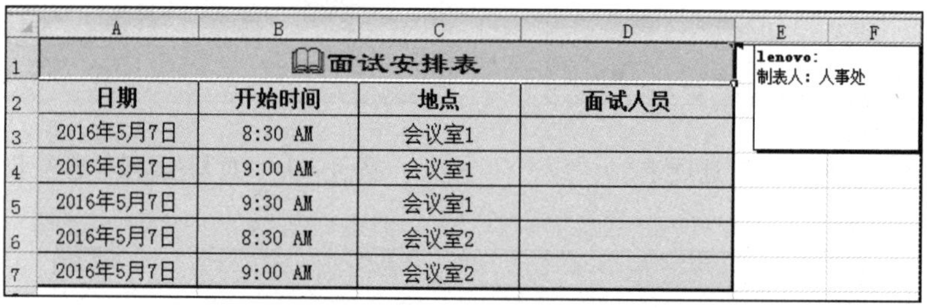

	A	B	C	D	E	F
1	📖面试安排表				lenovo:制表人：人事处	
2	日期	开始时间	地点	面试人员		
3	2016年5月7日	8:30 AM	会议室1			
4	2016年5月7日	9:00 AM	会议室1			
5	2016年5月7日	9:30 AM	会议室1			
6	2016年5月7日	8:30 AM	会议室2			
7	2016年5月7日	9:00 AM	会议室2			

图 4-64　面试时间安排表

要求：

① 标题行字体："隶书"，18 号，蓝色（RGB（0,0,240））。

② 列标题行："宋体"，12 号，黑色，加粗。

③ 标题行行高 25，其余行行高 20。

④ A–D 列列宽 15。

⑤ 为标题添加批注："制表人：人事处"。

⑥ 日期列格式为"长日期"，开始时间列格式为"日期"。

⑦ 设置标题行背景颜色为"橄榄色，淡色 40%"；正文背景色为"橄榄色，淡色 60%"。

（2）建立图 4-65 所示的数据表，应用"自动套用格式"，并对格式做进一步设置。注意分析数据表中输入数据的技巧。

（3）建立图 4-66 所示的数据表，并按照要求进行格式设置。

图 4-65 建立数据并套用格式

图 4-66 建立数据并设置格式

① A1 单元格中的标题设置为 20 号、宋体、加粗、红色，并将 A1:D1 合并。

② 将 A2:D2 单元格区域跨列合并，内容右对齐。

③ 将单价和金额保留两位小数，并添加人民币符号。

④ 将 A3:D14 区域的内边框设为虚线，外边框设为双实线。

 4.5 【案例 5】制作学生成绩表

案例内容

辅导员张峰希望利用 Excel 实现对学生成绩管理与分析。需要应用到 Excel 提供的各种函数和公式及数据分析统计功能来实现。

首先需要制作的是便于学生成绩管理和分析的学生成绩表，如图 4-67 所示。

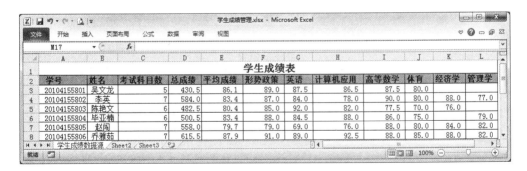

图 4-67 学生成绩表

案例中的知识点

● 掌握学生成绩表的制作方法。

● 掌握公式及 SUM()、AVERAGE()、COUNT()等函数的应用。

● 掌握 COUNTIF()函数、SUMIF()、IF()函数的应用。

● 掌握条件格式的设置。

● 掌握 RANK()函数使用。

● 掌握排序的操作、隐藏数据列。

1. 学生成绩表的创建

（1）创建学生成绩管理工作簿

打开 Excel 2010 应用程序，选择"文件"中的"新建"命令，创建一个空白工作簿，并命名为"学生成绩管理.xlsx"。将默认生成的"Sheet1"工作表命名为"学生成绩数据源"，如图 4-68 所示。

（2）数据的输入

按照图 4-69 所示，分别为工作表"学生成绩数据源"添加标题、列标题及单元格的值。输入中需要注意单元格格式的设定："学号"列为文本，所有单科的成绩均为数值，并保留 1 位小数。

图 4-68 重命名工作表

图 4-69 输入信息后的学生成绩表

2. 学生成绩表的完善

（1）插入"考试科目数""总成绩""平均成绩"3 个数据列

① 在"学生成绩表"工作表的 C 列上右击，在图 4-70 所示的快捷菜单中选择

"插入"命令，即可插入一个空白的数据列。

②重复上述操作两次，可以插入3个列，分别输入标题"考试科目数""总成绩""平均成绩"，插入列后的效果如图4-71所示。

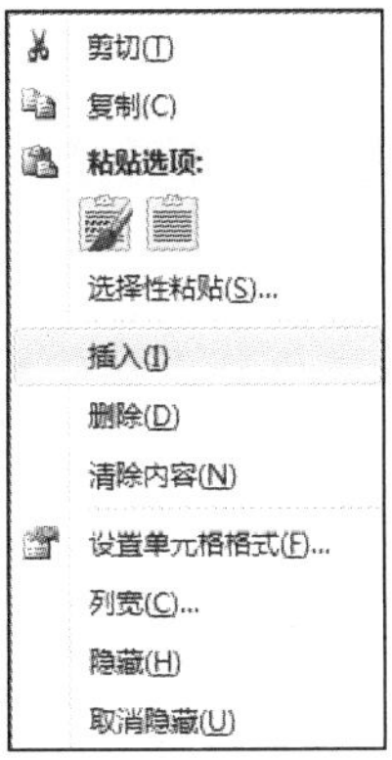

图4-70 选择"插入"命令

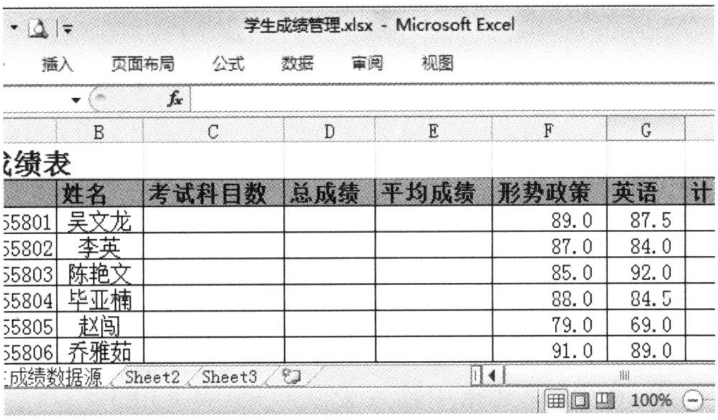

图4-71 插入列后的效果

注意：列或行的插入可以一次插入一列，也可以实现一次插入多列。一次插入多列的方法为：选择多个列，如C、D、E三个列，再右击，在弹出的快捷菜单中选择"插入"命令，即可一次插入3个空白列。同样的方法，若选中若干行，执行相应的插入操作，可以插入若干个空白行。

（2）"考试科目数"的计算

计算"考试科目数"可以使用COUNT()函数，此函数对参数指定的单元格区域内数值型单元格进行计数。

① 在C3单元格中输入公式"=COUNT(F3:L3)。"也可以单击按钮输入公式。操作方法：单击C3单元格，单击"自动求和"按钮中的"计数"功能，如图4-72所示，弹出图4-73所示的公式，因为C3单元格的右侧单元格为空，默认计数的数据范围为A3:B3单元格区域，且公式中"A3:B3"为选中的编辑状态，可以通过选择其他单元格区域另外指定计数的数据区域，单击第一个成绩所在的单元格F3，按住Shift键的同时单击此行成绩区域的最后一个单元格L3，即可选中此行所有成绩的单元格区域"F3:L3"，C3单元格中的公式显示为"=COUNT(F3:L3)"，如图4-74所示。

图4-72 单击"计数"按钮

图4-73 COUNT的默认参数

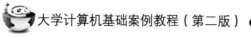

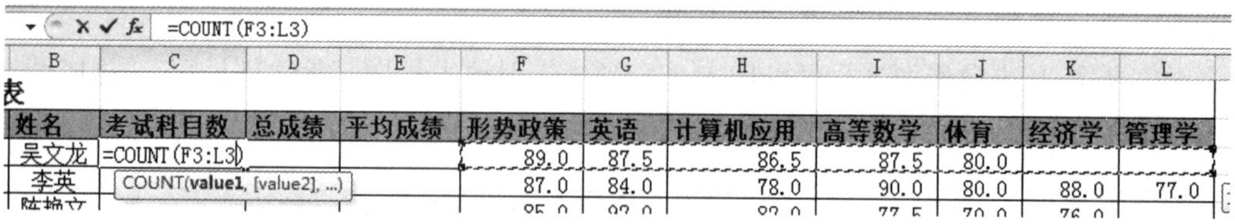

B	C	D	E	F	G	H	I	J	K	L
表										
姓名	考试科目数	总成绩	平均成绩	形势政策	英语	计算机应用	高等数学	体育	经济学	管理学
吴文龙	=COUNT(F3:L3)			89.0	87.5	86.5	87.5	80.0		
李英	COUNT(value1, [value2], ...)			87.0	84.0	78.0	90.0	80.0	88.0	77.0
陈梅文				85.0	93.0	83.0	77.5	70.0	76.0	

图 4-74 设置好参数的 COUNT 函数

② 设置好参数后按 Enter 键确认计算。

③ C3 单元格的考试科目数计算完成后，可以通过拖动填充柄的方式对公式进行复制，完成其余学生考试科目数的填充。

（3）"总成绩"和"平均成绩"的计算

计算 "总成绩" 可以使用 SUM()函数，此函数对参数指定的单元格区域求总和。

① 在 D3 单元格中输入公式 "=SUM(F3:L3)。"

② "总成绩"的计算也可以使用"自动求和"按钮来实现。选择单元格区域"F3:L3"作为公式的参数，D3 单元格的公式为 "=SUM(F3:L3)"，按 Enter 键确认公式。

计算 "平均成绩" 可以使用 AVERAGE()函数，此函数对参数指定的单元格区域求平均值。

① 在 E3 单元格中输入公式 "=AVERAGE(F3:L3)。"

② "平均成绩"的计算也可以使用 "自动求和" 按钮中的 "平均值" 来实现。如图 4-72 所示，选择单元格区域 "F3:L3" 作为公式的参数，D3 单元格的公式为 "=AVERAGE(F3:L3)"，按 Enter 键确认公式。

③ E3 单元格的平均成绩计算完成后，通过拖动填充柄的方式对公式进行复制。

④ 按 Ctrl+S 组合键保存工作簿。

说明："自动求和"下拉列表中的"最大值"选项对应 MAX()函数，"最小值"选项对应 MIN()函数，分别求参数指定的单元格区域的最大值和最小值。

3. 学生成绩的分析

学生成绩表创建完成后，需要对表中的学生成绩进行统计分析，主要的统计分析包括如下几个方面：

① 每个学生所有课程的平均成绩要进行等级划分，如要求平均成绩 85 分以上为 "优秀"，75 分以上为 "良好" 等。

② 要对学生依照考试成绩的总成绩进行排名。

③ 计算每个学生的及格率。

（1）平均成绩的等级划分

在 "平均成绩" 列后面增加 "等级" 列，判断学生的平均成绩等级：平均成绩大于等于 85 为 "优秀"、大于等于 75 小于 85 为 "良好"，大于等于 60 小于 75 为 "及格"，其余为不及格。

本案例中涉及了条件函数 IF 的使用。

条件函数 IF 的功能是执行真假值判断，根据逻辑计算的真假值，返回不同的结果。

语法格式：IF(条件表达式,如果真…,如果假…)

其中，条件表达式是一个计算结果为 TRUE 或 FALSE 的任意值或表达式；"如果真…"代表的是条件表达式为 TRUE 时函数返回的值；"如果假…"代表的是条件表达式为 FALSE 时函数返回的值。

例如，图 4-75 所示为判断单元格 A1 中的数据是否是正数（大于等于 0），应该输入公式"=IF(A1>=0,"正数","负数")"。

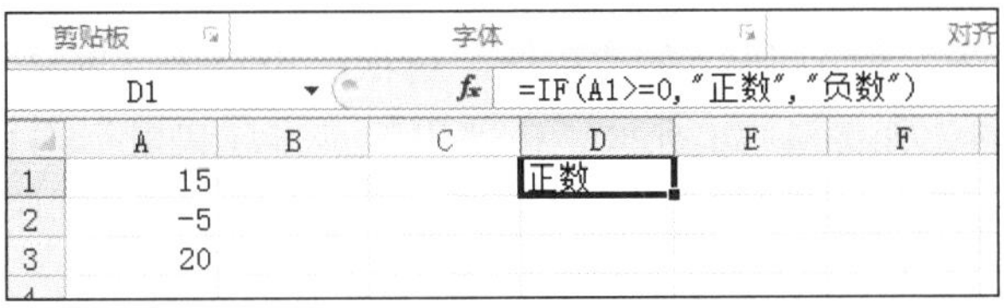

图 4-75　IF 函数的使用

本案例的具体操作如下：

① 右击"平均成绩"列的下一列 F 列，在弹出的快捷菜单中选择"插入"命令，在"平均成绩"列后面插入一个空列。

② 输入标题"等级"。

③ 在 F3 单元格中输入公式"=IF(E3>=85,"优秀",IF(E3>=75,"良好",IF(E3>=60,"及格","不及格")))"并按 Enter 键，其中 E3 是"平均成绩"所在的单元格。公式输入后效果如图 4-76 所示。

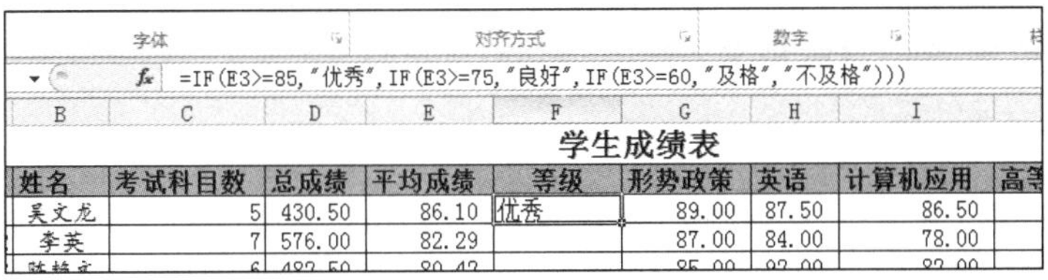

图 4-76　"等级"字段的计算

④ 填充公式至 F9 单元格，即可评定出每个学生平均成绩的等级，如图 4-77 所示。

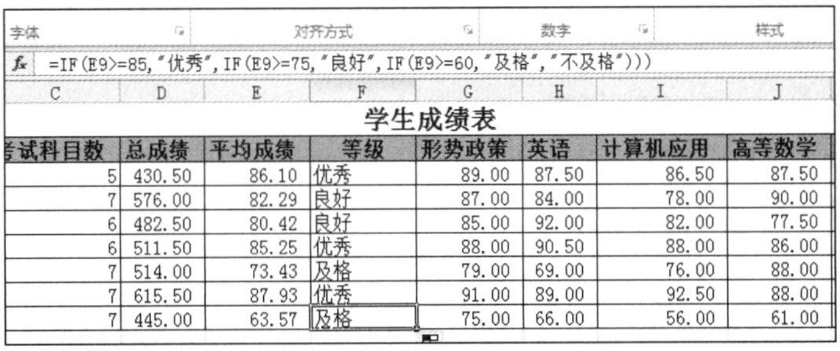

图 4-77　"等级"字段的填充效果

（2）依照考试成绩的总成绩对学生进行排名

对总成绩进行排名有两种方法：第一种是通过排序操作，第二种是通过 RANK() 函数。

第一种排名方法：排序。

① 增加"排名"列数据。右击"平均成绩"列所在 E 列的列标，在弹出的快捷菜单中选择"插入"命令，在"总成绩"列后面增加空白列。

② 为新增加的列输入标题"排名"。

③ 单击"总成绩"列 D 列，在"数据"选项卡中单击"降序"按钮，按总成绩由大到小的顺序排列，如图 4-78 所示。在弹出的"排序提醒"对话框（见图 4-79）中选择"扩展选定区域"单选按钮，单击"排序"按钮，完成排序。

图 4-78　降序排序　　　　　　　　图 4-79　"排序提醒"对话框

④ 在 E3 单元格中输入"1"，填充数据到 E9 单元格，设置填充方式为"填充序列"，如图 4-80 所示，完成排名。

学号	姓名	考试科目数	总成绩	排名	平均成绩	等级	形势政策	英语	计算机应用	高等数学	体育	经济学	管理学
20104155806	乔雅茹	7	615.50	1	87.93	优秀	91.00	89.00	92.50	88.00	85.00	88.00	82.00
20104155802	李英	7	576.00	2	82.29	良好	87.00	84.00	78.00	90.00	80.00	80.00	77.00
20104155805	赵阁	7	514.00	3	73.43	及格	79.00	69.00	76.00	88.00	80.00	58.00	64.00
20104155804	毕亚楠	6	511.50	4	85.25	优秀	88.00	90.50	88.00	86.00	80.00		79.00
20104155803	陈艳文	6	452.00	5	75.33	良好	54.50	92.00	82.00	77.50	70.00	76.00	
20104155807	杜雪梅	7	445.00	6	63.57	及格	75.00	66.00	56.00	61.00	60.00	72.00	55.00
20104155801	吴文龙	5	430.50	7	86.10	优秀	89.00	87.50	86.50	87.50	80.00		

图 4-80　总成绩排名效果图

第二种排名方法：RANK() 函数。

对于排名操作，Excel 2010 中提供了 RANK() 函数。其用法是返回某数字在一列数字中相对于其他数值的大小排名。

RANK() 函数的语法格式：RANK (Number,Ref,Order)

其中，Number 是要查找排名的数字；Ref 是查找排名的范围，可以是一组数或一个数据列表，其中非数字值将被忽略；Order 为排名的方式，如果为 0 或省略，为降序排名；如为非零的值，则升序排名。

如图 4-77 所示的"学生成绩表",按照"总成绩"由高到低进行排名,则应该在"排名"字段 E3 单元格输入函数=RANK(D3,$D$3:$D$9,0),如图 4-81 所示。

	E3			fx	=RANK(D3, $D$3:$D$9, 0)						
	A	B	C	D	E	F	G	H	I	J	K
1						学生成绩表					
2	学号	姓名	考试科目数	总成绩	排名	平均成绩	等级	形势政策	英语	计算机应用	高等数
3	20104155801	吴文龙	5	430.50	7	86.10	优秀	89.00	87.50	86.50	87.

图 4-81 RANK()函数

RANK()函数的第一个参数是待排序的数值,所以是总成绩单元格 D3。每个学生的总成绩都不同,所以使用的是相对地址引用。

RANK()函数的第二个参数是查找的范围,所有学生的排名范围都是本表中的"总成绩"列,所以这个范围要使用绝对地址引用$D$3:$D$9。

第三个参数设置为 0,便可实现降序排名的操作。

最后通过填充柄复制函数到所有"排名"单元格中,结果如图 4-82 所示。

	E3			fx	=RANK(D3, $D$3:$D$9, 0)								
	A	B	C	D	E	F	G	H	I	J	K	L	M	N
1						学生成绩表								
2	学号	姓名	考试科目数	总成绩	排名	平均成绩	等级	形势政策	英语	计算机应用	高等数学	体育	经济学	管理学
3	20104155801	吴文龙	5	430.50	7	86.10	优秀	89.00	87.50	86.50	87.50	80.00		
4	20104155802	李英	7	576.00	2	82.29	良好	87.00	84.00	78.00	90.00	80.00	80.00	77.00
5	20104155803	陈艳文	6	452.00	5	75.33	良好	54.50	92.00	82.00	77.50	70.00	76.00	
6	20104155804	毕亚楠	6	511.50	4	85.25	优秀	88.00	90.50	88.00	86.00	80.00		79.00
7	20104155805	赵闯	7	514.00	3	73.43	及格	79.00	69.00	76.00	88.00	80.00	58.00	64.00
8	20104155806	乔雅茹	7	615.50	1	87.93	优秀	91.00	89.00	92.50	88.00	85.00	88.00	82.00
9	20104155807	杜雪梅	7	445.00	6	63.57	及格	75.00	66.00	56.00	61.00	60.00	72.00	55.00

图 4-82 按"总成绩"降序排名

(3)计算每个学生的及格率

① 增加"及格率"列。右击"总成绩"列,在弹出的快捷菜单中选择"插入"命令,在"考试科目数"列后面增加空白列。

② 为新增加的列输入标题"及格率"。

③ 计算及格率。及格率的计算公式应该是"及格科目数/考试科目数"。所以需要通过函数计算出每个学生的"及格科目数",这个计算需要使用到函数 COUNTIF()。

条件计数函数 COUNTIF()的功能是计算指定区域中满足给定条件的单元格个数。

语法格式:COUNTIF(区域,条件)。

其中,"区域"是指需要计算其中满足条件的单元格数目的单元格区域;"条件"是确定哪些单元格将被计算在内的条件,其形式可以为数字、表达式或文本,如"<60",表示值小于 60。

本案例中"及格科目数"的计算应该是公式 COUNTIF(I3:O3,">=60"),统计在 I3到 O3 单元格区域中成绩>=60 的科目数。

及格率列的第一个单元格中输入的公式为=COUNTIF(I3:O3,">=60")/C3,即及格科目数/考试科目数,结果为及格率,图 4-83 所示。

向下拖动 D3 单元格的填充柄，就可以计算出所有学生的及格率。设置"及格率"列的格式为"百分比"，保留一位小数，最终结果如图 4-84 所示。

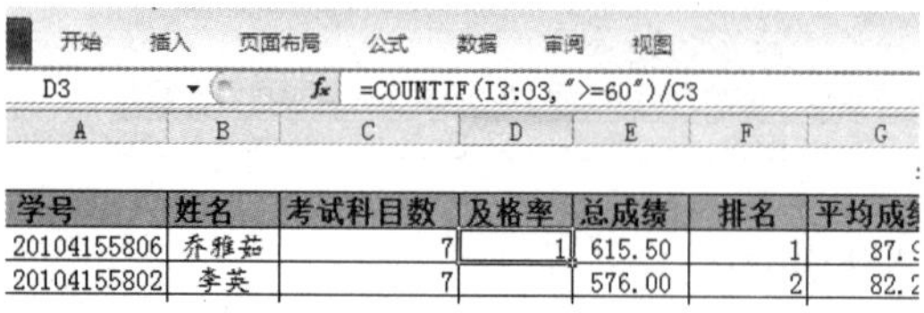

图 4-83　及格率的计算公式

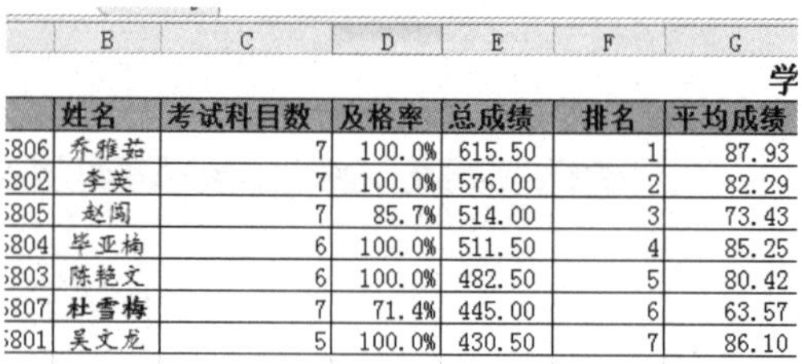

图 4-84　及格率百分比显示

与 COUNTIF() 类似的，Excel 2010 中还提供了 SUMIF() 函数。其用法是根据指定条件对若干单元格、区域或引用求和。

SUMIF() 函数的语法格式：SUMIF(range,criteria,sum_range)
其中，range 为条件区域，是用于条件判断的单元格区域。criteria 是求和条件，由数字、逻辑表达式等组成判定条件，为确定哪些单元格将被相加求和的条件，其形式可以为数字、表达式或文本。例如，条件可以表示为 32、"32"或">32"。sum_range 为实际求和区域，即需要求和的单元格、区域或引用。当省略第 3 个参数时，则条件区域就是实际求和区域。只有在区域中相应的单元格符合条件的情况下，sum_range 中的单元格才求和。

如图 4-85 所示的成绩表，如果只计算考试及格的科目的总成绩，则需要使用 SUMIF() 函数。在总成绩单元格中输入函数 "=SUMIF(H8:N8,">=60",H8:N8)"。

① SUMIF() 函数的第一个参数是条件区域，所以引用单元格区域 H8:N8。因为每个学生的条件区域都不一样，所以这里要使用相对地址引用。如每次判断的条件区都相同，则需要使用绝对地址引用。

② SUMIF() 函数的第二个参数是条件，因为只统计"考试及格的科目"，所以条件为 ">=60"。

③ SUMIF() 函数的第三个参数是求和区域，因为计算总成绩，所以求和区域也是 H8:N8。这里也可以省略第三个参数。

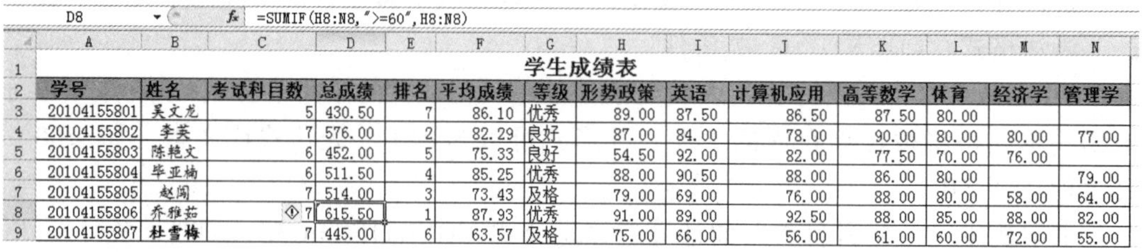

图 4-85　SUMIF() 函数

4. 条件格式的使用

为了更突出显示每个学生不及格的科目及分数，可以为不及格的项设置突出显示的条件格式。

设置考试成绩不及格的科目背景颜色为灰色，文字颜色为红色，这样在查看和打印时会突出显示这些不及格的成绩。

① 选中"形势政策"列的数据单元格。

② 在"开始"选项卡中单击"条件格式"按钮，在图 4-86 所示的下拉列表中选择"突出显示单元格规则"下的"小于"选项。

③ 弹出图 4-87 所示的条件格式设置对话框中，把条件值设置为 60，因为预设格式中没有本案例要求的格式，所以选择"自定义格式"选项。

④ 弹出"设置单元格格式"对话框，按照题目要求对文字颜色和填充进行设置，如图 4-88 所示。

⑤ 为每个成绩列设置条件格式，最终效果如图 4-89 所示。

5. 隐藏不需要的列

在数据表中，如"考试科目数"列数据暂时不需要显示，则可以先隐藏此列数据。

隐藏数据列的方法是右击"考试科目数"所在 C 列的列标，在弹出的快捷菜单中选择"隐藏"命令。

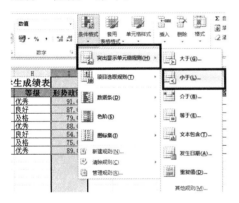

图 4-86 选择"小于"命令

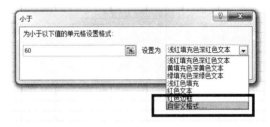

图 4-87 "小于"对话框

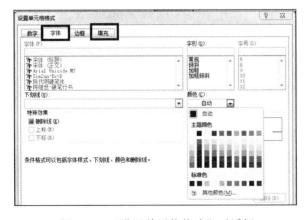

图 4-88 "设置单元格格式"对话框

学生成绩表														
学号	姓名	考试科目数	及格率	总成绩	排名	平均成绩	等级	形势政策	英语	计算机应用	高等数学	体育	经济学	管理学
20104155806	乔雅茹	7	100.0%	615.50	1	87.93	优秀	91.00	89.00	92.50	88.00	85.00	88.00	82.00
20104155802	李英	7	100.0%	576.00	2	82.29	良好	87.00	84.00	78.00	90.00	80.00	80.00	77.00
20104155805	赵阔	7	85.7%	514.00	3	73.43	及格	79.00	69.00	76.00	88.00	80.00	58.00	64.00
20104155804	华亚楠	6	100.0%	511.50	4	85.25	优秀	88.00	90.50	88.00	86.00	80.00		79.00
20104155803	陈艳文	6	83.3%	452.00	5	75.33	良好	54.50	92.00	82.00	77.50	70.00	76.00	
20104155807	杜雪梅	7	71.4%	445.00	6	63.57	及格	75.00	66.00	56.00	61.00	60.00	72.00	55.00
20104155801	吴文龙	5	100.0%	430.50	7	86.10	优秀	89.00	87.50	86.50	87.50	80.00		

图 4-89　条件格式设置效果

案例实训

（1）设计图 4-90 所示的数据表，统计其中红色标注。

（2）在图 4-90 的数据源上添加排名和录取情况列，如图 4-91 所示，对数据进行排序、排名和录取情况的分析。

① 对学生的总分进行排名（使用 RANK()函数）。

② 对总分从高分到低分进行排序。

③ 对总分高于和等于 150 的同学设置"录取"，小于 150 分的同学设置"不录取"。

学号	姓名	性别	数学	语文	总分
20101001	关俊秀	男	78	91	
20101002	张勇	男	88	86	
20101003	王小艺	女	62	55	
20101004	李加明	男	56	78	
20101005	罗文化	女	77	70	
20101006	何福建	男	缺考	92	
20101007	曾宝珠	女	90	68	
20101008	邹凡	男	87	86	
20101009	余群利	男	76	94	
平均分					
参加考试人数					
合格人数					
合格率					
最高分					
最低分					

图 4-90　数据表

学号	姓名	性别	数学	语文	总分	排名	录取情况
20101001	关俊秀	男	78	91	169		
20101002	张勇	男	88	86	174		

图 4-91　添加字段后的数据表

（3）创建职工工资表，如图 4-92 所示，并分别完成如下功能：

① 计算职工的工龄（通过入职时间计算）。

② 计算预扣基金：工资为 4 000 元及以上，预扣基金为应发工资的 20%；工资为 3 000 元及以上，预扣基金为应发工资的 15%；其余预扣基金为应发工资的 10%。

③ 计算每个职工的实发工资。

	A	B	C	D	E	F	G	H
1				职工工资表				
2	序号	姓名	部门	入职时间	工龄	应发工资	预扣基金	实发工资
3	51001	艾晓群	工程部	2008/1/10		3450		
4	51002	陈美华	工程部	2001/2/6		5700		
5	51003	关汉瑜	办公室	2004/6/21		3520		
6	51004	梅松军	工程部	1987/7/9		6900		
7	51005	蔡学敏	技术部	2002/4/12		5680		
8	51006	林淑仪	办公室	2000/3/4		4790		
9	51007	曲俊杰	办公室	2007/6/1		2470		
10	51008	王玉强	工程部	1998/9/6		4700		
11	51009	黄佐佐	技术部	1982/12/1		7200		
12	51010	朋小林	办公室	2002/6/5		4680		

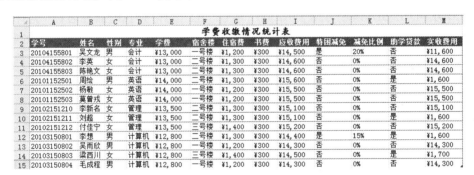

图 4-92 职工工资表

4.6 【案例 6】制作学费收缴情况统计表

案例内容

张峰作为辅导员需要计算学生每一学年应该缴纳的学费，学生学费项目包括学费、住宿费和书费 3 项。不同的专业学费不一样，如果是贫困学生学校会予以一定的学费减免，如办理助学贷款，则学费的收缴由银行转账完成，不需要学生自行缴纳；住宿费也会根据不同条件的宿舍楼而有所不同；书费统一预交 300 元。最终完成的学费收缴情况统计表如图 4-93 所示。

	A	B	C	D	E	F	G	H	I	J	K	L	M
1						学费收缴情况统计表							
2	学号	姓名	性别	专业	学费	宿舍楼	住宿费	书费	应收费用	特困减免	减免比例	助学贷款	实收费用
3	20104155801	吴文龙	男	会计	¥13,000	一号楼	¥1,200	¥300	¥14,500	是	20%	否	¥11,600
4	20104155802	李英	女	会计	¥13,000	二号楼	¥1,300	¥300	¥14,600	否	0%	否	¥14,600
5	20104155803	陈艳文	女	会计	¥13,000	二号楼	¥1,300	¥300	¥14,600	否	0%	否	¥14,600
6	20101152501	周绘	男	英语	¥14,000	二号楼	¥1,300	¥300	¥15,600	否	0%	是	¥1,600
7	20101152502	杨敏	女	英语	¥14,000	一号楼	¥1,200	¥300	¥15,500	否	0%	否	¥15,500
8	20101152503	莫曾戎	女	英语	¥14,000	一号楼	¥1,200	¥300	¥15,500	否	0%	否	¥15,500
9	20102151210	李新名	女	管理	¥13,500	二号楼	¥1,300	¥300	¥15,100	否	0%	否	¥15,100
10	20102151211	刘超	女	管理	¥13,500	二号楼	¥1,300	¥300	¥15,100	否	0%	是	¥1,600
11	20102151212	付佳宁	女	管理	¥13,500	三号楼	¥1,400	¥300	¥15,200	否	0%	否	¥15,200
12	20103150801	李想	男	计算机	¥12,800	二号楼	¥1,300	¥300	¥14,400	是	15%	是	¥1,600
13	20103150802	吴雨欣	男	计算机	¥12,800	一号楼	¥1,200	¥300	¥14,300	否	0%	否	¥14,300
14	20103150803	梁西川	女	计算机	¥12,800	三号楼	¥1,400	¥300	¥14,500	否	0%	是	¥1,700
15	20103150804	毛成程	男	计算机	¥12,800	一号楼	¥1,200	¥300	¥14,300	否	0%	否	¥14,300

图 4-93 学费收缴情况统计表

案例中的知识点

- 掌握 VLOOKUP()函数的使用。
- 掌握 IF()函数的应用。
- 掌握查找与替换功能。

案例讲解

1. 学费收缴情况统计表的创建

（1）创建“学费收缴情况统计表”

① 按 Ctrl+O 组合键，选择“学生基本信息表”工作簿，打开源数据工作簿，把

工作表标签修改为"学费收缴情况统计表"

② 按 F12 键，在打开的"另存为"对话框中，输入新工作簿名"学费收缴情况统计表.xlsx"。

（2）调整和添加列标题并设置格式

① 保留学生基本信息表中"学号""姓名""性别""专业"4 个列，其他列数据删除。

② 在"专业"列后面依次添加新的列标题："学费""宿舍楼""住宿费""书费""应收费用""特困减免""减免比例""助学贷款""实收费用"。

③ 设置整个表格的自动套用格式。

2. 利用 VLOOKUP()函数填写学费列

① 在"学费收缴情况统计表.xlsx"中创建新的工作表"学费基准表"，在"学费基准表"工作表中保存图 4-94 所示的学费标准。

② 借助 VLOOKUP()函数计算各专业的学费。

VLOOKUP()函数的功能是：在数组的首列查找指定的数值，返回该数值所在行中指定列处的值。

VLOOKUP()函数的格式为：VLOOKUP(待查找指定值,数组范围,指定列编号,[是否精确匹配])。

例如，有图 4-95 所示的"销售物品表"，在单位列的 E2 单元格中输入函数：VLOOKUP(B2,$D$14:$G$18,2,0)，其中参数"B2"为待查找的品种名称"打印纸"；参数"$D$14:$G$18"为待查找的数组范围；参数"2"指定了返回的是第二列的数据；最后一个参数"0"指明为"精确查找"。该函数完成的功能为在指定区域内精确查找"打印纸"所在的行，并返回该行中的第二列数据"盒"。

	A	B
1	专业	学费
2	会计	13000
3	英语	14000
4	管理	13500
5	计算机	12800
6	金融	14000
7	信息	13200

图 4-94　学费基准表

图 4-95　销售物品表

③ 本案例中，要计算不同专业学生的学费，可以使用 VLOOKUP()函数在学费基准表中进行查找。

在 E3 单元格中输入公式"=VLOOKUP(D3,学费基准表!$A$1:$B$7,2,0)"，按 Enter 键确认函数输入，如图 4-96 所示。

④ 使用填充柄，完成所有学生的学费计算。

注意：在 VLOOKUP()函数中，第二个参数"数组范围"通常需要采用绝对地址引用，以保证数组区域不变，得到正确的结果。

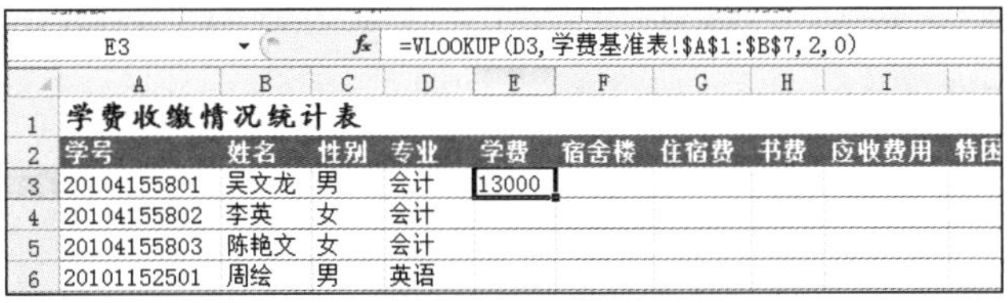

图 4-96 输入学费列的 VLOOKUP 函数

3. 利用 IF() 函数填写住宿费列

根据学生宿舍楼的不同，住宿费用是不一样的，所以首先输入每个学生的宿舍楼信息，然后利用 IF() 函数对宿舍楼进行判定，计算出每个学生的住宿费。

（1）宿舍楼信息的输入

① 为每个学生填写宿舍楼信息。使用数据有效性对宿舍楼的输入进行限定，避免错误输入。

选中 F3:F15 单元格，单击"数据"选项卡"数据工具"组中的"数据有效性"按钮，在下拉列表中选择"数据有效性"命令（见图 4-97），弹出"数据有效性"对话框，选择其中的允许"序列"，并给出序列的来源，如图 4-98 所示，单击"确定"按钮。

图 4-97 数据有效性按钮

② 通过选择，为每个学生添加"宿舍楼"信息，如图 4-99 所示。

（2）住宿费的计算

学校对不同宿舍楼有不同的收费标准，本案例采用 IF() 函数嵌套的方式来计算"住宿费"列的数据。

图 4-98 "数据有效性"对话框

图 4-99 宿舍楼的输入

① 在 G3 单元格输入函数 "=IF(F3 = "一号楼",1200,IF(F3 = "二号楼",1300,1400))"，如图 4-100 所示。

G3			f_x	=IF(F3 = "一号楼",1200,IF(F3 = "二号楼",1300,1400))					
	A	B	C	D	E	F	G	H	I	J
1							学费收缴情况统计表			
2	学号	姓名	性别	专业	学费	宿舍楼	住宿费	书费	应收费用	特困减免
3	20104155801	吴文龙	男	会计	13000	一号	1200			
4	20104155802	李英	女		13000	二号楼				

图 4-100　住宿费的计算公式

② 利用填充柄为所有学生计算 "住宿费"。

4. 计算应收费用和实收费用列

① 填写默认收取的 "书费" 300 元，利用 SUM()函数计算应收费用。应收费用=学费+住宿费+书费，所以在 I3 单元格输入函数：SUM(E3,G3,H3)。或者直接输入公式：=E3+G3+F3，如图 4-101 所示，都可以完成应收费用的计算，然后使用填充柄填充所有学生的应收费用。

SUM			f_x	=E3+G3+F3				
	A	B	C	D	E	F	G	H	I
1							学费收缴情况统计表		
2	学号	姓名	性别	专业	学费	宿舍楼	住宿费	书费	应收费用	特困
3	20104155801	吴文龙	男	会计	13000	一号楼	1200	300	=E3+G3+F3
4	20104155802	李英	女	会计	13000	二号楼	1300	300	

图 4-101　计算应收费用

② 根据学生的实际情况和学校的规定填写好 "特困减免" "减免比例" "助学贷款" 3 列的信息，它们将影响整个 "实收费用" 列的计算结果。各列的信息如图 4-102 所示。

	A	B	C	D	E	F	G	H	I	J	K	L	M
1							学费收缴情况统计表						
2	学号	姓名	性别	专业	学费	宿舍楼	住宿费	书费	应收费用	特困减免	减免比例	助学贷款	实收费用
3	20104155801	吴文龙	男	会计	13000	一号楼	1200	300	14500	是	20%	否	
4	20104155802	李英	女	会计	13000	二号楼	1300	300	14600	否	0%	否	
5	20104155803	陈艳文	女	会计	13000	二号楼	1300	300	14600	否	0%	否	
6	20101152501	周绘	男	英语	14000	一号楼	1200	300	15500	否	0%	是	
7	20101152502	杨敏	女	英语	14000	一号楼	1200	300	15500	否	0%	否	
8	20101152503	莫曾戎	女	英语	14000	一号楼	1200	300	15500	否	0%	否	
9	20102151210	李新名	女	管理	13500	二号楼	1300	300	15100	否	0%	否	
10	20102151211	刘超	女	管理	13500	二号楼	1300	300	15100	否	0%	是	
11	20102151212	付佳宁	女	管理	13500	三号楼	1400	300	15200	否	0%	否	
12	20103150801	李想	男	计算机	12800	二号楼	1300	300	14400	是	15%	是	
13	20103150802	吴雨欣	男	计算机	12800	一号楼	1200	300	14300	否	0%	否	
14	20103150803	梁西川	女	计算机	12800	三号楼	1400	300	14500	否	0%	是	
15	20103150804	毛成程	男	计算机	12800	一号楼	1200	300	14300	否	0%	否	

图 4-102　完善数据列

③ 计算 "实收费用" 列。"实收费用" 的计算原则如下：

如果学生的缴费方式为助学贷款，则学校只收取住宿费和书费，学费由银行代为扣缴。如果学生为特困减免学生，则学校收取的所有费用都在原费用基础上减免相应的比例，具体比例按照 "减免比例" 列来计算。

因此，在实收费用列的 M3 单元格中输入公式：=IF(L3="否",I3*(1-K3),(G3+H3)*(1-K3))。

如果"L3="否""的值为"True"，表示该学生不是助学贷款，则收取学费、住宿费和书费，但考虑到有些特困减免政策，所以使用表达式"I3*(1-K3)"，其中"I3"为"应收费用"，"K3"为减免比例。

如果"L3="否""的值为"False"，表示该学生是助学贷款，则学校只收取住宿费和书费，并按比例减免。

④ 通过填充柄将 M3 单元格的公式填充到实收费用列的其他单元格。

计算结果如图 4-103 所示。

图 4-103 实收费用计算

5．查找与替换

学院为了规范管理，将学生的专业名称进行了适当调整，其中"英语"专业调整名称为"商务英语"专业，"计算机"专业调整为"计算机科学与技术"专业，需要教师对学生表格中的所有相关专业信息进行修改。

当数据表中数据较多时，可以使用查找和替换功能来实现单元格内容的定位与修改。

① 单击 A3 单元格，按快捷键 Ctrl+A 选中整个数据区域，单击"开始"选项卡"编辑"组中的"查找和选择"按钮，在展开的下拉菜单中选择"替换"命令，如图 4-104 所示，弹出"查找和替换"对话框，在"查找内容"文本框中输入"英语"，在"替换为"文本框中输入"商务英语"，如图 4-105 所示，单击"全部替换"按钮，即可实现将表格中所有的"英语"替换为"商务英语"。替换后的效果如图 4-106 所示。

图 4-104 选择"替换"命令

图 4-105 "查找和替换"对话框

② 在图 4-106 中的学费列出现了错误提示信息，因为学费列使用的 VLOOKUP() 函数在数组查找范围"学费基准表"中没有对应的"商务英语"专业，因此还需要到"学费基准表"中修改"英语"专业为"商务英语"专业，保证数据的一致性。修改后，表格中的"学费"便可正常计算显示了，如图 4-107 所示。

	A	B	C	D	E	F	G	H
1						学费收缴情况统		
2	学号	姓名	性别	专业	学费	宿舍楼	住宿费	书
3	20104155801	吴文龙	男	会计	13000	一号楼	1200	3
4	20104155802	李英	女	会计	13000	一号楼	1300	3
5	20104155803	陈艳文	女	会计	13000			3
6	20101152501	周绘	男	商务英语	#N/A	一号楼	1200	3
7	20101152502	杨敏	女	商务英语	#N/A	一号楼	1200	3
8	20101152503	莫曾戎	女	商务英语	#N/A	一号楼	1200	3
9	20102151210	李新名	女	管理	13500	二号楼	1300	3

图 4-106 用"商务英语"替换"英语"

学号	姓名	性别	专业	学费	宿舍楼	住1
20104155801	吴文龙	男	会计	13000	一号楼	
20104155802	李英	女	会计	13000	二号楼	
20104155803	陈艳文	女	会计	13000	二号楼	
20101152501	周绘	男	商务英语	14000	一号楼	
20101152502	杨敏	女	商务英语	14000	一号楼	
20101152503	莫曾戎	女	商务英语	14000	一号楼	
20102151210	李新名	女	管理	13500	一号楼	

图 4-107 调整后的学费列

③ "计算机"专业改为"计算机科学与技术"专业的方法同上。

④ 如果只执行"查找"功能，只要单击"开始"选项卡"编辑"组中的"查找和选择"按钮，在展开的下拉菜单中选择"查找"命令，在"查找"对话框中操作即可。

案例实训

① 创建图 4-108 所示的"商品销售情况表"和图 4-109 所示的"商品信息表"，通过 VLOOKUP() 函数完成"商品销售表"中"单位""进货价""销售价"的填充，并计算"利润"列（销售价–进货价）和"销售额"列（利润×销售数量）。

	A	B	C	D	E	F	G	H	I
1	季度	品种名称	销售人员	销售数量	单位	进货价	销售价	利润	销售额
2	一季度	打印纸	张三	300					
3	一季度	笔记本	李四	2300					
4	一季度	打孔机	王五	60					
5	一季度	放大尺	王五	45					
6	一季度	传真纸	李四	560					
7	二季度	笔记本	王五	4000					
8	二季度	放大尺	张三	60					
9	二季度	打孔机	李四	80					
10	二季度	打印纸	张三	400					
11	二季度	传真纸	李四	650					

图 4-108 商品销售情况表

② 某贸易有限公司对应聘人员进行"能力测试""英文测试""技能测试"3 部分测试，并对成绩表进行分析，应聘人员每门所得分数均高于对应的平均分时，才能通过考试，源数据如图 4-110 所示。用公式计算 3 门考核内容的平均分，计算"笔试总成绩"和"是否通过"两列数据，并统计通过人数。

	A	B	C	D	E
1	品种名称	单位	进货价	销售价	
2	放大尺	把	6	8	
3	笔记本	本	2	3	
4	打孔机	台	15	20	
5	打印纸	盒	60	70	
6	传真纸	筒	3	4	
7					

图 4-109　商品信息表

	A	B	C	D	E	F	G
1			XX公司应聘成绩表				
2	序号	姓名	能力测试	英语测试	技能测试	笔试总成绩	是否通过
3	1	艾晓群	50	25	25		
4	2	陈美华	37	22	24		
5	3	关汉瑜	43	21	25		
6	4	梅松军	37	19	22		
7	5	蔡学敏	40	18	23		
8	6	林湫仪	44	19	24		
9	7	曲俊杰	35	13	21		
10	8	王玉强	48	16	20		
11	9	黄佐佐	42	15	16		
12	10	朋小林	32	14	17		
13		平均分					通过人数

图 4-110　应聘成绩表

4.7　【案例 7】掌握学生成绩的筛选、排序与汇总

案例内容

为了提高教学质量，找到教学环节的薄弱之处，辅导员张峰要对各个专业学生的专业课程成绩进行筛选、汇总和分析。图 4-111 所示为计算机科学与技术专业学生的专业课成绩表。

	A	B	C	D	E	F	G	H	I
1	班级	学号	姓名	性别	C语言	数据结构	计算机网络	Java语言	平均分
2	计算机科学1班	20103140101	李想	男	92	93	88	90	90.8
3	计算机科学1班	20103140102	吴雨欣	男	83	84	76	84	81.8
4	计算机科学1班	20103140103	梁西川	女	72	72	78	78	75.0
5	计算机科学1班	20103140104	毛成程	男	66	70	64	75	68.8
6	计算机科学1班	20103140105	史晓庆	女	72	85	82	62	75.3
7	计算机科学1班	20103140106	王昭宇	女	88	91	93	89	90.3
8	计算机科学1班	20103140107	韩爱平	男	71	68	86	73	74.5
9	计算机科学1班	20103140108	张伟	男	90	85	78	88	85.3
10	计算机科学1班	20103140109	周欢	男	58	75	88	52	68.3
11	计算机科学2班	20103140201	许鸣文	女	88	92	70	84	83.5
12	计算机科学2班	20103140202	石娟	男	91	76	82	77	81.5
13	计算机科学2班	20103140203	李一	女	82	72	64	69	71.8
14	计算机科学2班	20103140204	佘婷婷	女	80	87	88	87	85.5
15	计算机科学2班	20103140205	陈芳	男	80	76	78	64	74.5
16	计算机科学2班	20103140206	何惠	男	85	50	76	80	72.8
17	计算机科学2班	20103140207	陈威	女	72	73	87	80	78.0

图 4-111　计算机科学与技术专业的专业课成绩

案例中的知识点

- 掌握根据指定条件筛选结果的操作。
- 掌握排序功能的使用。
- 掌握使用分类汇总功能分组统计数据。

案例讲解

1. 利用筛选功能选择满足指定条件的数据

根据成绩分析的需要，需对课程考核原始成绩按班级、性别进行筛选，以及根据

考试成绩的平均分按 90 分以上、80～89 分、小于 80 分 3 个分数段进行筛选。

（1）自动筛选功能

① 本次筛选要求选取"计算机科学 1 班"的"女"生成绩进行查看，需要使用到数据的筛选功能。

筛选是常用的数据操作。若对数据筛选无特殊条件要求，只须选择"数据"选项卡，单击"筛选"按钮，即可开启数据表的筛选功能，各列标题即出现下拉按钮，如图 4-112 所示。

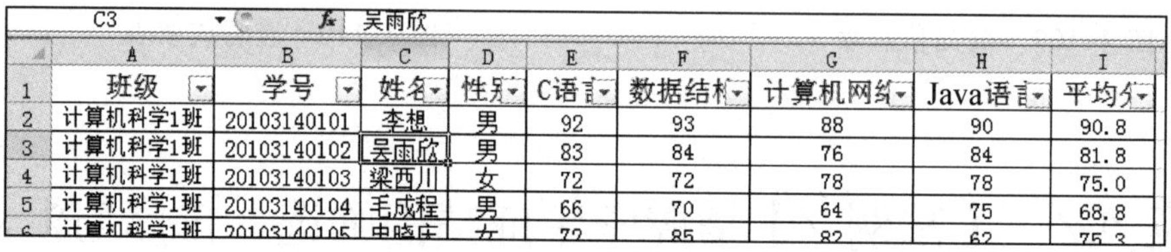

	A	B	C	D	E	F	G	H	I
1	班级	学号	姓名	性别	C语言	数据结构	计算机网络	Java语言	平均分
2	计算机科学1班	20103140101	李想	男	92	93	88	90	90.8
3	计算机科学1班	20103140102	吴雨欣	男	83	84	76	84	81.8
4	计算机科学1班	20103140103	梁西川	女	72	72	78	78	75.0
5	计算机科学1班	20103140104	毛成程	男	66	70	64	75	68.8
6	计算机科学1班	20103140105	史晓庆	女	72	85	82	62	75.3

图 4-112　筛选功能按钮

a. 单击"班级"标题下拉按钮展开筛选菜单，可看到"（全选）""计算机科学 1 班""计算机科学 2 班"3 个复选框，若希望仅显示"计算机科学 1 班"的学生成绩信息，在下拉菜单选中"计算机科学 1 班"复选框，取消选中其他复选框即可，如图 4-113 所示。单击"确定"按钮，筛选后的结果如图 4-114 所示。

图 4-113　班级筛选

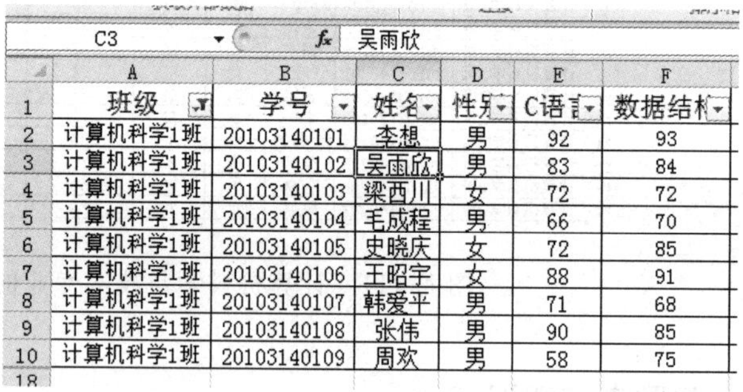

	A	B	C	D	E	F
1	班级	学号	姓名	性别	C语言	数据结构
2	计算机科学1班	20103140101	李想	男	92	93
3	计算机科学1班	20103140102	吴雨欣	男	83	84
4	计算机科学1班	20103140103	梁西川	女	72	72
5	计算机科学1班	20103140104	毛成程	男	66	70
6	计算机科学1班	20103140105	史晓庆	女	72	85
7	计算机科学1班	20103140106	王昭宇	女	88	91
8	计算机科学1班	20103140107	韩爱平	男	71	68
9	计算机科学1班	20103140108	张伟	男	90	85
10	计算机科学1班	20103140109	周欢	男	58	75

图 4-114　"计算机科学 1 班"的筛选结果

b. 筛选完"班级"后，单击"性别"列标题下拉按钮，在展开的菜单可以看到"全部""男""女"等复选框，选中"女"复选框即可。筛选结果如图 4-115 所示。

c. 如果要看到所有学生的信息，即取消当前的筛选，可再次选择"数据"选项卡，单击"筛选"按钮即可。

	A	B	C	D	E	F	G	H	I
1	班级	学号	姓名	性别	C语言	数据结构	计算机网络	Java语言	平均分
4	计算机科学1班	20103140103	梁西川	女	72	72	78	78	75.0
6	计算机科学1班	20103140105	史晓庆	女	72	85	82	62	75.3
7	计算机科学1班	20103140106	王昭宇	女	88	91	93	89	90.3
18									

图 4-115　完成"班级"+"性别"筛选的结果

② 对平均分按分数段筛选。考试成绩的平均分按 90 分及以上、大于等于 80 小于 90 分、小于 80 分 3 个分数段进行筛选。

在图 4-114 所示的按班级筛选了"计算机科学 1 班"的成绩后，再对平均分进行筛选。

a. 单击"平均分"下拉按钮，展开下拉菜单，若要筛选 90 分及以上的学生信息，选择"数字筛选"→"大于或等于"命令，如图 4-116 所示，设置"平均分"筛选值为大于或等于 90 分，如图 4-117 所示。最终筛选结果如图 4-118 所示。

b. 大于等于 80 小于 90 分的学生，可选择"数字筛选"→"介于"命令，弹出"自定义自动筛选方式"对话框，设置筛选值"大于或等于 80 分"，逻辑关系选择"与"，"小于 90 分"，如图 4-119 所示。

c. 筛选小于 80 分的名单，可选择"数字筛选"→"小于"命令，设置筛选值为小于 80 分，如图 4-120 所示。

4-5 数据排序与筛选

图 4-116　选择"大于或等于"命令

图 4-117　设置>=90分的筛选条件

	A	B	C	D	E	F	G	H	I
1	班级	学号	姓名	性别	C语言	数据结构	计算机网络	Java语言	平均分
2	计算机科学1班	20103140101	李想	男	92	93	88	90	90.8
7	计算机科学1班	20103140106	王昭宇	女	88	91	93	89	90.3
18									

图 4-118　平均分大于或等于 90 分的筛选结果

图 4-119 "介于"条件

图 4-120 小于 80 分条件

（2）高级筛选

自动筛选虽然可以快速实现筛选，但不能设置太复杂的条件。因此需要使用高级筛选。高级筛选要求必须在工作表中数据区以外的地方指定一个筛选条件区。条件区的首行必须是各个筛选列的名称，其余行为筛选条件。在高级筛选的条件区设置中必须遵循以下的原则：

① 条件区域数据区之间必须用空白行或空白列分隔。

② 条件区至少有两行，第一行为筛选列的名称，下面的行为筛选条件。

③ "与"关系在条件区中必须出现在同一行。

④ "或关系"在条件区中不能出现在同一行。

例如，图 4-111 所示的"计算机科学与技术专业专业课成绩"表中，要筛选所有"男生"信息和"平均分大于等于 85 分"的学生信息，操作如下：

① 在工作表中数据区以外的位置建立条件区，并输入筛选条件字段，如图 4-121 所示。

② 在"性别"条件区输入条件"男"，在"平均分"条件区输入条件">=85"。如果两个条件在同一行，表示两个条件是"与"关系；如果在不同行，表示是"或"关系。本案例的条件为"或"关系，所以写在不同行，如图 4-122 所示。

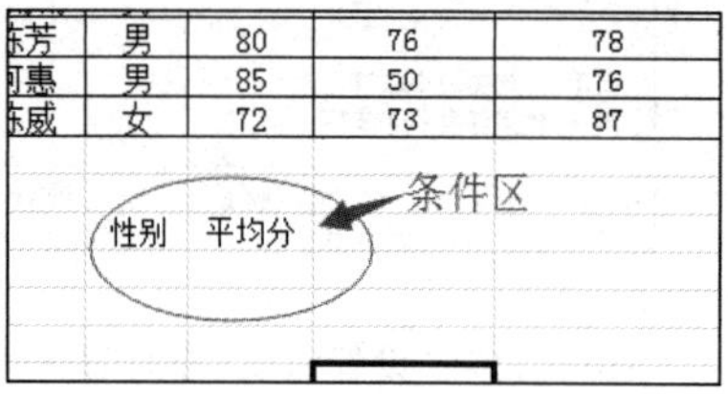

东芳	男	80	76	78
可惠	男	85	50	76
东威	女	72	73	87

条件区

| 性别 | 平均分 |

图 4-121 条件区筛选列

| 或 | 女 | 72 | 73 | 87 |

性别	平均分
男	
	>=85

图 4-122 条件区条件

③ 单击"数据"选项卡"排序和筛选"组中的"高级"按钮，弹出"高级筛选"对话框。分别设置"列表区域"和"条件区域"，如图 4-123 所示。单击"确定"按钮，即可完成筛选，筛选结果如图 4-124 所示。

图 4-123 "高级筛选"对话框

	A	B	C	D	E	F	G	H	I
1	班级	学号	姓名	性别	C语言	数据结构	计算机网络	Java语言	平均分
2	计算机科学1班	20103140101	李想	男	92	93	88	90	90.8
3	计算机科学1班	20103140102	吴雨欣	男	83	84	76	84	81.8
5	计算机科学1班	20103140104	毛成程	男	66	70	64	75	68.8
7	计算机科学1班	20103140106	王昭宇	女	88	91	93	89	90.3
8	计算机科学1班	20103140107	韩爱平	男	71	68	86	73	74.5
9	计算机科学1班	20103140108	张伟	男	90	85	78	88	85.3
10	计算机科学1班	20103140109	周欢	男	58	75	88	52	68.3
12	计算机科学2班	20103140202	石娟	男	91	76	82	77	81.5
14	计算机科学2班	20103140204	佘婷婷	女	80	87	88	87	85.5
15	计算机科学2班	20103140205	陈芳	男	80	76	78	64	74.5
16	计算机科学2班	20103140206	何惠	男	85	50	76	80	72.8

图 4-124 高级筛选的结果

2. 对数据表进行排序

本案例要求按平均分或多个字段分别进行排序。

1）对全部成绩数据按平均分进行排序

（1）在开启筛选功能的前提下

在开启筛选功能的前提下，列标题的下拉列表中包含排序命令，通过选取这些排序命令，可快速实现对应列的升序、降序排序操作。现在要对全部成绩数据按平均分进行排序，仅需单击"平均分"列标题的下拉按钮，如图 4-125 所示。选中"升序"或"降序"选项，整个课程考核成绩数据表即可按平均分进行升序或降序排序。按照平均分"升序"排列的效果如图 4-126 所示。

图 4-125 升序排列

	A	B	C	D	E	F	G	H	I
1	班级	学号	姓名	性别	C语言	数据结构	计算机网络	Java语言	平均分
2	计算机科学1班	20103140109	周欢	男	58	75	88	52	68.3
3	计算机科学1班	20103140104	毛成程	男	66	70	64	75	68.8
4	计算机科学2班	20103140203	李一	女	82	72	64	69	71.8
5	计算机科学2班	20103140206	何惠	男	85	50	76	80	72.8
6	计算机科学1班	20103140107	韩爱平	男	71	68	86	73	74.5
7	计算机科学2班	20103140205	陈芳	男	80	76	78	64	74.5
8	计算机科学1班	20103140103	梁西川	女	72	72	78	78	75.0
9	计算机科学1班	20103140105	史晓庆	女	72	85	82	62	75.3
10	计算机科学2班	20103140207	陈威	女	72	73	87	80	78.0
11	计算机科学2班	20103140202	石娟	男	91	76	82	77	81.5
12	计算机科学1班	20103140102	吴雨欣	男	83	84	76	84	81.8
13	计算机科学2班	20103140201	许鸣文	男	88	92	70	84	83.5
14	计算机科学1班	20103140108	张伟	男	90	85	78	88	85.3
15	计算机科学2班	20103140204	佘婷婷	女	80	87	88	87	85.5
16	计算机科学1班	20103140106	王昭宇	女	88	91	93	89	90.3
17	计算机科学1班	20103140101	李想	男	92	93	88	90	90.8

图 4-126 平均分"升序"排列

（2）在不开启筛选功能的条件下

在不开启筛选功能，列标题没有下拉按钮的情况下，同样可以实现快捷的排序操作。

① 单击"平均分"单元格，使该单元格处于选中状态。

② 选择"数据"选项卡，单击"⬆️"或"⬇️"按钮，如图 4-127 所示，即可实现对"平均分"列的升序、降序

图 4-127 排序按钮

排序。

2）多列数据的组合排序

如图 4-126 所示，按照"平均分"进行"升序"排列后，"班级"信息被打乱，不便于对班级内的学生成绩进行排名。所以需要同时对"班级"和"平均分"两列进行排序操作。

要求所有学生先按"班级"进行"升序"排序，再按照"平均分"进行"降序"排列。

① 单击处于排序区域内的任何一个单元格，然后选择"开始"选项卡，单击"排序和筛选"下拉按钮，在弹出的下拉列表中选择"自定义排序"选项，如图 4-128 所示。或者在"数据"选项卡中单击"排序"按钮，如图 4-129 所示。

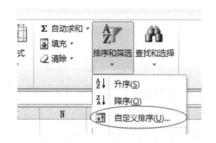
图 4-128　选择"自定义排序"

图 4-129　单击"排序"按钮

② 此时将弹出"排序"对话框。这里将"班级"作为排序的主要排序关键词，将"平均分"作为次要排序关键词。在"排序"对话框中，将"主要关键字"设置为"班级"，"排序依据"为"数值"，"次序"为"升序"；同时单击"添加条件"按钮，新增一个排序条件作为次要排序条件，将"次要关键字"设置为"平均分"，"排序依据"为"数值"，"次序"为"降序"，如图 4-130 所示。设置完成后单击"确认"按钮，此时完成排序。

图 4-130　"排序"对话框

排序后，可以看出，针对"计算机科学 1 班"和"计算机科学 2 班"的所有学生分别按照"平均分"进行了"降序"排列，如图 4-131 所示。

	A	B	C	D	E	F	G	H	I
1	班级	学号	姓名	性别	C语言	数据结构	计算机网络	Java语言	平均分
2	计算机科学1班	20103140101	李想	男	92	93	88	90	90.8
3	计算机科学1班	20103140106	王昭宇	女	88	91	93	89	90.3
4	计算机科学1班	20103140108	张伟	男	90	85	78	88	85.3
5	计算机科学1班	20103140102	吴雨欣	男	83	84	76	84	81.8
6	计算机科学1班	20103140103	梁西川	女	72	72	78	78	75.0
7	计算机科学1班	20103140105	史晓庆	女	72	85	82	61	75.0
8	计算机科学1班	20103140107	韩爱平	男	71	68	86	73	74.5
9	计算机科学1班	20103140104	毛成程	男	66	70	64	75	68.8
10	计算机科学1班	20103140109	周欢	男	58	75	88	52	68.3
11	计算机科学2班	20103140204	佘婷婷	女	80	87	88	87	85.5
12	计算机科学2班	20103140201	许鸣文	女	88	92	70	84	83.5
13	计算机科学2班	20103140202	石娟	男	91	76	82	77	81.5
14	计算机科学2班	20103140207	陈威	女	72	73	87	80	78.0
15	计算机科学2班	20103140205	陈芳	男	80	76	78	64	74.5
16	计算机科学2班	20103140206	何惠	男	85	50	76	80	72.8
17	计算机科学2班	20103140203	李一	女	82	72	64	69	71.8

图 4-131   排序后的结果

3. 使用分类汇总功能分组统计

分类汇总功能是按照数据表格中的某一列字段进行分类，将相同的值归为一类，然后对相同的类进行汇总操作。分类汇总功能起到对数据归类、统计分析等作用。分类汇总要求汇总前必须按汇总字段对数据表进行排序。

按班级对成绩数据进行分类汇总，计算每门课程的平均分：

① 数据的排序。为了确保分类汇总后数据的正确性，需要在进行分类汇总操作前先对数据进行整理。在本案例中，要求按"班级"进行分类汇总，必须按照"班级"进行排序，先将所有成绩记录按每个班级分别聚合在一起。

② 单击处于分类汇总区域内的任意一个单元格，然后选择"数据"选项卡，单击"分类汇总"按钮，如图 4-132 所示，弹出"分类汇总"对话框。

③ 在"分类汇总"对话框的"分类字段"下拉列表中选择"班级"选项，"汇总方式"为"平均值"，在"选定汇总项"列表框中选择"C 语言""数据结构""计算机网络""Java 语言"和"平均分"复选框，其余选项保持默认设置，如图 4-133 所示，单击"确定"按钮后，即可看到图 4-134 所示的分类汇总效果。

图 4-132   单击"分类汇总"按钮

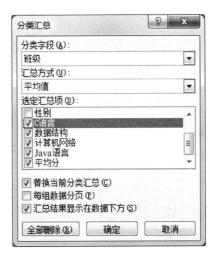

图 4-133   "分类汇总"对话框

	A	B	C	D	E	F	G	H	I
1	班级	学号	姓名	性别	C语言	数据结构	计算机网络	Java语言	平均分
2	计算机科学1班	20103140101	李想	男	92	93	88	90	90.8
3	计算机科学1班	20103140102	吴雨欣	男	83	84	76	84	81.8
4	计算机科学1班	20103140103	梁西川	女	72	72	78	78	75.0
5	计算机科学1班	20103140104	毛成程	男	66	70	64	75	68.8
6	计算机科学1班	20103140105	史晓庆	女	72	85	82	61	75.0
7	计算机科学1班	20103140106	王昭宇	女	88	91	93	89	90.3
8	计算机科学1班	20103140107	韩爱平	男	71	68	86	73	74.5
9	计算机科学1班	20103140108	张伟	男	90	85	78	88	85.3
10	计算机科学1班	20103140109	周欢	男	58	75	88	52	68.3
11	机科学1班 平均值				76.89	80.33	81.44	76.67	78.8
12	计算机科学2班	20103140201	许鸣文	女	88	92	70	84	83.5
13	计算机科学2班	20103140202	石娟	男	91	76	82	77	81.5
14	计算机科学2班	20103140203	李一	女	82	72	64	69	71.8
15	计算机科学2班	20103140204	余婷婷	女	80	87	88	87	85.5
16	计算机科学2班	20103140205	陈芳	男	80	76	78	64	74.5
17	计算机科学2班	20103140206	何惠	男	85	50	76	80	72.8
18	计算机科学2班	20103140207	陈威	女	72	73	87	80	78.0
19	机科学2班 平均值				82.57	75.14	77.86	77.29	78.2
20	总计平均值				79.38	78.06	79.88	76.94	78.6
21									

图 4-134 分类汇总输出结果

 案例实训

① 对图 4-135 所示的数据表，完成如下的筛选操作：

a. 筛选语文成绩高于 80 分的学生。

b. 筛选语文成绩大于 60 且小于 90 分的学生。

c. 筛选语文成绩大于 70 分的学生和所有的女生。

	A	B	C	D	E
1	学号	姓名	性别	数学	语文
2	20101001	关俊秀	男	78	91
3	20101002	张勇	男	88	86
4	20101003	王小艺	女	62	55
5	20101004	李加明	男	56	78
6	20101005	罗文化	女	77	70
7	20101006	何福建	男	缺考	92
8	20101007	曾宝珠	女	90	68
9	20101008	邹凡	男	87	86
10	20101009	余群利	男	76	94

图 4-135 增加列并排列

② 为图 4-135 所示的数据表加入"总分"列，计算每个学生的总分，再根据数据信息进行排序操作，先按"性别"进行"降序"排列，再按"总分"进行"升序"排列。

③ 对图 4-136 所示的数据表进行分类汇总操作。要求按照"部门"进行分类，汇总"实发工资"的"总和"。

4-6 分类汇总与
数据透视表

	A	B	C	D	E	F	G	H
1				工资表				
2	序号	姓名	部门	入职时间	工龄	应发工资	预扣基金	实发工资
3	51001	艾晓群	工程部	2008/1/10	8	3450	517.5	2932.5
4	51002	陈美华	工程部	2001/2/6	15	5700	1140	4560
5	51003	关汉瑜	办公室	2004/6/21	12	3520	528	2992
6	51004	梅松军	工程部	1987/7/9	29	6900	1380	5520
7	51005	蔡孛敏	技术部	2002/4/12	14	5680	1136	4544
8	51006	林澍仪	办公室	2000/3/4	16	4790	958	3832
9	51007	曲俊杰	办公室	2007/6/1	9	2470	247	2223
10	51008	王玉强	工程部	1998/9/6	18	4700	940	3760
11	51009	黄佐佐	技术部	1982/12/1	34	7200	1440	5760
12	51010	朋小林	办公室	2002/6/5	14	4680	936	3744
13								

图 4-136 对数据表进行分类汇总

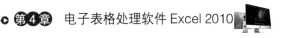

4.8 【案例 8】建立数据透视表

 案例内容

请根据图 4-137 所示的计算机科学与技术专业上学期学生各门课程考核成绩原始数据，生成数据透视表，汇总各班级学生 4 门课程的平均成绩。

	A	B	C	D	E	F	G	H	I
1	班级	学号	姓名	性别	C语言	数据结构	计算机网络	Java语言	平均分
2	计算机科学1班	20103140101	李根	男	92	93	88	90	90.8
3	计算机科学1班	20103140102	吴雨欣	男	83	84	76	84	81.8
4	计算机科学1班	20103140103	梁西川	女	72	72	78	78	75.0
5	计算机科学1班	20103140104	毛成程	男	66	70	64	75	68.8
6	计算机科学1班	20103140105	史晓庆	女	72	85	82	62	75.3
7	计算机科学1班	20103140106	王昭宇	女	88	91	93	89	90.3
8	计算机科学1班	20103140107	韩爱平	男	71	68	86	73	74.5
9	计算机科学1班	20103140108	张伟	男	90	85	78	88	85.3
10	计算机科学1班	20103140109	周欢	男	58	75	88	52	68.3
11	计算机科学2班	20103140201	许鸣文	女	88	92	70	84	83.5
12	计算机科学2班	20103140202	石娟	男	91	76	82	77	81.5
13	计算机科学2班	20103140203	李一	女	82	72	64	69	71.8
14	计算机科学2班	20103140204	佘婷婷	女	80	87	88	87	85.5
15	计算机科学2班	20103140205	陈芳	男	80	76	78	64	74.5
16	计算机科学2班	20103140206	何惠	男	85	50	76	80	72.8
17	计算机科学2班	20103140207	陈威	女	72	73	87	80	78.0

图 4-137　计算机科学与技术专业的专业课成绩

案例中的知识点

掌握数据透视表的使用方法。

案例讲解

1. 数据透视表简介

当用户需要为数据表的多个字段进行分类汇总时，需要使用数据透视表完成。数据透视表是一种对大量数据快速汇总和建立交叉列表的交互格式表格。它不仅可以转换行和列以查看数据源的不同汇总结果，显示不同页面以筛选数据，还可以根据需要显示区域中的明细数据。

数据透视表主要用于创建汇总表格、管理费用表格、筛选数据透视表数据、创建数据透视数据组、创建数据透视表图表。

2. 数据透视表的创建

1）数据预处理

创建数据透视表首先要保证数据源是一个每列都有列标题的数据表，如果某列没有标题，应为其加上列标题。

2）创建数据透视表

在工作表中单击任意非空单元格，选择"插入"选项卡，单击"数据透视表"

按钮，如图 4-138 所示，此时会弹出"创建数据透视表"对话框，如图 4-139 所示。

在该对话框中设置要分析的数据、选择放置数据透视表的位置。确认后，Excel 将生成一张新的数据透视表。

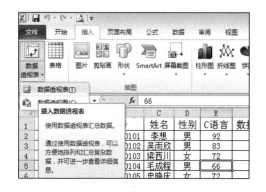

图 4-138　单击"数据透视表"按钮　　　　图 4-139　"创建数据透视表"对话框

3）设置数据透视表

（1）选择要添加到数据透视表的字段

在 Excel 右侧"数据透视表字段列表"窗格中选择需要添加到数据透视表的字段，本案例需要按班级统计每个班学生 4 门课程的平均成绩，因此选中的字段包括"班级""C 语言""数据结构""计算机网络""Java 语言"，如图 4-140 所示。

行标签	求和项:C语言	求和项:数据结构	求和项:计算机网络	求和项:Java语言
计算机科学1班	692	723	733	691
计算机科学2班	573	526	523	529
总计	1265	1249	1256	1220

图 4-140　选择汇总字段

（2）设置数值汇总方式

选中添加到数据透视表的字段后，各字段默认采用"求和"计算方法，而本任务要求计算学生的平均成绩，因此需要将数值汇总计算类型设置为"平均值"。右击"总计"单元格，在弹出的快捷菜单中选择"值字段设置"命令，如图 4-141 所示。弹出"值字段设置"对话框，在其中设置汇总，如图 4-142 所示。

设置完成后，将得到一张关于各班级学生平均成绩汇总表，如图 4-143 所示。

图 4-141　选择"值字段设置"命令　　　　图 4-142　"值字段设置"对话框

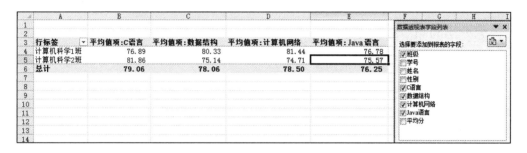

图 4-143　"平均分汇总"数据透视表

案例实训

根据图 4-144 所示的职工基本信息表创建数据透视表，统计各个部门不同性别人员的人数和平均工资。创建后的数据透视表如图 4-145 所示。

	A	B	C	D	E	F	G	H	I
1	员工编号	姓名	性别	部门	职务	身份证号	学历	入职时间	基本工资
2	HY001	李爽	男	管理	经理	1024231966020 4××××	本科	2001年2月	¥40,000.00
3	HY002	张亮	男	行政	部门经理	2041571978052 8××××	本科	2003年4月	¥18,000.00
4	HY003	程成鑫	男	行政	员工	1024231985021 5××××	本科	2004年8月	¥6,000.00
5	HY004	刘洪波	男	研发	经理	1024121977120 5××××	硕士	2004年2月	¥45,000.00
6	HY005	仲舒	女	销售	员工	1024121982120 4××××	本科	2007年10月	¥5,500.00
7	HY006	江滨	男	管理	员工	2204121980051 6××××	本科	2001年6月	¥6,500.00
8	HY007	李晓红	女	行政	员工	2200101978120 8××××	本科	2004年8月	¥6,500.00
9	HY008	梦娜	女	销售	员工	1020811985040 4××××	本科	2004年4月	¥4,500.00
10	HY009	吴天伟	男	销售	部门经理	7014581978122 9××××	硕士	2001年8月	¥18,000.00
11	HY010	李磊	男	研发	员工	0102151984052 8××××	本科	2005年7月	¥5,500.00
12	HY011	郭鑫	男	研发	员工	4021571976022 4××××	本科	2001年8月	¥6,500.00
13	HY012	高亮	男	销售	员工	1204571983082 5××××	本科	2004年8月	¥6,500.00
14	HY013	张丽	女	行政	员工	1021541982041 9××××	本科	2004年8月	¥6,000.00
15	HY014	王敏	女	销售	员工	0708241982021 4××××	硕士	2005年2月	¥8,000.00
16	HY015	李志强	男	销售	员工	1204021984120 5××××	本科	2006年9月	¥4,500.00

图 4-144　职工基本信息表

	列标签							
	男		女					
行标签	平均值项:基本工资	计数项:姓名	平均值项:基本工资	计数项:姓名		平均值项:基本工资汇总		计数项:姓名汇总
管理	¥23,250.00	2				¥23,250.00		2
行政	¥12,000.00	2	¥6,000.00	2		¥9,000.00		4
销售	¥9,666.67	3	¥6,000.00	3		¥7,833.33		6
研发	¥19,000.00	3				¥19,000.00		3
总计	¥15,650.00	10	¥6,000.00	5		¥12,433.33		15

图 4-145　数据透视表

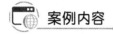 4.9　【案例 9】制作学生成绩统计图表

案例内容

图表可以直观形象地表示数据的变化趋势和分布情况，Excel 2010 提供了强大的图表呈现功能，提供的模板有柱形图、折线图、饼图、条形图、面积图等 11 种分类，每一类模板下提供了多种图表设计，下面介绍图表的设计步骤。

案例中的知识点

- 掌握各种图表的适用范围。
- 掌握常用图表的绘制。

案例讲解

1. 图表的介绍

在 Excel 中，图表是一种可视化的数据表示形式，图表的图形格式可以让用户更容易理解大量数据和不同数据系列之间的关系。Excel 提供了 11 种图表类型。

柱形图：用于一个或多个数据系列中值的比较。

折线图：表达一段时间内数据的变化趋势。

饼图：显示整个部分以及每个部分在整体中所占的比例。

4-7 图表应用

条形图：类似柱形图，用于比较各个种类。

面积图：表示精确的趋势变化。

XY 散点图：表示两组数值之间的关系。

股价图：表示股票的价格走势。

曲面图：显示三组独立数据之间的相互关系。

圆环图：显示每个数据组中部门与整体的关系，类似饼图。

气泡图：特殊的 XY 散点图，增加了第三个变量值——气泡大小。

雷达图：表示每个数据从中心位置向外延伸的数量。

在 Excel 中，一个创建好的图表主要包括图表区、绘图区、图表标题、数据系列、数据标签、图例、坐标轴、网格线等组成部分，各部分的具体位置如图 4-146 所示。

2. 柱形图的绘制

通过对案例 7 中"计算机科学与技术成绩统计"表的统计，可以得到图 4-147 所示的"课程平均分统计"表，该表显示了各班级每门课程的平均分。

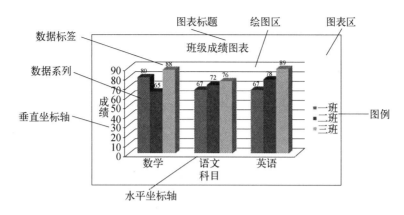

图 4-146　图表的构成部分

	A	B	C	D	E	F
1	班级	C语言	数据结构	计算机网络	Java语言	平均分
2	计算机科学1班	76.89	80.33	81.44	76.67	78.8
3	计算机科学2班	82.57	75.14	77.86	77.29	78.2

图 4-147　课程平均分统计表

现在以柱形图直观地呈现上述统计数据，操作步骤如下：

① 选中数据。选中课程平均分统计表所有数据，如图 4-148 所示，包括标题行。

	A	B	C	D	E	F
1	班级	C语言	数据结构	计算机网络	Java语言	平均分
2	计算机科学1班	76.89	80.33	81.44	76.67	78.8
3	计算机科学2班	82.57	75.14	77.86	77.29	78.2

图 4-148　选中所有数据

② 插入柱形图。选择"插入"选项卡，单击"柱形图"下拉按钮，选择一种柱形图，系统即可自动根据选中数据生成图表，如图 4-149 所示。

③ 调整图表数据呈现范围。图 4-149 所示的柱形图直观地显示了计算机科学 1 班和计算机科学 2 班关于 C 语言、数据结构、计算机网络和 Java 语言 4 门课程的平均分统计结果。但该图形还同时显示了"平均分"数据，使得该图表的数据显示不合理，我们希望将"平均分"数据从图表中移除。

操作方法是，使用鼠标调节数值单元格选择框，使"平均分"列排除在数据选择范围之外，此时图表将自动更新，新生成的图表将更加合理，如图 4-150 所示。

3. 饼图的绘制

对"计算机科学与技术成绩统计"表进行统计后，得出图 4-151 所示的等级分布信息，根据这个信息，可以绘制成绩等级分布饼图。

仅排列在工作表的一列或一行中的数据可以绘制到饼图中。饼图显示一个数据系列中各项的大小，与各项总和成比例。饼图中的数据点显示为整个饼图的百分比。

① 选中数据。选中各成绩等级分布统计表当中的"成绩等级""人数"两列。

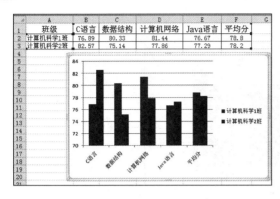

图 4-149　生成柱形图

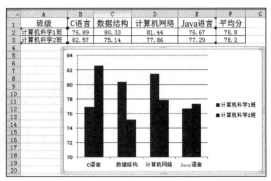

图 4-150　调整后的柱形图

② 插入饼形图。选择"插入"选项卡，单击"饼形图"按钮，选择一种饼形图，系统即可自动根据统计数据生成图表，如图 4-152 所示。

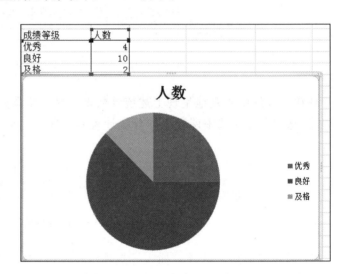

成绩等级	人数
优秀	4
良好	10
及格	2

图 4-151　成绩等级分布

图 4-152　成绩等级饼图

默认生成的饼图并不完全符合我们的要求，需要对饼图的背景、标题和数据标签进行设置。

③ 设计绘图区背景。右击图表中的空白区，在弹出的快捷菜单中选择"设置图表区域格式"命令，如图 4-153 所示，弹出"设置图表区格式"对话框，选择"填充"→"纯色填充"，即可为图表选择一种背景颜色，如图 4-154 所示。也可以使用"渐变填充""图片或纹理填充""图案填充"等选项来美化图表背景。

④ 修改图表标题。选中图表标题中的文字，即可对标题进行修改。这里将标题修改为"成绩等级分布图"，如图 4-155 所示。

⑤ 为图标添加数据标签。饼图通常用来表示数据系列所占的比例及各个系列与整体的关系，所以饼图中数据标签的显示非常重要。这里为"成绩等级分布图"添加百分比式的数据标签。

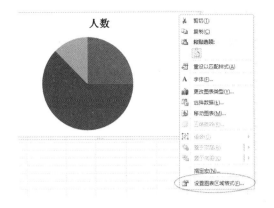

图 4-153　图表区右键菜单

图 4-154　"设置图表区格式"对话框

选中图表，在"图表工具"的"布局"选项卡中选择"数据标签"按钮的下拉箭头，弹出图 4-156 所示的下拉列表，选择"其他数据标签选项"命令，弹出"设置数据标签格式"对话框，对其进行设置，如图 4-157 所示，便可为图表添加百分比样式的数据标签，如图 4-158 所示。

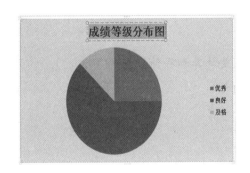

图 4-155　修改图表标题

图 4-156　数据标签

图 4-157　"设置数据标签格式"对话框

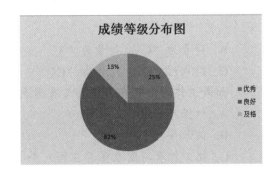

图 4-158　添加数据标签

案例实训

有图 4-159 所示的数据表，为其创建图表，样式如图 4-160 所示。

	A	B	C	D
1	班级名称	数学	语文	英语
2	一班	80	67	67
3	二班	65	72	78
4	三班	88	76	89
5	四班	90	87	76
6	五班	75	66	80

图 4-159　图表数据源

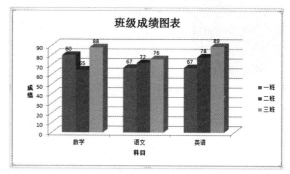

图 4-160　绘制完成的图表

本 章 测 试

测　试　一

一、单选题

1. Excel 可以包含多个工作表，这些工作表是计算和存储数据的（　　　）。

　　A. 表达式　　　　　　B. 文件　　　　　　C. 公式　　　　　　D. 二维表格

2. Excel 工作簿的默认工作表的个数是（　　　）。

　　A. 1　　　　　　　　B. 2　　　　　　　　C. 3　　　　　　　　D. 4

3. 保存工作簿文件的默认扩展名是（　　　）。

　　A. .xlsx　　　　　　B. .xlc　　　　　　C. .html　　　　　　D. .xml

4. 根据 Excel 中工作表列号命名的规定，第一列的列号是 A，第 27 列的列号为（　　　）。

　　A. AA　　　　　　　B. AB　　　　　　　C. A　　　　　　　D. AAA

5. 在 Excel 中，每个单元格都有自己的地址，"C3" 表示的单元格对应的行列号是（　　　）。

　　A. 列号为 "C"，行号为 "3"　　　　B. 列号为 "3"，行号为 "C"

　　C. 列号为 "C"，行号为 "C"　　　　D. 列号为 "3"，行号为 "3"

6. 如果工作簿中既有工作表又有图表，当保存工作簿文件时，Excel 将（　　　）。

　　A. 仅保存其中的工作表

　　B. 仅保存其中的图表

　　C. 把工作表与图表保存在同一个工作簿文件中

　　D. 把工作表与图表分别保存在两个不同的工作簿文件中

7. 在 Excel 中，嵌套函数指的是一个函数的返回值可作为另一个函数的（　　　）。

　　A. 返回值　　　　　B. 参数　　　　　C. 公式　　　　　D. 变量

8. 使用"保存"命令保存工作簿时，如果出现"另存为"对话框，则说明（　　　）。

　　A. 该文档已经保存过　　　　　　　B. 该文档未保存过

　　C. 该文档不能保存　　　　　　　　D. 该文档被修改过

9. 使用键盘保存当前文件的快捷键是（　　　）。

　　A. Alt+S　　　　　B. Alt+C　　　　　C. Ctrl+S　　　　　D. Ctrl+C

10. 当设置工作表处于保护状态时，该工作表单元格的内容只能（　　　）。

　　A. 查看　　　　　B. 修改　　　　　C. 删除　　　　　D. 隐藏

11. 在 Excel 中，要分隔函数的两个参数，参数间要用（　　　）。

　　A. 逗号　　　　　B. 分号　　　　　C. 引号　　　　　D. 空格

12. 在 Excel 中，为了将输入的数字作字符处理，应在输入的数字前添加符号（　　　）。

　　A. '　　　　　　B. "　　　　　　C. &　　　　　　D. #

13. 在单元格中输入数字后，则系统默认的对齐方式是（　　　）。

　　A. 靠左　　　　　　　　　　　　　B. 靠右

　　C. 居中　　　　　　　　　　　　　D. 将数字拉伸后占满整个单元格

14. 在同一工作簿文件中，要引用不同工作表中的单元格，要在地址前面加（　　　）。

　　A. 单元格地址！　　　　　　　　　B. 工作表名称！

　　C. 工作簿名称！　　　　　　　　　D. Sheet！

15. 在 Excel 单元格中，文本对齐方式分为水平对齐和垂直对齐，下列对齐方式中，不属于垂直对齐的是（　　　）。

　　A. 普通（常规）　　　　　　　　　B. 居中

　　C. 两端对齐　　　　　　　　　　　D. 分散对齐

16. 在 Excel 的单元格中输入数据时，若单元格中出现一连串的"####"（并未输入"####"），则（　　　）。

　　A. 输入的数据格式不对　　　　　　B. 需要调整单元格的宽度

　　C. 输入的数据需要保密　　　　　　D. 输入的数据为乱码

17. 在工作表标签上双击时，可对工作表进行的操作是（　　　）。

　　A. 隐藏工作表　　　　　　　　　　B. 重新命名工作表

　　C. 删除工作表　　　　　　　　　　D. 移动工作表的位置

18. 绝对地址在被复制到其他单元格时，其引用的单元格地址（　　　）。

　　A. 不变　　　　　　　　　　　　　B. 根据新单元格的位置变化

　　C. 行号变列号不变　　　　　　　　D. 行号不变列号变

19. 在 Excel 单元格中输入一个公式时，公式前要加上（　　　）。

　　A. +　　　　　　B. =　　　　　　C. :　　　　　　D. #

20. 在 Excel 中，行号与列号要设置为绝对地址时，其行号或列号前要加上（　　）。

  A. @   B. $ C. &   D. *

二、填空题

1. 在 Excel 2010 中，每一个选项卡都对应若干个功能区，功能区命令按逻辑组的形式组织，旨在帮助用户快速找到完成某一任务所需的命令。用户如果想使窗口更简洁可_____功能区。

2. 在 Excel 2010 中，清除操作可以清除单元格中的全部信息，也可以仅清除内容、格式、超链接和_____等部分信息。

3. 运算符用于对公式中的元素进行特定类型的运算。在 Excel 中有 4 类运算符：算术运算符、文本运算符、_____和引用运算符。

4. 单元格引用可以分为相对引用、_____和混合引用。

5. 在 Excel 2010 中有"自动筛选"和"高级筛选"，在进行"高级筛选"时必须先_____。

测 试 二

一、单选题

1. 当在一单元格内的公式输入完毕并确认后，如果该单元格显示为 "#REF!"，它表示（　　）。

  A. 公式被 0 除   B. 公式引用了无效单元格

  C. 引用的单元格的数据不匹配   D. 单元格内无数据

2. 在 Excel 中，当确认一单元格内的公式输入完成后，如果该单元格显示为 "#DIV/0!"，它表示（　　）。

  A. 公式被 0 除   B. 公式引用了无效单元格

  C. 引用的单元格内无输入数据   D. 引用的单元格被删除

3. 在 Excel 中，如果一单元格中显示为 "#NAME?"，则表示该单元格的公式（　　）。

  A. 引用的单元格名不存在   B. 引用的单元格的值太小

  C. 引用的单元格中的数据未输入   D. 无计算结果

4. 若在 Excel 工作表的 A5 单元格中填入公式 " = ROUND（5.678,1）+10>15" 后，则单元格 A5 中显示的内容是（　　）。

  A. TRUE   B. FALSE   C. # NAME   D. # VALUE

5. 在 Excel 中，假设在 B1 单元格中输入公式 "=A$1"，将其复制到 D1 后，公式变为（　　）。

  A. A$3   B. D$3   C. D$1   D. C$1

6. 在 Excel 中，设单元格 A2 的内容为文本 "10"，单元格 A3 的内容为数字 2，则公式 "=COUNT(A2:A3)" 的结果为（　　）。

  A. 1   B. 2   C. 12   D. 10

7. 在 Excel 中，公式 "=SUM(A1:A4)" 相当于（　　）。

  A. =SUM(A1*A4)   B. =SUM(A1/A4)

  C. =SUM(A1+A4)   D. =SUM(A1+A2+A3+A4)

8. 在 Excel 中，若单元格 A1 的数值为 12，A2 的公式是 "=SUM(1,2,3,4)"，则 A2 计算结果是（　　）。

  A. 1   B. 3   C. 10   D. 12

9. 在 Excel 中，若单元格 A1、A2、A3、A4 的值分别为 1、3、5、7，A5 的公式是 "=SUM(A1,2,3,A4)"，则 A5 单元格的值为（　　）。

  A. 16   B. 12   C. 13   D. 10

10. 在 Excel 中，若单元格 A1 的内容为 "北京"，B1 的内容是 "工商大学"，C1 中的公式为 "=A1+B2" 则 C1 的显示内容为（　　）。

  A. 北京工商大学   B. #NAME

  C. #VALUE!   D. 北京+工商大学

11. 在 Excel 中，单元格 A1 输入为数字 3，单元格 C1 输入为 "A1"，D1 引用的公式为 "=AVERAGE(A1+C1)"，则 D1 显示为（　　）。

  A. #NAME? B. #REF! C. #DIV/0! D. #VALUE!

12. 在 Excel 中，设 D4 单元格中有公式 "=B1*C$4"，若将该单元格内容复制到 E5 单元格，则 E5 单元格中显示的公式为（　　）。

  A. =B2*C$4 B. =B1*C$4 C. =C1*D$4 D. =C2*D$4

13. 在 Excel 中，公式 "=$A5+$B$3" 中的引用类型是（　　）。

  A. 相对引用 B. 绝对引用 C. 混合引用 D. 都不是

14. 在 Excel 中，若设置工作表中某单元格中的格式为 "自定义" 类型、"####.00"，则在此单元格填入数值 "896.235" 后显示的结果是（　　）。

  A. 896.00   B. #896.24   C. 896.23   D. 896.24

15. 在 Excel 默认的情况下，当含有公式的单元格成为活动单元格时，该单元格包含的公式将显示在（　　）。

  A. 单元格   B. 名称框   C. 状态栏   D. 编辑栏

16. 在 Excel 中，若从 A1 到 B10 的 20 个单元格内容为数值，若要计算从 A1 到 B20 区域内单元格的和，则以下函数的引用正确的是（　　）。

  A. =SUM(AB1:BB10)   B. =SUM(A1 B10)

  C. =SUM(A1&B10)   D. =SUM(A1:B10)

17. 在 Excel 中，在单元格 A1、B1、A2、B2 中分别输入 1、2、3、4，在 C1 中输入公式 "=SUM(A1:B1)"，再将 C1 的公式复制到 C2，则单元格 C2 将显示（　　）。

  A. 3   B. 4   C. 6   D. 7

18. 在 Excel 的下列操作中，可对数据进行一定条件进行过滤的是（   ）。

    A. 筛选   B. 分类汇总   C. 升序排序   D. 降序排列

19. 在 Excel 中，工作表标签左侧有四个小按钮，当工作表个数较多时，无法显示所有工作表标签，如果要选择最后一个工作表，可以单击的按钮是（   ）。

    A.   B.   C.   D.

20. Excel 中，以下函数中的参数正确的是（   ）。

    A. =SUM(A1、A3)   B. =SUM(B3、B1)

    C. =SUM(A1 & A3)   D. =SUM(A1,B2:B7,A3)

21. 如果 A1 至 A5 的数值分别是 6、9、20、1、22，则公式"=MAX(A1:A5)"的结果是（   ）。

    A. 1   B. 22   C. 9   D. 29

22. 在默认情况下，不能直接利用自动填充快速输入的是（   ）。

    A. 星期一，星期二，星期三，…

    B. 甲，乙，丙，…

    C. Mon,Tue,Wed,…

    D. 第一季度，第二季度，第三季度，第四季度

二、填空题

1. 在 Excel 2010 中，迷你图有"柱形图""盈亏"和"_____"。

2. 在对汉字进行排序时，可以按拼音顺序也可以按_____顺序。

3. 在 Excel 工作簿中，要同时选中多个不相邻的工作表，可以按住_____键的同时依次单击各个工作表的标签。

4. 若选中一个单元格后按_____，则会删除该单元格中的数据。

5. 在 Excel 中，打印学生成绩单时对不及格的成绩用醒目的方式表示（如用红色表示等），当要处理大量的学生成绩时，利用_____最为方便。

第 5 章

演示文稿制作软件 PowerPoint 2010 《《《

PowerPoint 2010 是 Microsoft Office 2010 套装中的一个组件，专门用于制作幻灯片，利用 PowerPoint 2010 创建的文件又称演示文稿，扩展名为"pptx"，早期版本（2007 版以前的版本）文件扩展名为"ppt"，所以演示文稿又被称为 PPT。演示文稿可以通过计算机屏幕或投影机播放，它主要用于教学课件、演讲汇报、学术交流、产品介绍及各类培训等。通过本章的学习，应该熟练掌握制作演示文稿的技巧。

5.1 【案例 1】初识 PowerPoint 2010

案例内容

小张是新世界数码技术有限公司的人事专员，公司招聘一批新员工，需要对他们进行入职培训。请帮助小张制作一份"新员工入职培训.pptx"演示文稿。

案例中的知识点

- PowerPoint 2010 的启动和退出。
- 创建演示文稿、熟悉 PowerPoint 2010 的工作界面。
- 幻灯片主题的设置。
- 利用幻灯片版式编辑幻灯片。
- 放映幻灯片和保存演示文稿。

案例讲解

1. 启动 PowerPoint 2010

方法一：单击"开始"按钮，选择"所有程序"→"Microsoft Office"→"Microsoft Office PowerPoint 2010"，即可启动 PowerPoint 2010，如图 5-1 所示。

方法二：在 Windows 桌面上，双击已建立的 PowerPoint 2010 快捷图标，即可启动 PowerPoint 2010。

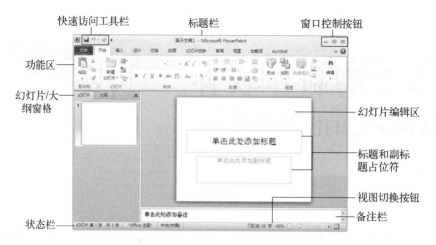

快速访问工具栏
标题栏
窗口控制按钮
功能区
幻灯片/大纲窗格
幻灯片编辑区
标题和副标题占位符
视图切换按钮
备注栏
状态栏
单击此处添加标题
单击此处添加备注

图 5-1　PowerPoint 2010 窗口界面

2. 为幻灯片设置主题

（1）设置主题

① 打开文件后，选择“设计”选项卡，在“主题”中会显示出 PowerPoint 2010 自带的主题模板，如图 5-2 所示。

颜色
字体
效果
主题

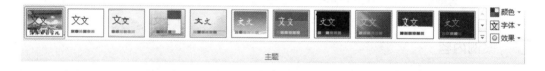

图 5-2　PowerPoint 2010 主题

② 选定名为“时装设计”的主题模板，即可将所选模板应用于所有的幻灯片，如图 5-3 所示。如果只想把这一张幻灯片设置成该主题，右击该主题，在弹出的快捷菜单中选择“应用于选定幻灯片”命令即可，如图 5-4 所示。

单击此处添加标题

图 5-3　“时装设计”主题

应用于所有幻灯片(A)
应用于选定幻灯片(S)
设置为默认主题(S)
添加到快速访问工具栏(A)

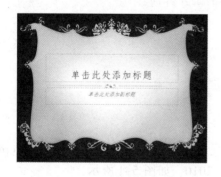

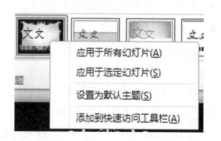

图 5-4　选择“应用于选定灯片”命令

（2）制作标题幻灯片

一般来讲，第一张幻灯片是整个演示文稿的标题，称为"标题幻灯片"。在"单击此处添加标题"占位符中输入"欢迎加入新世界数码技术有限公司"，在"单击此处添加副标题"占位符中输入"新员工入职培训"，如图 5-5 所示。

5-1 初识 PowerPoint 2010

3. 编辑幻灯片

（1）插入新幻灯片

选择"开始"选项卡，单击"新建幻灯片"下拉按钮，添加一张新的所需版式的幻灯片，如图 5-6 所示。每用鼠标执行此操作一次，即插入一张新幻灯片，如果幻灯片插入过多，右击该幻灯片，在弹出的快捷菜单中选择"删除幻灯片"命令，或按 Delete 键将其删除。

（2）幻灯片的版式

插入新幻灯片后，可以在"版式"下拉列表中修改选择幻灯片的版式。这些版式是由软件设计好不同的占位符来组成的，可根据幻灯片的内容进行选择，也可以使用空白版式进行设计编排。选择"标题和内容"版式，

图 5-5　标题幻灯片

在"单击此处添加标题"占位符中输入"培训内容及安排"，在"单击此处添加文本"占位符中输入：公司的过去、现在及未来，公司的组织构架，公司的规章制度，工作与同事，培训总结。

占位符会根据输入的内容调整字号并且自动添加项目符号，如图 5-7 所示。

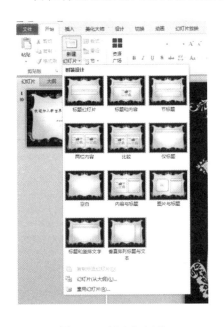

图 5-6　新建幻灯片

图 5-7　标题和内容幻灯片

（3）插入表格

插入一张幻灯片，选择"标题和内容"版式。在"单击此处添加标题"占位符中输入"培训课程表"，单击幻灯片中插入表格的小图标，或选择"插入"选项卡，单击"表格"→"插入表格"按钮，如图 5-8 所示。打开"插入表格"对话框，在对话框中设置"行数"为 7，"列数"为 2，单击"确定"按钮，如图 5-9 所示。按照表 5-1 所示的培训课程表内容输入文本内容，将表头的文字设置为仿宋、20 号、标题行文字居中，对表格进行编辑的方法与在 Word 2010 中相同，效果如图 5-10 所示。

图 5-8　插入表格

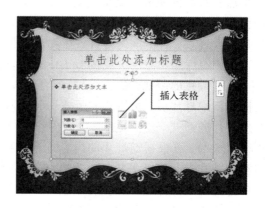

图 5-9　插入表格

表 5-1　培训课程表

时间	安排
09:00～09:30	总经理致辞
09:30～09:40	人事经理谈培训安排
09:50～10:00	休息时间
10:00～10:40	公司发展历程及未来展望
10:40～10:50	休息时间
10:50～11:50	公司制度及员工守则

图 5-10　培训时间安排

（4）插入图片

插入一张幻灯片，选择"两栏内容"版式。在"单击此处添加标题"占位符中输入"公司的过去、现在及未来"，在左侧栏内输入相应文本内容，在右侧栏内单击"插入来自文件的图片"按钮，如图 5-11 所示；或选择"插入"选项卡，单击"图片"按钮，如图 5-12 所示，弹"插入图片"对话框，在对话框中选择要插入的图片文件即可。插入图片后，选中图片，可以在图 5-13 所示的选项卡中，对图片进行各个方面的设置，与在 Word 2010 中对图片的编辑方式一样，这里不再重述。插入图片后的效果如图 5-14 所示。

图 5-11　单击占位符中的按钮　　　　　图 5-12　单击"图片"按钮

图 5-13　"格式"选项卡

（5）插入 SmartArt 图

插入一张幻灯片，选择"标题和内容"版式，在"单击此处添加标题"占位符中输入"公司的组织架构"，单击"插入 SmartArt 图形"按钮，如图 5-15 所示，或选择"插入"选项卡，单击"SmartArt"按钮，如图 5-16 所示，弹出"选择 SmartArt 图形"对话框，如图 5-17 所示。在对话框中选择"层次结构"中的"组织结构图"，右击所建立的"组织结构图"，在弹出的快捷菜单中选择"添加形状"命令，可以调整组织结构图，如图 5-18 所示，调整后如图 5-19 所示。

图 5-14　插入图片

（6）插入艺术字

插入一张幻灯片，选择"空白"版式。选择"插入"选项卡，单击"艺术字"按钮，如图 5-20 所示，选择一种艺术字样式，如图 5-21 所示，在"请在此放置您的文字"框内输入"祝贺你们成为新世界的一员"。插入艺术字后，选中所插入的艺术字，还可以对艺术字进行编辑操作，如图 5-22 所示。

图 5-15　单击占位符中的按钮

图 5-16　单击"SmartArt"按钮

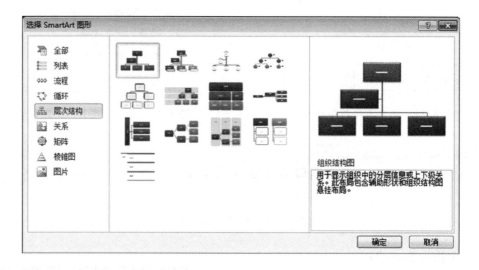

图 5-17　"选择 SmartArt 图形"对话框

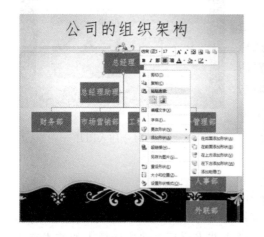

图 5-18　调整组织结构图

图 5-19　组织结构图

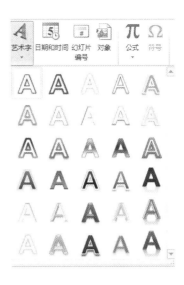

图 5-20　插入艺术字

图 5-21　艺术字样式

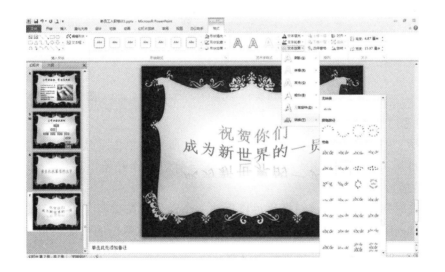

图 5-22　艺术字编辑

（7）幻灯片的复制、移动、删除

在幻灯片预览窗格中选中对应的幻灯片，按住鼠标左键将其上下拖动到相应的位置上，也可以对幻灯片进行复制、剪切、粘贴、删除操作。直接拖动幻灯片是移动幻灯片操作，按住 Ctrl 键的同时拖动幻灯片是复制幻灯片操作，右击幻灯片，弹出的快捷菜单中有删除幻灯片的操作。

4．幻灯片的放映及保存

（1）幻灯片的切换

选择一张幻灯片，然后选择"切换"选项卡→"切换到此幻灯片切换"组，如

图 5-23 所示。在该组中单击"擦除"效果，在"声音"下拉列表中选择"鼓掌"选项，将"换片方式"设为"单击鼠标时"，可以为每张幻灯片设置不同的切换效果，如图 5-24 所示，也可以单击"全部应用"按钮，将所有幻灯片设置为选中的一种切换方式。可以单击"预览"按钮查看设置效果。

图 5-23 幻灯片切换　　　　　　　　图 5-24 切换设置

（2）观看幻灯片放映

① 选择"幻灯片放映"选项卡，如图 5-25 所示，单击"从头开始"按钮或按 F5 键，即可从头放映幻灯片。如果单击"从当前幻灯片开始"按钮，即从选中的幻灯片开始播放。

② 放映时每单击一次，幻灯片可以播放一个动作。按键盘上的上下按键，或者 PageUp 和 PageDown 键，或者右击幻灯片的任意位置，在弹出的快捷菜单中选择"上一张""下一张"命令，都可以切换幻灯片。

③ 单击"排练计时"功能后，开始播放幻灯片，在播放窗口的左上角会有一个计时工具栏，如图 5-26 所示，可以记录在播放幻灯片时停留在每一张幻灯片上的时间，播放完毕后保存排练计时，在下一次播放幻灯片时即可自动播放。

图 5-25 幻灯片的放映　　　　　　　图 5-26 "录制"工具栏

（3）幻灯片的保存

幻灯片制作完毕后，可以保存幻灯片，单击窗口左上角的"保存"按钮即可，如图 5-27 所示。也可以选择"文件"→"另存为"，弹出"另存为"对话框，选择保存的位置和输入文件名即可，如图 5-28 所示。

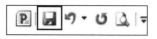

图 5-27　幻灯片保存

为了防止断电等意外情况导致已经制作的幻灯片文件没有保存丢失，可以设置自动恢复信息的时间间隔，选择"文件"→"选项"命令，在弹出的对话框中选择"保存"选项，在"保存演示文稿"区域设置自动恢复信息的时间间隔即可，如图 5-29所示。

图 5-28　"另存为"对话框　　　　　图 5-29　"PowerPoint 选项"对话框

 案例实训

制作一套含有 10 页幻灯片的 PPT 文件，介绍一下你的美丽家乡。可以包括家乡的美丽风景、风俗习惯、美食、特产等。要求幻灯片内容丰富，简洁美观，并应用本章案例 1 中所学的知识进行制作。

5.2　【案例 2】掌握 PowerPoint 2010 的制作技巧

 案例内容

为了提升教师对多媒体教学的认识，能够对多媒体课件的使用与教学活动的关系进行思考，掌握一定的多媒体课件的制作方法与技巧，长春财经学院决定面向青年教师展开多媒体课件培训工作，由杨石老师完成这次培训任务，并制作了"多媒体课件 PPT 的制作技巧.pptx"，如图 5-30 所示，下面一起来学习这套 PPT 中所应用的制作技巧。

图 5-30　多媒体课件 PPT 的制作技巧.pptx

　案例中的知识点

- PPT 中母版的使用。
- PPT 中插入各种元素。
- PPT 中动画的设置。

　案例讲解

1. PowerPoint 2010 中母版的使用

在案例 1 中，我们使用 PPT 中的主题为整套幻灯片指定统一的风格，包括背景、颜色以及字体等。PowerPoint 2010 软件中提供的主题大概有 40 多种，用户也可以根据自己的喜好，制定自己喜欢的幻灯片风格，这就需要使用 PowerPoint 2010 软件中的母版功能。母版体现了演示文稿的外观，包含了演示文稿中的共有信息，修改母版中的任何格式或添加对象均会反映于该母版的所有幻灯片中。

在此之前，需要准备好制作幻灯片所需的素材，如图 5-31 所示的图片。

图 5-31　素材图片

① 新建一套空白幻灯片,在"视图"选项卡中单击"幻灯片母版"按钮,如图 5-32 所示,选择左侧 Office 主题幻灯片母版,在此母版中插入图片后,右击该图片,将图片的层次置于底层,如图 5-33 所示。在此母版中也可以设置不同级别文本的样式,包括项目符号在内,该设置将对整套幻灯片中的所有幻灯片有效,如图 5-34 所示。

图 5-32　单击"幻灯片母版"按钮　　　　　　图 5-33　右键菜单

② 如图 5-35 所示,选择左侧标题幻灯片版式,在此母版中插入图片,右击该图片,将图片的层次置于底层,如图 5-36 所示。

③ 设置好幻灯片母版后,单击工具栏中"关闭母版"视图按钮即可关闭母版视图,如图 5-37 所示,回到幻灯片编辑界面。

2. 在 PowerPoint 2010 中插入各种元素

为了使制作的幻灯片内容更加丰富多彩,可以向幻灯片中插入各种元素,包括表格、图片、剪贴画、屏幕截图、相册、形状、SmartArt、图表、超链接、文本框、页眉页脚、艺术字、日期时间、公式、符号、视频、音频,如图 5-38 所示。

5-2 PowerPoint 制作技巧

图 5-34　幻灯片母版文本样式

图 5-35　标题母版

图 5-36　将图片置于底层

图 5-37　单击"关闭母版视图"按钮

图 5-38　"插入"选项卡

（1）插入剪贴画

选择"插入"选项卡，单击"剪贴画"按钮，如图 5-39 所示，右侧将出现"剪贴画"任务窗格，单击"搜索"按钮，可以显示出本机中的所有剪贴画，如图 5-40 所示，选择一个合适的剪贴画单击即可。

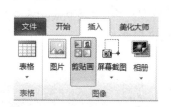

图 5-39　单击"剪贴画"按钮

图 5-40　"剪贴画"任务窗格

（2）插入屏幕截图

如图 5-41 所示，单击"屏幕截图"下拉按钮，可以看到"可用视窗"和"屏幕剪辑"栏。

图 5-41 "屏幕截图"下拉列表

"可用视窗"就是除 PPT 之外，目前处于打开又不是最小化的窗口，PPT 将其作为默认的截屏界面。如果我们将其他打开的界面都最小化，那么 PPT 将默认桌面为截屏界面。例如，要想对百度首页进行截屏，就需要最小化其他软件窗口，把浏览器页面调整到百度首页网页。单击"屏幕剪辑"按钮，就可以进行截屏，而截取的图片就会出现在当前幻灯片上。

"屏幕剪辑"可以根据需要只截取屏幕的一部分，而不是整个屏幕。

（3）插入相册

相册的功能主要是在幻灯片中展示多幅图片时使用，它可以批量地修饰图片，使图片风格、布局整齐，美观性强。如图 5-42 所示，单击"相册"下拉按钮，即可看到"新建相册"，单击该按钮弹出"相册"对话框，如图 5-43 所示，单击"文件/磁盘"按钮，选择要插入到 PPT 中的图片即可，如图 5-44 所示。接下来还可以进行一些设置，如图 5-45 所示，可以调整图片的顺序，对图片的明暗度等进行适当的调节等；在"相册版式"选项中，可以对"图片版式"进行设置，如可以设置成"适应幻灯片尺寸"，这样，插入的图片就自动调整到满屏状态，也可以设置成每张幻灯片放几张图片；可以给图片加上喜欢的相框；还可以设置"主题"。设置完毕，单击"创建"按钮即可，效果如图 5-46 所示。

图 5-42 "相册"下拉列表　　　　　　　　图 5-43 "相册"对话框

图 5-44　选择相册图片　　　　　　　　　图 5-45　编辑相册

图 5-46　相册效果

（4）插入形状

选择"插入"选项卡，单击"形状"按钮，如图 5-47 所示，可以插入形状。PowerPoint 2010 提供的"形状"图形有很多，虽然形状很简易，但利用各种"形状"可以制作出非常美观的组合图形。图 5-48 就是利用形状组合而来，将组合形状拆分后，如图 5-49 所示，可以看到，这个图形是由箭头、圆角矩形两个形状和两个文本框组成的。在"形状"下拉列表中可以插入这两个形状，如图 5-50 所示，选择每个形状时可以对其在"绘图工具"的"格式"选项卡中进行格式修饰，如图 5-51 所示。再插入两个"文本框"，编写文字信息，最后将 4 个元素摆放好位置后，全部选中，组合即可，如图 5-52 所示。

图 5-47 插入形状

图 5-48 组合图形

图 5-49 组合图形拆分后

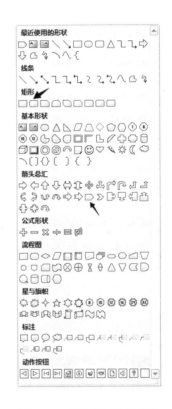

图 5-50 "形状"下拉列表

图 5-51 "格式"选项卡

图 5-52　组合多个形状

（5）插入图表

表达信息方面，图胜于表，表胜于文字，如图 5-53 所示。PPT 中经常用到图表，如柱形图、圆饼图、折线图等，使 PPT 在数据表达上更加形象和生动。这也是为什么 PPT 图表使用非常广泛的原因之一。图表是基于一定的数据建立起来的，所以得先建立数据表格然后才能生成图表。

方法一：通过 Excel 创建图表，然后复制到 PPT 中。

方法二：在 PPT 中直接创建。

图表建立的具体步骤与 Excel 中建立图表的方法类似，这里不再重述。

（6）插入超链接

PPT 中插入超链接能够快速转到指定的网站或者打开指定的文件，或者直接跳转至某页，提高效率并在播放时更加灵活。选中要插入超链接的文字或图片等对象，在"插入"选项卡中单击"超链接"按钮，如图 5-54 所示，或者右击，在弹出的快捷菜单中选择"超链接"命令，如图 5-55 所示，均可弹出"插入超链接"对话框，如图 5-56 所示，然后选择要链接的内容即可。

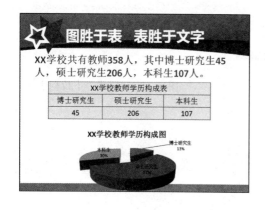

图 5-53　组合多个形状

图 5-54　单击"超链接"按钮

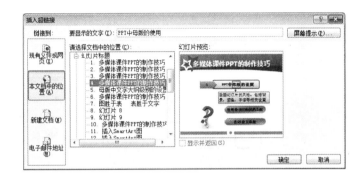

图 5-55　快捷菜单　　　　　　　　图 5-56　"插入超链接"对话框

（7）插入文本框

在 PPT 中，输入文字有 3 种方法：

方法一：在占位符中输入，如图 5-57 所示。

方法二：在文本框内输入，如图 5-58 所示，可以选择"横排文本框"或"竖排文本框"，在 PPT 上根据需要画出文本框，如图 5-59 所示。

方法三：插入艺术字，如图 5-60 所示。

可以选中文本框，在"绘图工具"的"格式"选项卡中对文本框进行修饰，如图 5-61 所示。

图 5-57　占位符　　　　　　　　图 5-58　"文本框"下拉列表

图 5-59　文本框

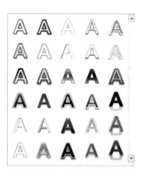

图 5-60　插入艺术字

图 5-61　"格式"选项卡

（8）插入公式

在制作 PPT 时，可能需要插入一些公式，可以单击"插入"选项卡中的"公式"下拉按钮，如图 5-62 所示，可以看到一些公式，也可以单击"插入新公式"按钮，如图 5-63 所示，立即出现"公式工具"选项卡，提供了非常丰富的公式符号，如图 5-64 所示，对于各种公式的编辑都非常方便。例如，可以尝试输入图 5-65 所示的公式。

图 5-62　单击"公式"下拉按钮

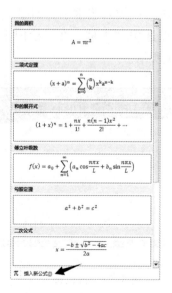

图 5-63　"公式"下拉列表

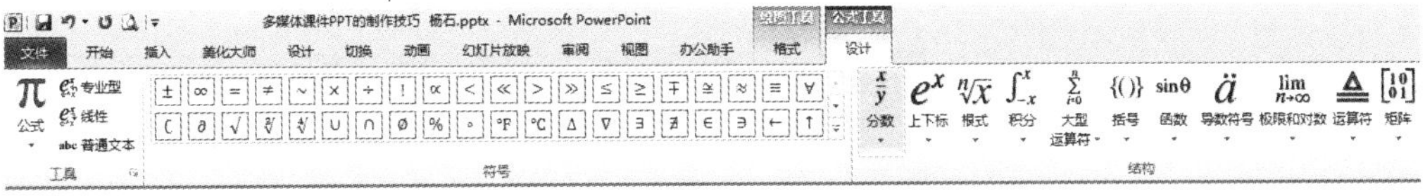

图 5-64 "公式工具"选项卡

$$\lim_{\Delta x \to 0} \frac{\Delta y}{\Delta x} = \lim_{\Delta x \to 0} \frac{f(x_0 + \Delta x) - f(x_0)}{\Delta x}$$

图 5-65 公式举例

（9）插入符号

在制作 PPT 时，可能还需要插入一些键盘上不能直接输入的符号，可以单击"插入"选项卡中的"符号"按钮，如图 5-66 所示，弹出"符号"对话框，如图 5-67 所示，可以选择需要的符号。

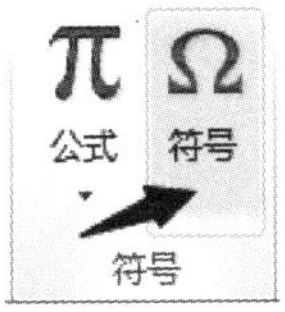

图 5-66 插入符号

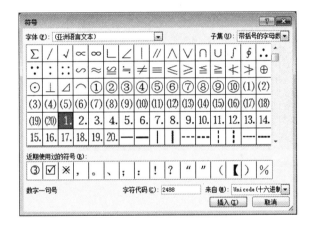

图 5-67 "符号"对话框

（10）插入视频

制作 PPT 时，我们除了可以给幻灯片 PPT 添加上文字和图片对象，还可以根据实际需要添加上视频。视频文件要事先准备好，视频文件的格式常用的是 wmv、mpg、avi、mp4，如果不是这种类型的视频文件，请用其他视频转换工具（如格式工厂）将视频文件转成这 4 种类型的文件。单击"插入"选项卡中的"视频"下拉按钮，选择视频文件来源即可，如图 5-68 所示，这里选择"文件中的视频"命令，弹出"插入视频文件"对话框，选择要插入的视频文件即可，如图 5-69 所示，插入视频后，在播放幻灯片时就可播放该视频了，如图 5-70 所示。也可以对插入的视频进行编辑，选择插入的视频后，立即出现"视频工具"选项卡，如图 5-71 所示，可以设置视频的"格式"和"播放"选项，如图 5-72 和图 5-73 所示，可以设置视频是单击时播放还是自动播放，还可以剪辑视频、调整视频播放的声音以及是否循环播放。

图 5-68 "视频"下拉按钮　　　　　　图 5-69 "插入视频文件"对话框

图 5-70 插入视频后　　　　　　　　图 5-71 "视频工具"选项卡

图 5-72 视频格式设置

图 5-73 视频播放设置

（11）插入音频

制作一份完整的 PPT 后，若希望这份文件能够生动一点，可在演示文稿中加入背景音乐或旁白，这就需要添加音频文件。单击"插入"选项卡中的"音频"下拉按钮，如图 5-74 所示，选择音频文件来源，例如，这里选择"文件中的音频"，弹出"插入音频"对话框，如图 5-75 所示，选择要插入的音频文件。

插入音频后，可以对插入的音频进行编辑，选择插入的音频后，如图 5-76 所示，可以看到出现"音频工具"选项卡，如图 5-77 所示，可以设置音频的格式和播放选项，可以设置单击时播放还是自动播放，可以剪辑音频，可以调整音频播放的声音以及是否循环播放、播放时是否隐藏音频图标等。

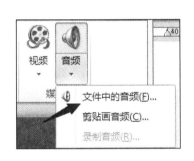

图 5-74 "音频"下拉列表

图 5-75 选择音频文件

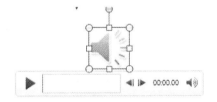

图 5-76 插入后的音频标识

图 5-77 音频播放设置

3. PowerPoint 2010 中动画的设置

PPT 中加入动画效果，使 PPT 中各种元素对象随着演讲者的演讲进度在恰当的时机依次出现，可以提高 PPT 的趣味性和引起听众的注意力。

选择要添加动画的对象，单击"动画"选项卡中的"添加动画"按钮，如图 5-78 所示，可以看到动画总共有三种，如图 5-79 所示，分别是：

图 5-78 "动画"选项卡

① 进入动画，动画图标为绿色，用来控制 PPT 中对象怎么进来的。

② 强调动画，动画图标为黄色，用来控制 PPT 中对象怎么突出显示的。

③ 退出动画，动画图标为红色，用来控制 PPT 中对象怎么消失的。

PPT 中每种动画的种类非常丰富，给元素对象加动画时可根据自己的喜好选择适当的动画效果即可。

分别给图 5-80 中的 3 个组合图形加上进入动画后，单击"动画"选项卡中的"动画窗格"按钮，如图 5-81 所示，可以在右侧弹出"动画窗格"，在"动画窗格"中可以看到各个元素对象所加入的动画及动画播放顺序，如图 5-82 所示，选择一个动画后，可看到每个动画都是单击时开始，如图 5-83 所示。

图 5-79 "添加动画"下拉列表

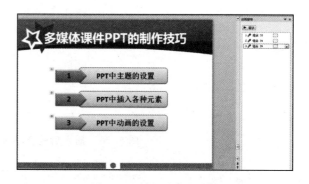

图 5-80 插入动画示例

图 5-81 打开动画窗格

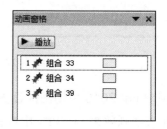

图 5-82 动画窗格

动画的开始时间有 3 种，分别是：

① 单击时：播放 PPT 时，单击或者按空格键时，触发该动画，如图 5-82 所示。

② 与上一动画同时：播放 PPT 时，该动画与上一个动画同时播放，如图 5-84 所示。

③ 上一动画之后：播放 PPT 时，该动画在上一个动画播放完毕后自动播放，如图 5-85 所示。

图 5-83　动画窗格

选择每个动画后，可以右击该动画，在弹出的快捷菜单中选择"效果选项"命令，如图 5-86 所示，弹出"上浮"对话框，在"效果"选项卡中（见图 5-87）可以给相应的动画加上声音及动画播放后的效果；在"计时"选项卡中（图 5-88）可以设置动画开始播放的时间、动画延时的时间、动画持续的时间及动画重复的次数。

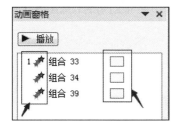

图 5-84　与上一动画同时播放

图 5-85　在上一动画之后播放

图 5-86　选择"效果选项"命令

图 5-87　"上浮"对话框

根据播放幻灯片的需要，加完进入动画后，还可以给元素对象加入强调动画和退出动画。如图 5-89 所示，给第 3 个组合图形对象添加强调动画，给第 1 和第 2 个组合图形对象添加退出动画。

图 5-88 "计时"选项卡

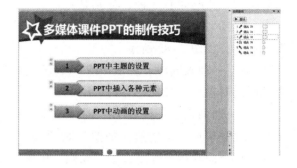

图 5-89 强调动画和退出动画

4. 打印 PowerPoint 2010

将制作好的"多媒体课件 PPT 的制作技巧.pptx"打印输出，选择"文件"→"打印"命令，如图 5-90 所示，在右侧窗口中可以设置打印的相关信息，包括打印份数，用哪台打印机打印，打印哪些文件中的哪些幻灯片，每页打印几张幻灯片（见图 5-91），单面打印还是双面打印，打印的顺序及颜色等。

图 5-90 "打印"界面

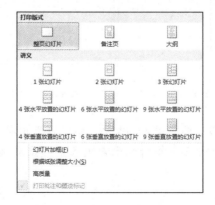

图 5-91 "打印版式"区域设置

案例实训

在本章案例 1 的案例实训基础上，丰富所做的 PPT 文件，在文件里面插入相关视频、背景音乐、超链接，并为每页幻灯片中的内容设置播放动画。

本 章 测 试

测 试 一

一、单选题

1. 在 PowerPoint 2010 中，默认演示文稿的扩展名是（　　）。

　　A. .PPT　　　　　　B. .PPB　　　　　　C. .PPTX　　　　　　D. .PPG

2. 在 PowerPoint 2010 中，模板的扩展名为（　　）。

　　A. .potx　　　　　　B. .pot　　　　　　C. .ppbx　　　　　　D. .ppa

3. 在 PowerPoint 2010 中，下列（　　）不是 PPT 的母版。

　　A. 幻灯片母版　　B. 普通母版　　　C. 讲义母版　　　D. 备注母版

4. PowerPoint 2010 提供了几种视图方便用户进行操作，分别是普通视图、幻灯片浏览视图、母版视图、阅读视图、演示者视图和（　　）。

　　A. 幻灯片放映视图　　　　　　　B. 图片视图

　　C. 文字视图　　　　　　　　　　D. 一般视图

5. 幻灯片中占位符的作用是（　　）。

　　A. 表示文本长度　　　　　　　　B. 限制插入对象的数量

　　C. 表示图形大小　　　　　　　　D. 为文本、图形预留位置

6. 下列操作中，不能退出 PowerPoint 2010 的操作是（　　）。

　　A. 单击"文件"下拉菜单中的"关闭"命令

　　B. 单击"文件"下拉菜单的"退出"命令

　　C. 按快捷键 Alt+F4

　　D. 双击 PowerPoint 2010 窗口的控制菜单图标

7. 下列制作幻灯片模板的方法中，错误的是（　　）。

　　A. 更改已经应用的设计模板并保存为新的模板

　　B. 使用"内容向导"建立模板

　　C. 使用模板库挑选模板

　　D. 在空白的幻灯片中自己设计模板

8. PowerPoint 2010 中，下列说法错误的是（　　）。

　　A. 可以向已存在的幻灯片中插入剪贴画

　　B. 不可以为剪贴画重新上色

　　C. 可以修改剪贴画

D. 可以利用自动版式建立带剪贴画的幻灯片，用来插入剪贴画

9. 不能作为 PowerPoint 2010 演示文稿的插入对象的是（   ）。

    A. Windows 操作系统   B. Excel 工作簿

    C. 图像文档   D. 图表

10. 幻灯片的背景可以通过（   ）菜单项更换。

    A. 开始   B. 插入   C. 设计   D. 视图

11. 在 PowerPoint 2010 中，播放、应用设计模板时，应选择的选项卡是（   ）。

    A. 文件   B. 格式   C. 工具   D. 插入

12. 如果用户要将 PPT 的文件存储为直接放映类型，这时应选择的文件名扩展名为（   ）。

    A. .PPTX   B. .PPSX   C. .HTM   D. .AVI

二、判断题

1. 选择"文件"菜单下的"新建"功能和单击常用工具栏上的"新建幻灯片"按钮作用是相同的，都是建立一个空演示文稿。   （   ）

2. 每一张幻灯片均可以使用不同的版式。   （   ）

3. 不能在"大纲"视图窗格插入新的幻灯片。   （   ）

4. 在 PowerPoint 2010 中，可以更换幻灯片的背景。   （   ）

5. 在 PowerPoint 2010 中，可以通过插入"超链接"改变幻灯片的播放顺序。

                                      （   ）

测　试　二

一、单选题

1. "幻灯片切换"对话框中换页方式有自动换页和手动换页，以下叙述中正确的是（   ）。

    A. 同时选择"单击鼠标换页"和"每隔__秒"两种换页方式，"单击鼠标换页"方式不起作用

    B. 可以同时选择"单击鼠标换页"和"每隔__秒"两种换页方式

    C. 只允许在"单击鼠标换页"和"每隔__秒"两种换页方式中选择一种

    D. 同时选择"单击鼠标换页"和"每__隔秒"两种换页方式，"每__隔秒"方式不起作用

2. 在 PowerPoint 2010 中按功能键 F5 的功能是（   ）。

    A. 打开文件   B. 样式检查   C. 打印预览   D. 观看放映

3. 在幻灯片的放映过程中要中断放映，可以直接按（   ）键。

    A. Alt+F4   B. Ctrl+X   C. Esc   D. End

4. 在 PowerPoint 2010 中，若希望在放映幻灯片的同时选择"笔"在幻灯片上做标记讲解，应选择的幻灯片放映方式是（   ）。

    A. "演讲者"放映方式   B. "在展台浏览"放映方式

C. "观众自行浏览" 放映方式　　　D. 以上均上不能实现

5. 要使幻灯片在放映时能够自动播放，需要为其设置（　　）。

　　A. 预设动画　　　　B. 排练计时　　　C. 动作按钮　　　D. 录制旁白

6. 要使幻灯片中的一段文字放映时有向上滚动字幕效果，需要选择"动画"选项卡中的（　　）。

　　A. 动画窗格　　　B. 添加动画　　　C. 高级动画　　　D. 效果选项

7. 在 PowerPoint 2010 中，取消幻灯片中的对象的动画效果可通过执行（　　）命令来实现。

　　A. "幻灯片放映"中的"自定义动画"

　　B. "幻灯片放映"中的"自定义放映"

　　C. "动画"中的"淡出"

　　D. "动画"中的"无"

8. 给幻灯片内所选定的每一个对象设置动画顺序可以通过（　　）打开任务窗格进行调整。

　　A. 动画窗格　　　B. 效果选项　　　C. 动画刷　　　D. 延迟

9. 在 PowerPoint 2010 中，若希望在放映幻灯片时某些幻灯片不予显示出来，可以选择（　　）中的隐藏幻灯片。

　　A. 动画　　　　B. 幻灯片放映　　C. 切换　　　　D. 设计

10. 在 PowerPoint 2010 中，若为幻灯片中的对象设置"飞入"动画，应选择(　　)。

　　A. 动画菜单　　　B. 插入动画　　　C. 自定义动画　　D. 高级动画

11. 在一个屏幕上同时显示两个演示文稿并进行编辑，下列方法正确的是（　　）。

　　A. 无法实现

　　B. 打开一个演示文稿，选择"插入"菜单中"幻灯片"命令

　　C. 打开两个演示文稿，选择"视图"菜单中的"全部重排"命令

　　D. 打开两个演示文稿，选择"窗口"菜单中"缩至一页"命令

二、判断题

1. 同一个对象可以设置多种动画效果。　　　　　　　　　　　　　（　　）

2. 在 PowerPoint 2010 中，若希望在放映的过程中仍然能看到任务栏，应该选择"观众自行浏览"放映方式。　　　　　　　　　　　　　　　　　（　　）

3. 在 PowerPoint 2010 中，如果在幻灯片母版的"占位符"中设置了动画效果，不能应用到那些已经设置动画效果的幻灯片。　　　　　　　　　　（　　）

4. 幻灯片放映时不显示备注页下面添加的备注内容。　　　　　　　（　　）

5. 不可以通过设置效果选项来为动画配声音。　　　　　　　　　　（　　）

计算机网络基础 <<<

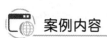 6.1 【案例1】掌握计算机网络基础知识与基本操作

 案例内容

张慧新购置了一台笔记本式计算机，同时她也是一个刚刚接触计算机网络的"新手"，她非常渴望通过计算机网络多学习一些课程以外的知识。平时，张慧想通过网络查看各种新闻信息，在网络上搜索一些专业知识，下载一引起学习资料、音乐、视频等，以及通过网络购买喜欢的东西。那么，张慧该如何学习计算机网络和应用Internet工具呢？

案例中的知识点

- 计算机网络基础知识。
- Internet基础知识。
- IE浏览器的使用。
- Internet搜索引擎和网络资源下载。

案例讲解

1. 计算机网络基础知识

1）计算机网络的定义

计算机网络是指将地理位置不同的具有独立功能的多台计算机及其外围设备，通过通信线路连接起来，在网络操作系统、网络管理软件及网络通信协议的管理和协调下，实现资源共享和信息传递的计算机系统。

简单地说，计算机网络就是通过电缆、电话线或无线通信将两台以上的计算机互联起来的集合。

2）计算机网络的形成与发展

计算机网络的形成与发展历史，大致可以分为以下4个阶段：

第一阶段：诞生阶段（以主机为中心的终端联机系统）。

第一阶段可以追溯到20世纪50年代，典型应用是由一台计算机和全美范围内

2 000 多个终端组成的飞机订票系统。终端是一台计算机的外围设备，包括显示器和键盘，无 CPU 和内存。当时，人们把计算机网络定义为"以传输信息为目的而连接起来，实现远程信息处理或进一步达到资源共享的系统"，但这样的通信系统已具备网络的雏形。

第二阶段：形成阶段（以通信子网为中心的主机互联）。

第二阶段是从 20 世纪 60 年代由美国国防部高级研究计划局协助开发的 ARPANet 与分组交换技术开始。ARPANet 是计算机网络技术发展中的一个里程碑，它的研究对促进网络技术发展和理论体系的形成起到重要的推动作用，并为 Internet 的形成奠定了坚实的基础。

6-1 计算机网络的发展和分类

第三阶段：互联互通阶段（具有层次化体系结构的标准化网络）。

第三阶段是从 20 世纪 70 年代中期开始，ARPANet 兴起后，计算机网络发展迅猛，各大计算机公司相继推出自己的网络体系结构及实现这些结构的软硬件产品。由于没有统一的标准，不同厂商的产品之间互联很困难，人们迫切需要一种开放性的标准化实用网络环境，这样应运而生了两种国际通用的最重要的体系结构，即 TCP/IP 体系结构和国际标准化组织（ISO）的 OSI/RM 体系结构。

第四阶段：高速网络技术阶段（新一代计算机网络）。

20 世纪 90 年代至今的第四代计算机网络，由于局域网技术发展成熟，出现光纤及高速网络技术、多媒体网络、智能网络，整个网络就像一个对用户透明的大的计算机系统，这个阶段最富有挑战性的话题是 Internet 应用技术、无线网络技术、对等网络技术与网络安全技术。

3）计算机网络的功能

计算机网络的主要功能是实现信息传输和资源共享。

（1）资源共享

计算机共享的资源是指计算机的软件、硬件与数据资源。硬件资源共享是指各种类型的计算机、大容量存储设备、计算机外围设备，如彩色打印机、静电绘图仪等。软件资源共享包括各种应用软件、工具软件、系统开发所用的支撑软件、语言处理程序、数据库管理系统等。数据资源共享包括数据库文件、数据库、办公文档资料、企业生产报表等。

（2）网络通信

网络通信是计算机网络最基本的功能，主要完成计算机网络中各个结点之间的系统通信。通信通道可以传输各种类型的信息,包括数据信息和图形、图像、声音、视频流等各种多媒体信息。

（3）分布式处理

用计算机处理复杂的任务时，可以把要处理的任务分散到各个计算机上运行，而不是集中在一台计算机上。这样，不仅可以降低软件设计的复杂性，而且还可以大大提高工作效率和降低成本。

4）计算机网络的分类

由于计算机网络自身的特点，其分类方法有多种。根据不同的分类原则，可以得到不同类型的计算机网络。

（1）按覆盖范围分类

按网络所覆盖的地理范围的不同，计算机网络可分为个人区域网（PAN）、局域网（LAN）、城域网（MAN）、广域网（WAN）。

按照覆盖距离从小到大排列：连接用户计算机身边 10 m 之内计算机、打印机、PDA 与智能手机等数字终端设备的网络称为个人区域网；覆盖 10 m～10 km 的网络称为局域网；覆盖 10～100 km 的网络称为城域网；覆盖 100～1 000 km，甚至更大范围的网络称为广域网。

（2）按传播方式分类

按照传播方式不同，可将计算机网络分为"广播式网络"和"点–点式网络"两大类。

广播式网络是指网络中的计算机或者设备使用一个共享的通信介质进行数据传播，一个结点广播信息，网络中的其他结点必须接收信息。

点–点式网络中，任意两个结点之间都有一条专用的线路，即只允许一个结点与另一个结点通信。如果两台计算机之间没有直接连接的线路，那么它们之间的分组传输就要通过中间结点的接收、存储、转发，直至目的结点。

2. 互联网基础知识

1）网络协议的定义

计算机网络中的结点进行通信时，它们必须采用相同的信息交换规则，把计算机网络中用于规定交换信息的格式以及如何发送和接收信息的一整套规则称为网络协议或通信协议。

2）TCP/IP 协议

TCP/IP（Transfer Control Protocol/Internet Protocol）协议称为传输控制/网际协议，又称网络通信协议，是 Internet 国际互联网络的基础。

TCP/IP 是网络中使用的基本通信协议。虽然从名字上看 TCP/IP 包括两个协议，即传输控制协议（TCP）和网际协议（IP），但实际上 TCP/IP 是用于计算机通信的一组协议，我们通常称为 TCP/IP 协议族，它包括上百个各种功能的协议，如远程登录、文件传输和电子邮件等，而 TCP 协议和 IP 协议是保证数据完整传输的两个基本的重要协议。它是 20 世纪 70 年代中期美国国防部为 ARPANet 开发的网络体系结构和协议标准，以它为基础组建的 Internet 是目前国际上规模最大的计算机网络，正是因为 Internet 的广泛使用，使得 TCP/IP 成了事实上的标准。

3）IP 地址

IP 地址是网际协议地址（Internet Protocol Address, IP 地址）的简称，用于唯一标识互联网上的计算机。

通常所说的 IP 地址是用 32 位的二进制数来表示的，也可称为 IPv4（表示 IP 地址的第 4 个版本）地址，为了便于记忆，将它们分为 4 组，每组 8 位，由小数点分开，表示成 4 个十进制数，例如，202.98.120.45，称为点分十进制表示法。它的地址由类别、网络地址和主机地址 3 个部分组成。类别用于区分地址的使用方式，网络地址用于区分不同的网络，主机地址用于在一个网络中区分主机。IP 地址可以记为 "IP 地址={（网络号），（主机号）}"。

由于 IP 地址是有限资源，为了更好地管理和使用 IP 地址，Inter NIC 根据网络规模的大小将 IP 地址分为 5 类：A 类（Class A）、B 类（Class B）、C 类（Class C）、D 类（Class D）、E 类（Class E）。其中 A、B 和 C 类地址是基本的 Internet 地址，是用户使用的地址；D 类地址是用于多目标广播的广播地址；E 类地址为保留地址。

6-2 IP 地址和域名

A 类地址通常分配给有许多主机的大型网络，第一位 "0" 作为标志位，7 位表示网络位，表示 A 类地址最多有 $2^7-2=126$ 个网络，每个网络最多有 $2^{24}-2=16\,777\,214$ 台主机。

B 类地址用 "10" 作为标志，网络地址 14 位，网络数目 $2^{14}-2=16\,382$ 个，每个网络有 $2^{16}-2=65\,534$ 台主机，该地址适合中型网络使用。

C 类地址用 "110" 作为标志，网络地址 21 位，网络数目 $2^{21}-2=2\,097\,150$ 个，主机地址占 8 位，网内主机数目有 $2^8-2=254$ 个，C 类地址主要用于联网主机数目少而网络数目多的网络。

D 类地址的标志是 "1110"，用于多目标广播。

随着互联网用户数量的快速增长，IPv4 的有限地址空间将被耗尽，为了解决地址不足的问题，IETF 设计了用于替代 IPv4 的下一代 IP 协议——IPv6，由 128 位的二进制代码表示，即最大地址个数为 2^{128} 个，有人曾形象地比喻 IPv6 可以 "让地球上的每一粒沙子都拥有一个 IP 地址"。

4）域名系统

互联网上的每个设备都具有唯一的 IP 地址，如某校计算机系的主机 IP 地址为202.98.120.45。这样一串枯燥的数字，既难记忆又不易理解，为了解决这个问题，就引入了符号化的地址方案域名，用以替代 IP 地址，如 www.baidu.com。

域名虽然便于人们记忆，但机器之间只能互相识别 IP 地址，它们之间的转换工作称为域名解析，这个工作需要由专门的域名解析系统（Domain Name System，DNS）来完成。

域名的一般格式如下：

主机名.三级域名.二级域名.顶级域名

顶级域名分为两类，一类是国家和地区顶级域名，如.cn 代表中国，.us 代表美国，.jp 代表日本；另一类是国际顶级域名，如.net 代表网络服务提供商，.edu 代表教育机构，.com 代表商业组织。所有的顶级域名都由 Inter NIC 控制。

二级域名是指顶级域名之下的域名，由 Inter NIC 授权其他组织管理。拥有二级域名的单位再将二级域名分为更低级别的三级域名授权给下一级部门，域名等级最多不超过 5 层。

5）URL 和 HTTP

统一资源定位器（URL）是用于完整地描述 Internet 网页和其他资源地址的一种标识方法。

Internet 上的每一个网页都具有一个唯一的名称标识，通常称为 URL 地址，这种地址可以是本地磁盘，也可以是局域网上的某一台计算机，更多的是 Internet 上的站点。简单地说，URL 就是 Web 地址，俗称"网址"。

统一资源定位符由 3 部分组成：协议类型、主机名、路径及文件名。例如，南开大学的 Web 服务器的 URL 为 http://www.nankai.edu.cn/index.html，其中，超文本传输协议"http"指要使用的协议类型，"www.nankai.edu.cn"指要访问的服务器的主机名，"index.html"指要访问的主页的路径与文件名。

6）计算机网络的拓扑结构

拓扑结构一般指点和线的几何排列或组成的几何图形。计算机网络的拓扑结构是指一个网络的通信链路和结点的几何排列或物理布局图形。链路是网络中相邻两个结点之间的物理通路，结点指计算机和有关的网络设备，甚至指一个网络。按拓扑结构，计算机网络可分为以下 5 类。

（1）总线结构

网络中所有的结点都连接到一根通信总线上，通过总线进行信息的传输。总线上任何一个结点发送的信息会沿着总线向两端传输扩散，从而使网络中的所有结点都收到这个信息，这种传输方式类似广播电台的传输，因此，总线网络适用于广播式网络。

总线网络的特点主要是结构简单灵活，便于扩充，建网容易。由于多个结点共用一条传输信道，故信道利用率高，但容易产生访问冲突；传输速率高，可达 1～100 Mbit/s。总线结构如图 6-1 所示。

（2）星状结构

星状拓扑是以中央结点为中心与各结点连接组成的，多结点与中央结点通过点到点的方式连接。拓扑结构如图 6-2 所示，中央结点执行集中式控制策略，因此中央结点相当复杂，负担比其他各结点重得多。

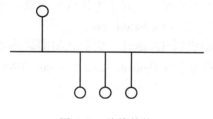

图 6-1　总线结构

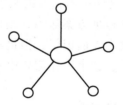

图 6-2　星状结构

星状网络的特点是：网络结构简单，便于管理；控制简单，建网容易；网络延迟时间较短，误码率较低；网络共享能力较差；通信线路利用率不高；中央结点负荷太重。

（3）环状结构

环状网中各结点通过环路接口连在一条首尾相连的闭合环形通信线路中，拓扑结构如图 6-3 所示，环上任何结点均可请求发送信息。

环状网络的主要特点是信息在网络中沿固定方向流动，两个结点间仅有唯一的通路，大大简化了路径选择的控制；某个结点发生故障时，可以自动旁路，可靠性较高；由于信息是串行穿过多个结点环路接口，当结点过多时，使网络响应时间变长。但当网络确定时，其延时固定，实时性强。

6-3 网络的软硬件
和拓扑结构

（4）树状结构

树状网络如图 6-4 所示，主要特点是结构比较简单，成本低。在网络中，任意两个结点之间不产生回路，每个链路都支持双向传输。网络中结点扩充方便灵活，寻找链路路经比较方便。但在这种网络系统中，除叶结点及其相连的链路外，任何一个结点或链路产生的故障都会影响整个网络。

树状结构可以看成是星状拓扑结构的一种扩展，树状拓扑网络适用于汇集信息。

（5）网状结构

网状拓扑结构又称无规则型，如图 6-5 所示，是广域网中最常采用的一种网络形式，是典型的点到点结构。网状拓扑结构的主要特点是网络可靠性高，一般通信子网任意两个结点交换机之间，存在着两条或两条以上的通信路径。这样，当一条路径发生故障时，还可以通过另一条路径把信息送到结点交换机。另外，网状结构可扩充性好，该网络无论是增加新功能，还是要将另一台新的计算机入网，以形成更大或更新的网络，都比较方便；网络可建成各种形状，采用多种通信信道、多种传输速率。

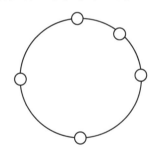

图 6-3 环状结构

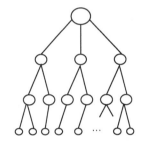

图 6-4 树状结构

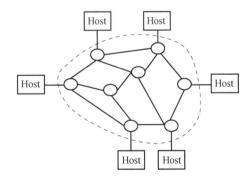

图 6-5 网状结构

以上介绍了 5 种基本的网络拓扑结构，事实上以此为基础，还可构造出一些更复杂的复合型网络拓扑结构。

3. 浏览器的使用

目前浏览器的种类很多，常用的有 IE、360 浏览器和腾讯浏览器等。IE（Internet Explorer）是 Microsoft 公司开发的浏览器软件。

（1）IE 界面介绍

启动 IE 后，会自动打开 IE 浏览器窗口，并自动打开用户所设置的"主页"，界面如图 6-6 所示。IE 支持标签式显示网页，即在一个窗口中可以同时打开多个网页。

图 6-6　IE 浏览器窗口

（2）浏览 Web 网页

在浏览器地址栏里输入 URL 地址，按 Enter 键，开始连接，当状态栏中显示"完成"字样后，即可在当前网页选项卡里打开显示 URL 所指向的网页。

（3）默认主页的设置

默认主页是启动浏览器时直接进入的网页。设置方法是：在 IE 浏览器窗口选择"工具"→"Internet 选项"命令，在弹出对话框的"常规"选项卡中，"主页"一栏输入默认的主页地址，设置完成后，单击"确定"按钮即可，如图 6-7 所示。

（4）收藏夹的使用

收藏夹是在上网时方便用户记录自己喜欢、常用的网站，把它放到一个文件夹中，想用时可以随时找到并打开（具体操作可参见本节"案例实训"部分）。

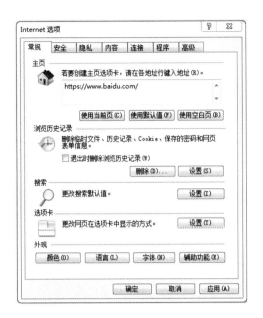

图 6-7 "Internet 选项"对话框

（5）保存网页与图片

打开的网页和其中的图片可以保存在计算机的磁盘上。

① 保存网页：单击"页面"→"另存为"命令，弹出"保存网页"对话框，在对话框中选择保存位置、保存类型和输入文件名，如图 6-8 所示。

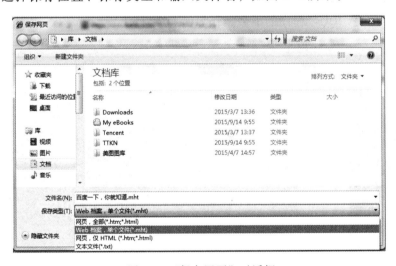

图 6-8 "保存网页"对话框

② 保存图片，在页面图片上右击，执行快捷菜单中的"图片另存为"命令。

（6）查看历史记录

用户通过 IE 浏览器曾经访问过的网址会被 IE 浏览器记录下来，可以通过"历史"记录查看。单击收藏夹按钮，选择"历史记录"即可查看网页，如图 6-9 所示。

图 6-9　查看历史记录

4. 互联网资源搜索及下载

在互联网海量的信息中，用户如果不是很了解所需信息在什么网站上，信息搜索就显得非常重要。想要快速找到需要的信息，通常利用专业的搜索引擎进行信息搜索。

目前比较流行的搜索引擎有百度（www.baidu.com）等。

互联网上有许多资源可以下载，如图片、软件、视频、音乐等。通常情况下这些网络资源以网页的形式对外发布，用户可以通过单击页面上相应的超链接进行下载。图 6-10 所示的是"QQ"程序的下载操作界面。

图 6-10　下载"QQ 安装程序"

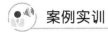 案例实训

1）对常用操作进行设置

（1）选项卡浏览设置

单击 IE 浏览器窗口选择"工具"→"Internet 选项"命令，在弹出的对话框中单击"设置"按钮，弹出"选项卡浏览设置"对话框，如图 6-11 所示，根据自己的操作习惯，在该对话框里做相应的设置。

（2）设置主页

单击 IE 浏览器窗口选择"工具"→"Internet 选项"命令，弹出图 6-7 所示的对话框，在"主页"文本框中输入主页的 URL 地址，单击"确定"按钮即可。

（3）整理收藏夹

单击 IE 浏览器窗口中的"收藏夹"→"添加到收藏夹"下拉列表中的"整理收藏夹"按钮，在弹出的对话框中，对收藏夹中的文件夹进行相应的操作，如图 6-12 所示。

（4）将已打开的网页添加到收藏夹中

对于想要保存的网页，单击 IE 浏览器窗口中的"收藏夹"→"添加到收藏夹"按钮，弹出图 6-13 所示的对话框，输入网页名称并选择创建位置，单击"添加"按钮即可。

2）通过 Internet 网络，获取"QQ"程序的安装文件

① 在 IE 浏览器中打开任意搜索引擎（如 http://www.baidu.com），输入关键字 QQ，按 Enter 键，打开图 6-14 所示的页面，该页面列举出了"Internet 信息库"中符合关键字的网页链接列表。

② 在结果列表中单击最佳超链接。这里单击第一项（也可以选择其他项），打开新的网页，如图 6-15 所示。

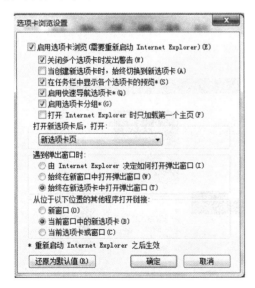

图 6-11 "选项卡浏览设置"对话框

图 6-12 "整理收藏夹"对话框

图 6-13 "添加收藏"对话框

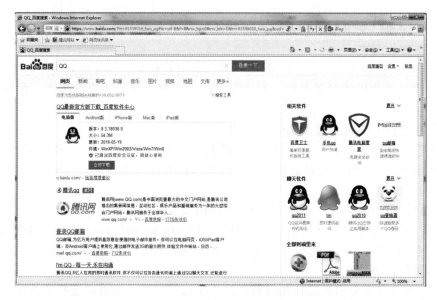

图 6-14 使用百度搜索

图 6-15 QQ 程序下载页面

③ 在新页面中找到用于下载的超链接，单击"高速下载"按钮，在弹出的"文件下载"对话框中单击保存按钮，如图 6-16 所示，将安装文件保存到计算机的磁盘中，打开安装文件双击进行安装。

图 6-16 "文件下载"对话框

6.2 【案例2】了解电子邮件的收发

案例内容

小王刚上大学，想给高中时期的好朋友小张写封信，由于现在网络应用和无线技术的飞速发展，计算机已成为人们日常生活必不可少的用品，而网络中的电子邮件也取代了以前手写寄信的模式。收发电子邮件，就需要申请一个免费的电子邮件信箱，并掌握发送电子邮件的方法。

案例中的知识点

- E-mail 基础知识。
- 申请免费邮箱。
- 利用免费邮箱发送电子邮件。
- 利用邮箱附件来收发文件。

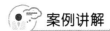

案例讲解

1. E-mail 基础

（1）什么是电子邮件

电子邮件（E-mail，或 Electronic mail）是指 Internet 上或常规计算机网络上的各个用户之间，通过电子信件的形式进行通信的一种现代邮政通信方式。

电子邮件最初是作为两个人之间进行通信的一种机制来设计的，但目前的电子邮件已扩展到可以与一组用户或与一个计算机程序进行通信。由于计算机能够自动响应电子邮件，任何一台连接 Internet 的计算机都能通过 E-mail 访问 Internet 服务，并且，一般的 E-mail 软件设计时就考虑到如何访问 Internet 的服务，使得电子邮件成为 Internet 上使用最为广泛的服务之一。

事实上，电子邮件是 Internet 最为基本的功能之一，在浏览器技术产生之前，Internet 用户之间的交流大多是通过 E-mail 方式进行的。

（2）E-mail 的特点

① 发送速度快：电子邮件通常在数秒内即可送达至全球任意位置的收件人信箱中，其速度比电话通信更为高效快捷。

② 信息多样化：电子邮件发送的信件内容除普通文字内容外，还可以是软件、数据，甚至是录音、动画、电视或各类多媒体信息。

③ 收发方便：收件人无须固定守候在线路另一端，可以在用户方便的任意时间、任意地点，甚至是在旅途中收发 E-mail，从而跨越了时间和空间的限制。

④ 成本低廉：E-mail 最大的优点还在于其低廉的通信价格，用户花费极少的费用即可将重要的信息发送到远在地球另一端的用户手中。

（3）电子邮件协议

SMTP（简单邮件传输协议）、POP3（邮局协议）、IMAP（Internet 邮件访问协议）都是由 TCP/IP 协议族定义的。

SMTP（Simple Mail Transfer Protocol）：主要负责底层的邮件系统如何将邮件从一台机器传至另外一台机器。

POP（Post Office Protocol）：目前的版本为 POP3，POP3 是把邮件从电子邮箱中传输到本地计算机的协议。

IMAP（Internet Message Access Protocol）：目前的版本为 IMAP4，是 POP3 的一种替代协议，提供了邮件检索和邮件处理的新功能，这样用户可以完全不必下载邮件正文就可以看到邮件的标题摘要，从邮件客户端软件就可以对服务器上的邮件和文件夹目录等进行操作。IMAP 协议增强了电子邮件的灵活性，减少了垃圾邮件对本地系统的直接危害，同时相对节省了用户查看电子邮件的时间。除此之外，IMAP 协议可以记忆用户在脱机状态下对邮件的操作（如移动邮件、删除邮件等），在下一次打开网络连接时会自动执行。

（4）电子邮件地址

E-mail 地址是 Internet 上电子邮件信箱的地址，如网易邮箱（形式如×××@163.com 或×××@126.com）、腾讯 QQ 邮箱（形式如×××@qq.com）等。E-mail 地址具有以下统一的标准格式：用户名@服务器名。其中，用户名表示邮件信箱、注册名或信件接收者的用户标识，@符号后是使用的邮件服务器的域名，@可以读成"at"，也就是"在"的意思，整个电子邮件地址可理解为网络中某台服务器上的某个用户的地址。

2. 申请电子邮箱

要想使用电子邮件，常用的方法是到提供电子邮箱服务的网站注册电子邮箱，通过电子邮箱收发电子邮件，电子邮箱有免费和付费两种。

本书以注册免费电子邮箱为例，介绍如何收发电子邮件，具体操作可参见本节"案例实训"部分。

6-4 收发电子邮件

案例实训

（1）申请一个免费电子邮箱

这里以网易电子邮箱（形式如×××@163.com）为例，其申请操作步骤如下：

① 启动 IE 浏览器，在地址栏中输入网址 http://mail.163.com 并按 Enter 键，进入 163 电子邮箱的登录/注册页面，如图 6-17 所示。

② 在登录界面中，单击"注册"按钮，进入注册页面，在注册界面中选择"注册字母邮箱"选项卡，如图 6-18 所示。按照要求填写好有关注册资料（注意：不带星号的选项可填可不填，带红色星号的选项为必填项），然后在邮箱地址栏中输入指定的邮箱名，可以自己命名，由字母数字或下画线组成 6～18 个字符，密码栏中输入密码，然后在确认密码栏中再次输入一致的密码，再输入手机号码和验证码，获取短信验证码之后单击"立即注册"按钮，弹出注册成功界面，如图 6-19 所示。

图 6-17 网易电子邮箱登录界面

图 6-18 网易 163 邮箱的注册界面

图 6-19 注册成功界面

（2）利用免费邮箱所提供的 Web 页面收发电子邮件

① 登录已有邮箱。在 IE 浏览器中输入 http://mail.163.com 并按 Enter 键，进入 163 电子邮箱的登录页面，如图 6-17 所示。输入已注册的邮箱名和密码，单击"登录"按钮进入邮箱的 Web 页面，如图 6-20 所示。

图 6-20　网易邮箱 Web 页面

② 发送邮件。单击已进入的邮箱界面的"写信"按钮，即可以进入写信的界面，如图 6-21 所示。在"收件人"选项栏正确填写要发送的邮件接收人的电子邮箱地址；在"主题"选项栏中填写该邮件的主题（主要让接收方很方便地知道所发送邮件的内容）；在主题下面的文字编辑栏中写好邮件的内容，如果还想将此邮件发送给其他人，可以在收件人栏中继续填写其他的邮箱地址，地址和地址之间用分号"；"隔开；编辑好后，单击邮件左上角的"发送"按钮即可进行发送，当出现图 6-22 所示的提示信息时，表示邮件发送成功。

③ 添加附件。利用 163 电子邮箱的添加附件功能，可以发送图片、表格、文稿、歌曲或视频等格式的文件。发送附件要单击"主题"选项栏下方的"添加附件"按钮，如图 6-23 所示，在弹出的对话框中找到想要发送的附件，如图 6-24 所示。然后单击"打开"按钮，可添加想要发送的附件，如果想要发送的附件不止一个，则继续单击"添加附件"按钮。

④ 查收电子邮件的方法。在页面左边的任务窗格中单击"收信"或"收件箱"按钮，如图 6-25 所示。在打开的界面里，找到他人发送过来的新邮件（显示的是未读邮件），单击邮件标题（即主题）即可查看邮件；当然也可以查看以前接收的已读邮件（显示的是已读邮件）。在打开的邮件界面中，有"回复"和"转发"选项，单击"回复"按钮，可以撰写信件内容回复给发件人，也可以单击"转发"按钮将邮件转发给其他收件人。

图 6-21 "写信"界面

图 6-22 邮件发送成功提示信息

图 6-23 单击"添加附件"按钮

图 6-24 "选择要上载的文件"对话框

图 6-25 查收电子邮件页面

⑤ 所有的收发邮件工作完成后，单击邮箱上方的"退出"按钮，即可安全退出电子邮箱。

6.3 【案例 3】掌握路由器的设置

案例内容

同学小张申请了因特网宽带接入业务，家中的台式机、笔记本式计算机和手机等设备就可以通过无线上网，既方便又快捷。本案例主要讲述路由器的连接方法及基本配置。

案例中的知识点

- IP 地址的设置。
- DHCP 的作用。
- 路由器硬件连接。

案例讲解

无线路由器可以实现宽带共享功能，为局域网内的计算机、手机、笔记本式计算机等终端提供有线、无线接入网络。

1. 线路连接

没有使用路由器时，计算机直接连接宽带上网，现在则使用路由器共用宽带上网，需要用路由器来直接连接宽带。根据入户宽带线路的不同，可以分为网线、电话线、光纤 3种接入方式。具体如何连接请参考图 6-26 所示。

6-5 路由器的设置

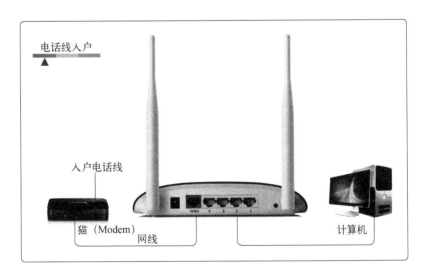

图 6-26　路由器网线连接图

注意：宽带线一定连接到路由器 WAN 口，WAN 口颜色与 LAN 口不同，计算机连接 1\2\3\4 任意一个端口。

2．计算机的设置

设置路由器之前，需要将计算机设置为自动获取 IP 地址。Windows 系统有线网卡自动获取 IP 地址的详细设置如下：

① 进入 Windows 系统的经典桌面，右击桌面右下角网络图标，选择"打开网络和共享中心"命令，如图 6-27 所示。

图 6-27　选择"打开网络和共享中心"命令

② 弹出"网络和共享中心"界面，单击"更改适配器设置"超链接，如图 6-28 所示。

图 6-28　"网络和共享中心"界面

③ 在打开的界面中右击"以太网"，选择"属性"命令，如图 6-29（a）所示。
④ 在弹出的对话框中选中"Internet 协议版本 4（TCP/IPv4）"，单击"属性"按钮，如图 6-29（b）所示。

（a）

（b）

图 6-29　"以太网 属性"对话框

⑤ 在弹出的对话框中选择"自动获得 IP 地址""自动获得 DNS 服务器地址"单选按钮，单击"确定"按钮，如图 6-30 所示。

图 6-30 "Internet 协议版本 4（TCP/IPv4）属性"对话框

⑥ 若想查看计算机是否成功获取 IP 地址，可右击"以太网"，选择"状态"命令，在弹出的对话框中单击"详细信息"按钮，如图 6-31 所示。

⑦ 在弹出的对话框中确认"已启用 DHCP"是否为"是"，而且可看到自动获取到的 IPv4 地址、默认网关、DNS 服务器地址等信息，表明计算机自动获取 IP 地址成功，如图 6-32 所示。至此，有线网卡自动获取 IP 地址设置完成。

图 6-31 "以太网 状态"对话框

图 6-32 "网络连接详细信息"对话框

3. 登录管理界面

（1）输入路由器管理地址

打开 IE 浏览器，清空地址栏并输入路由器管理 IP 地址（192.168.1.1）（见图 6-33），按 Enter 键后将弹出登录框。

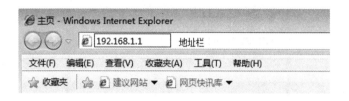

图 6-33　路由器登录地址窗口

注意：部分路由器使用 tplogin.cn 登录，路由器的具体管理地址建议在壳体背面的标贴上查看。

（2）登录管理界面

初次进入路由器管理界面，为了保障设备安全，需要设置管理路由器的密码，请根据界面提示进行设置，如图 6-34 所示。

注意：部分路由器需要输入用户名和密码，均输入 admin 即可。

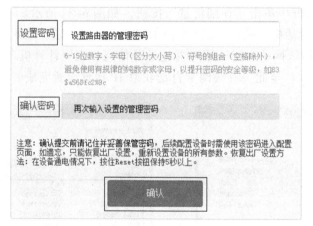

图 6-34　登录管理界面

4. 按照设置向导设置路由器

（1）开始设置向导

进入路由器的管理界面后，单击"设置向导"按钮，再单击"下一步"按钮。

（2）选择上网方式

如果通过运营商分配的宽带账号密码进行 PPPoE 拨号上网，则上网方式选择 PPPoE（ADSL 虚拟拨号），单击"下一步"按钮。否则选择"让路由器自动选择上网方式（推荐）"，如图 6-35 所示。

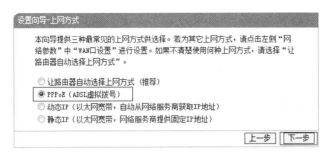

图 6-35　上网方式选择界面

（3）输入上网宽带账号和密码

在对应设置框中输入运营商提供的宽带账号和密码，并确定该账号密码输入正确，如图 6-36 所示。

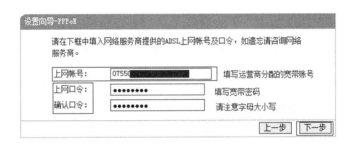

图 6-36　账号和密码设置界面

注意：很多用户因为输错宽带账号密码导致无法上网，请仔细检查入户的宽带账号密码是否正确，注意中英文输入、字母大小写、后缀等是否输入完整。

（4）设置无线参数

SSID 即无线网络名称（可根据实际需求设置），选中 WPA-PSK/WPA2-PSK 并设置 PSK 无线密码，单击"下一步"按钮，如图 6-37 所示。

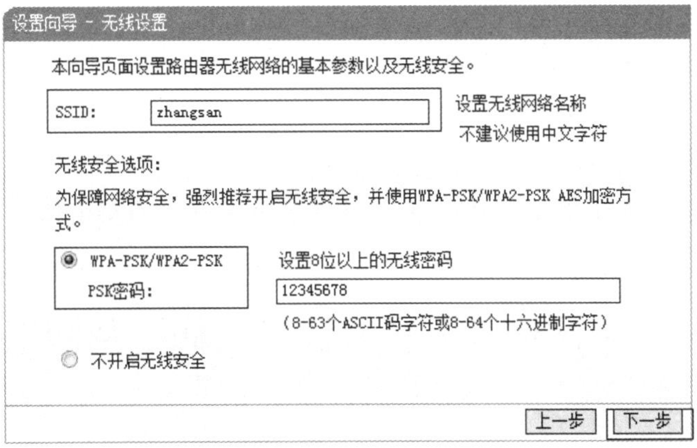

图 6-37　无线参数设置界面

注意：无线密码用来保证无线网络安全，确保不被别人蹭网。

（5）设置完成

单击"完成"按钮，设置向导完成，如图 6-38 所示。

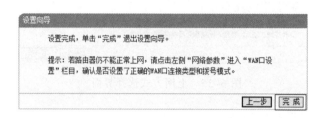

图 6-38 路由器配置完成

注意：部分路由器设置完成后需要重启计算机，单击"重启"按钮即可。

5. 确认设置成功

设置完成后，进入路由器管理界面，单击运行状态，查看 WAN 口状态，图 6-39 中的 IP 地址不为 0.0.0.0，则表示设置成功。

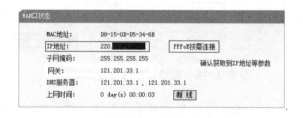

图 6-39 查看 WAN 口状态

至此，网络连接成功，路由器已经设置完成。计算机连接路由器后无须进行宽带连接拨号，可直接打开网页上网。

如果还有其他计算机需要上网，用网线直接将计算机连接在 1\2\3\4 接口即可尝试上网，不需要再配置路由器。如果是笔记本式计算机、手机等无线终端，无线连接到路由器直接上网即可。

 案例实训

按照本章案例 3 中所讲解的路由器设置方法设置家中的路由器。

 6.4 【案例 4】了解计算机病毒及网络安全

案例内容

小张刚买了一台配置较高的计算机，没过多久便发现计算机的运行速度越来越

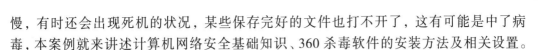

慢，有时还会出现死机的状况，某些保存完好的文件也打不开了，这有可能是中了病毒，本案例就来讲述计算机网络安全基础知识、360杀毒软件的安装方法及相关设置。

 案例中的知识点

- 计算机网络安全基础知识。
- 计算机病毒基础知识。
- 360杀毒软件的使用。

 **案例讲解**

1．计算机病毒

1）计算机病毒概念及特点

"计算机病毒"（Virus）与医学上的"病毒"不同，它不是天然存在的，是某些人利用计算机软、硬件固有的脆弱性，编制的具有能破坏计算机功能或者毁坏数据，影响计算机使用的程序。

计算机病毒具有以下几个方面的特征：

（1）传染性

传染性是计算机病毒最主要的特点。病毒一旦侵入计算机或者网络，它就会利用其他符合其自身传染条件的程序或存储介质进行自我繁殖。如果不及时清除病毒，它就会在计算机或者网络中迅速扩散，这样会使很多文件或者网页被传染，以致于获取不到或者使原来的信息失真。

（2）寄生性

计算机病毒不能脱离计算机而单独存在，它只能寄生在计算机上。

（3）潜伏性

大部分的病毒感染计算机或者网络之后，一般不会马上"见效"，它可能长期隐藏在计算机或者网络中，只有在满足其触发事件条件时才能启动。著名的CIH病毒每逢4月26日就会发作。

（4）破坏性

病毒对计算机本身的破坏主要表现为占用CPU时间和内存空间，从而导致进程堵塞，并对数据或者文件进行破坏、干扰计算机相关设备的正常工作等，最坏情况是导致系统崩溃；计算机病毒对网络的破坏性主要表现为使网页嵌入违法的网站或者网页、自动下载相关病毒用于破坏计算机等。

（5）可触发性

计算机病毒大部分在满足触发事件条件的情况下发作，这个条件可以是某个日期、鼠标的点击次数或者是某个文件的调用等。

2）计算机病毒的分类

计算机病毒的分类标准是多种多样的，而且不同的分类标准又有不同的类别，这里只介绍两种常见的网络病毒。这里是按照传播媒介对计算机病毒进行分类。

（1）蠕虫（Worm）

在生物上，蠕虫是一种体积很小、繁殖较快、爬行较迟缓的小虫子。用蠕虫来命名计算机病毒，就是用来比喻染上这种病毒的计算机运行起来就像蠕虫爬行那样缓慢。"蠕虫"并不毁坏计算机数据，但是它会占用大量存储空间，使计算机的运行速度大大降低。"蠕虫"是通过计算机安全系统存在的固有的漏洞进入计算机系统的。与其他病毒一样，它会自我复制；但是和其他病毒不同的是，它不需要粘附在文档或者其他可执行性文件上来达到自己的目的。

网络蠕虫程序是一种通过网络连接从一个系统传播到另外一个系统的感染病毒程序。它主要是通过 Web 网络进行传播。例如，CodeRed（红色代码）蠕虫病毒，就是利用微软 Web 服务器 IIS 4.0 或者 5.0 中的 Idex 服务的安全缺陷来破坏目标机器的，并通过自动扫描感染的方式来传播"蠕虫"。

（2）特洛伊木马（Trojan Horse）

特洛伊木马内部包含着一段隐藏的、激活时能够进行某种破坏的代码。这是一种很常见的攻击性病毒。当计算机被传染时，从表面上看，不感染其他文件，不破坏计算机系统，同时也不进行自我复制，但是其中却隐藏着秘密指令，可谓是一种"深藏不露"的病毒。隐藏在其中的指令可能随时会悄悄地启动，删除用户文件、窃取密码信息等。

3）计算机病毒的预防和清除

（1）建立良好的安全习惯

对一些来历不明的邮件及附件不要打开，不要浏览一些不太了解的网站，不要执行从 Internet 下载后未经杀毒处理的软件，不要共享有读写权限的文件夹或磁盘，机器间文件的复制要先进行病毒查杀。

（2）经常升级安全补丁

一部分病毒是通过系统安全漏洞进行传播的，像红色代码、尼姆达、SQL Slamer、冲击波、震荡波等病毒，应密切关注病毒、漏洞预警，及时修补系统漏洞补丁。

（3）使用复杂的用户口令

有许多病毒是通过猜测用户口令的方式攻击系统的。因此使用复杂的口令，会提高计算机的病毒防范能力。一般来讲，复杂的口令须具备：长度 8 位或 8 位以上，口令中必须含字母、数字，而且字母分大小写。

（4）迅速隔离受感染的计算机

当计算机发现病毒或异常时应立刻断网，以防止计算机受到更多的感染，或者成为传播源。

（5）了解一些病毒知识

了解病毒知识可及时发现新病毒并采取相应措施，使自己的计算机免受病毒破坏。如果能了解一些注册表知识，就可以定期看一看注册表的自启动项是否有可疑键值；如果了解一些内存知识，就可以经常查看内存中是否有可疑程序。

（6）安装专业的防毒软件进行全面监控

在病毒日益增多的今天，应该使用防病毒软件进行病毒防范，在安装了防病毒软件之后，还要经常进行病毒库的升级，并打开实时监控器进行监控。

清除病毒的常见方法是使用杀毒软件，目前常见的杀毒软件有瑞星、诺顿、金山、360 等，大多数杀毒软件针对个人用户的使用都是免费的，此外，对于计算机专业人员，对于一些病毒，需要借助专业工具软件进行手工清除。

由于病毒种类繁多，新病毒层出不穷，要及时更新杀毒软件。需要认识的一点是，防止病毒的入侵比清除病毒更重要。

2. 网络安全

1）网络安全的概念

网络安全是计算机信息系统安全的一个重要的方面。如同打开一个潘多拉魔盒，计算机系统的互联，在大大扩展信息资源共享空间的同时，也将其自身赤裸裸地暴露在更多恶意攻击之下。如何保证网络信息的存储、处理的安全和信息传输的安全问题，这就是我们所要了解的网络安全。

简单地说，网络安全是指网络系统的硬件、软件及其系统中的数据受到保护，不因偶然的或者恶意的原因而遭受到破坏、更改、泄露，系统连续可靠正常地运行，网络服务不中断。　网络安全从其本质上来讲就是网络上的信息安全。

2）影响网络安全的因素

（1）网络资源的共享性

资源共享是计算机网络应用的主要目的，但这为系统安全的攻击者利用共享的资源进行破坏提供了机会。随着联网需求的日益增长，外部服务请求不可能做到完全隔离，攻击者利用服务请求的机会很容易获取网络数据包。

（2）网络的开放性

网上的任何一个用户很方便地访问互联网上的信息资源，从而很容易获取一个企业、单位以及个人的敏感性信息。

（3）网络操作系统的漏洞

网络操作系统是网络协议和网络服务得以实现的最终载体之一，它不仅负责网络硬件设备的接口封装，同时还提供网络通信所需要的各种协议和服务的程序实现。由于网络协议实现的复杂性，决定了操作系统必然存在各种实现过程所带来的缺陷和漏洞。

（4）网络系统设计的缺陷

网络设计是指拓扑结构的设计和各种网络设备的选择等。网络设备、网络协议、网络操作系统等都会直接带来安全隐患。合理的网络设计在节约资源的情况下，还可以提供较好的安全性；不合理的网络设计则会成为网络的安全威胁。

（5）恶意攻击

恶意攻击指人们常见的黑客攻击及网络病毒，是最难防范的网络安全威胁。随着计算机教育的大众化，这类攻击也是越来越多，影响越来越大。

3）防御技术

网络安全防御技术的主要代表是防火墙和入侵检测技术。

（1）防火墙技术

网络安全所说的防火墙是指内部网和外部网之间的安全防范系统。它使得内部网络与因特网之间或与其他外部网络之间互相隔离、限制网络互访，用来保护内部网络。防火墙通常安装在内部网与外部网的连接点上。所有来自 Internet（外部网）的传输信息或从内部网发出的信息都必须穿过防火墙。

（2）入侵检测技术

入侵检测技术是从各种各样的系统和网络资源中采集信息，并对这些信息进行分析和判断。通过检测网络系统中发生的攻击行为或异常行为，入侵检测系统可以及时发现攻击或异常行为，并做出阻断、记录、报警等响应，从而将攻击行为带来的破坏和影响降至最低。同时，入侵检测系统也可用于监控分析用户和系统的行为、审计系统配置和漏洞、识别异常行为和攻击行为（通过异常检测和模式匹配等技术）、对攻击行为或异常行为进行响应、审计和跟踪等。

网络安全是一个很大的系统工程，除了防火墙和入侵检测系统之外，还包括反病毒技术和加密技术。反病毒技术是查找和清除计算机病毒的技术。其原理就是在杀毒扫描程序中嵌入病毒特征码引擎。然后根据病毒特征码数据库进行对比式查杀。加密技术主要是隐藏信息、防止对信息篡改或防止非法使用信息而转换数据的功能或方法。它是将数据信息转换为一种不易解读的模式来保护信息，除非有解密密钥才能阅读信息。加密技术包括算法和密钥。算法是将普通的文本（或是可以理解的信息）与一串数字（密钥）的结合，产生不可理解的密文的步骤。密钥是用来对数据进行编码和解码的一种算法。在安全保密中，可通过适当的密钥加密技术和管理机制来保证网络的信息通信安全。

除了运用各种安全技术之外，还要建立一系列安全管理制度和措施，加强用户的安全意识，这样才能有效防止各种威胁网络安全事件的发生。

案例实训

360 杀毒是 360 安全中心出品的一款免费的云安全杀毒软件。360 杀毒具有以下优点：查杀率高、资源占用少、升级迅速等。同时，360 杀毒可以与其他杀毒软件共存，是一个理想杀毒备选方案。360 杀毒是一款一次性通过 VB100 认证的国产杀毒软件。

1. 安装

① 要安装 360 杀毒，首先通过搜索引擎搜索或 360 杀毒官方网站 http://www.360.com 下载最新版本的 360 杀毒软件安装程序，如图 6-40 所示。

② 下载完成后，双击运行下载的安装程序，选择"我已阅读并同意许可协议"，同时选择将 360 杀毒软件安装到哪个目录下，建议按照默认设置即可，也可以单击"更改目录"按钮选择安装目录，然后单击"立即安装"按钮。360 杀毒软件即成功安装到计算机上，如图 6-41 所示。

图 6-40　360 官方网站

图 6-41　360 杀毒软件安装界面

2．病毒查杀

360 杀毒具有实时病毒防护和手动扫描功能，为系统提供全面的安全防护。实时防护功能在文件被访问时对文件进行扫描，及时拦截活动的病毒，在发现病毒时会通过提示窗口发出警告。360 杀毒提供了多种病毒扫描方式：快速扫描、全盘扫描、自定义扫描、宏病毒扫描等，如图 6-42 所示。单击"快捷扫描"按钮，进入图 6-43 所示的界面。

图 6-42　360 杀毒软件功能界面

图 6-43　360 杀毒软件快速扫描功能

如果希望 360 杀毒在扫描完计算机后自动关闭计算机，请选中"扫描完成后自动处理并关机"复选框。

3. 升级

360 杀毒具有自动升级功能，会在有升级可用时自动下载并安装升级文件。如果用户想手动进行升级，单击杀毒软件功能界面中的"检查更新"按钮，升级程序会连接服务器检查是否有可用更新，如果有就会下载并安装升级文件，如图 6-44 所示。升级成功后，弹出图 6-45 所示的升级成功界面。

图 6-44　检查更新界面

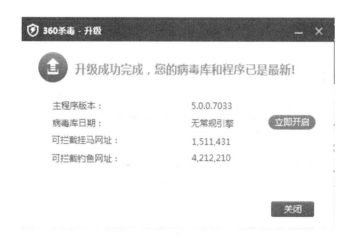

图 6-45　病毒库升级成功界面

本 章 测 试

一、单选题

1. 在地址栏中输入 http://zjhk. school. com，则 zjhk. school. com 是一个（　　　）。

    A. 域名　　　　　B. 文件　　　　　C. 邮箱　　　　　D. 国家

2. 下列选项中表示电子邮件地址的是（　　　）。

    A. ks@183. net
                    B. 192. 168. 0. 1

    C. www. gov. cn
                    D. www. cctv. com

3. 计算机网络最突出的特点是（　　　）。

    A. 资源共享
                    B. 运算精度高

    C. 运算速度快
                    D. 内存容量大

4. E-mail 地址的格式是（　　　）。

    A. www. zjschool. cn
                B. 网址•用户名

    C. 账号@邮件服务器名称
                D. 用户名•邮件服务器名称

5. Internet Explorer 浏览器收藏夹的主要作用是收藏（　　　）。

    A. 图片
         B. 邮件
         C. 网址
         D. 文档

6. 遍布于校园的校园网属于（　　　）。

    A. LAN
         B. MAN
         C. WAN
         D. 混合网络

7. 网址 www. pku. edu. cn 中的 cn 表示（　　　）。

    A. 英国
         B. 美国
         C. 日本
         D. 中国

8. 下列属于计算机网络通信设备的是（　　　）。

    A. 显卡
         B. 网线
         C. 音箱
         D. 声卡

9. 个人计算机通过电话线拨号方式接入因特网时，应使用的设备是（　　　）。

    A. 交换机
                    B. 调制解调器

    C. 电话机
                    D. 浏览器软件

10. 用 IE 浏览器浏览网页，在地址栏中输入网址时，通常可以省略的是（　　　）。

    A. http://
         B. ftp://
         C. mailto://
         D. news://

11. IP 地址 126. 168. 0. 1 属于（　　　）类 IP 地址。

    A. D
         B. C
         C. B
         D. A

12. 根据统计，当前计算机病毒扩散最快的途径是（　　　）。

    A. 软件复制
                    B. 网络传播

    C. 磁盘复制
                    D. 运行游戏软件

13. 以下设置密码的方式中，（　　　）更加安全。

    A. 用自己的生日作为密码

    B. 全部用英文字母作为密码

    C. 用大小写字母、标点、数字以及控制符组成密码

    D. 用自己的姓名的汉语拼音作为密码

14. 国际标准化组织的英文缩写是（　　　）。

    A. OSI
         B. ISO
         C. SOS
         D. ANSI

15. Internet 协议 IPv6 将从原来的 32 位地址扩展到了（　　　）位。

    A. 64
         B. 128
         C. 512
         D. 256

16. 在 Internet 上浏览时，浏览器和 WWW 服务器之间传输网页使用的协议是（　　）。

　　　　A. IP　　　　　　　　B. Telnet　　　　　　C. FTP　　　　　　　D. HTTP

17. Internet 的前身是（　　）。

　　　　A. Intranet　　　　　B. Ethernet　　　　　C. Cernet　　　　　D. ARPANet

18. 以下不属于无线介质的是（　　）。

　　　　A. 激光　　　　　　　B. 电磁波　　　　　　C. 光纤　　　　　　D. 微波

19. 计算机网络拓扑是通过网中结点与通信线路之间的几何关系表示网络中各实体间的（　　）。

　　　　A. 联机关系　　　　B. 结构关系　　　C. 主次关系　　　D. 层次关系

20. 关于 WWW 服务，以下（　　）说法是错误的。

　　　　A. WWW 服务采用的主要传输协议是 HTTP

　　　　B. WWW 服务以超文本方式组织网络多媒体信息

　　　　C. 用户访问 Web 服务器可以使用统一的图形用户界面

　　　　D. 用户访问 Web 服务器不需要知道服务器的 URL 地址

二、填空题

1. 在 20 世纪 50 年代，_____和_____技术的相互结合，为计算机网络的产生奠定了理论基础。

2. 从传输范围的角度来划分计算机网络，计算机网络可以分为_____、_____和_____。其中 Internet 属于_____。

3. 从资源共享的角度来定义计算机网络，计算机网络指的是利用_____将不同地理位置的多个独立的_____连接起来以实现资源共享的系统。

4. 从逻辑功能上，计算机网络可以为成_____和_____两部分。

5. _____的诞生是计算机网络发展史中的一个里程碑事件，为 Internet 的形成奠定了理论和技术基础。

6. Internet 是由分布在世界各地的计算机网络借助于_____相互连接而形成的全球性互联网。

7. 在通信技术中，通信信道的类型有两类：点对点式和_____。在点对点式通信信道中，一条通信线路只能连接一对结点。而在_____信道通信中，多个结点共享一个通信信道，一个结点广播信息，其他结点必须接收信息。

8. 按照网络的作用范围来分，可以分成_____、_____、_____、_____。

9. 常见的计算机网络拓扑结构有_____、_____、_____、_____、_____。

10. 计算机网络中常用的 3 种有线传输媒体是双绞线、_____、_____。

三、判断题

1. OSI 层次的划分应当从逻辑上将功能分开，越少越好。   （   ）

2. TCP/IP 属于低层协议，它定义了网络接口层。   （   ）

3. 在互联网上，应用最多的服务是电子邮件服务。   （   ）

4. Internet 中的 IP 地址分为 A、B、C、D、E 五类，主要是为了适应不同网络规模的要求。   （   ）

5. 用户的密码一般应设置为 10 位以上的综合密码。   （   ）

6. 使用最新版本的网页浏览器软件可以防御黑客攻击。   （   ）

7. 网络安全应具有以下 4 个方面的特征：保密性、完整性、可用性、可查性。
                                                              （   ）

8. 我们通常使用 SMTP 协议用来接收 E-mail。   （   ）

9. 只要是类型为 TXT 的文件都没有危险。   （   ）

10. IP 地址提供统一的地址格式，由 32 位二进制数组成。   （   ）

第7章

计算思维基础 ‹‹‹

7.1 计算思维概述

7.1.1 计算与计算思维

1．计算

这里所说的"计算（Computation）"不是通常所说的数学计算，而是指由计算机来执行一系列指令序列（程序）来解决一个具体问题的过程。通过计算，能够让只具有简单操作的计算机完成复杂的任务。例如：通过下列程序就能够在没有乘法器的计算机上实现两个整数相乘（product=m×n）。

CLR   product; 乘积（product）清零;

ADD   product,n; 乘积（product）加上第一个 n;

ADD   product,n; 乘积（product）加上第二个 n;

…

ADD   product,n; 乘积（product）加上第 m 个 n。

至此就得到 m×n 的结果在变量 product 中。

不难看出，这是通过一系列加法指令实现了乘法功能。这就是"计算"所带来的成果。计算机就是通过这样的"计算"来解决所有复杂问题的。执行大量简单指令组成的程序虽然枯燥烦琐，但计算机作为一种机器，其特长正在于机械地、忠实地、不厌其烦地执行大量简单指令。

2．计算思维

计算思维（Computational Thinking）是运用计算机科学的基础概念进行问题求解、系统设计，以及人类行为理解等涵盖计算机科学之广度的一系列思维活动。这个定义是由美国卡内基·梅隆大学计算机科学系主任周以真（Jeannette M.Wing）教授于 2006年 3 月首次提出。2010 年，周以真教授又指出，计算思维是与形式化问题及其解决方案相关的思维过程，其解决问题的表示形式应该能有效地被信息处理代理执行。

周教授为了让人们更易于理解，又对计算思维更进一步地进行描述：通过约简、嵌入、转化和仿真等方法，把一个看来困难的问题重新阐释成一个我们知道问题怎样解决的方法；是一种递归思维，是一种并行处理，是一种把代码译成数据又能把数据译成代码，是一种多维分析推广的类型检查方法；是一种采用抽象和分解来控制庞杂的任务或进行巨大复杂系统设计的方法，是基于关注点分离的方法（Separation of Concerns，SoC 方法）；是一种选择合适的方式去陈述一个问题，或对一个问题的相关方面建模使其易于处理的思维方法；是按照预防、保护及通过冗余、容错、纠错的方式，并从最坏情况进行系统恢复的一种思维方法；是利用启发式推理寻求解答，亦即在不确定情况下的规划、学习和调度的思维方法；是利用海量数据来加快计算，在时间和空间之间，在处理能力和存储容量之间进行折中的思维方法。

正如数学家在证明数学定理时有独特的数学思维，工程师在设计制造产品时有独特的工程思维，艺术家在创作诗歌、音乐时有独特的艺术思维一样，计算机科学家在用计算机解决问题时也有自己独特的思维方式和解决方法，人们将其统称为"计算思维"。从问题的计算机表示、算法设计直到编程实现，计算思维贯穿于计算的全过程。学习计算思维，就是学会像计算机科学家一样思考和解决问题。

图灵奖获得者 Edsger W. Dijkstra 曾指出：人们所使用的工具影响着人们的思维方式和思维习惯，从而也将深刻地影响着人们的思维能力。计算思维吸取了解决问题所采用的一般数学思维方法、现实世界中巨大复杂系统设计与评估的一般工程思维方法，以及复杂性、智能、心理、人类行为的理解等一般科学思维方法。

作为一种思维方法，计算思维的优点体现在：其建立在计算过程的能力和限制之上，由人或机器执行。计算方法和模型使人们敢于去处理那些原本无法由个人独立完成的问题和系统设计。计算思维的关键是用计算机模拟现实世界。对于计算思维可以用"抽象""算法"4 个字来概括。如果用 8 个字来概括就是"合理抽象""高效算法"。

7.1.2　计算思维的基本原则

计算思维建立在计算过程的能力和限制之上，这是计算思维区别于其他思维方式的一个重要特征。用计算机解决问题时必须遵循的基本思考原则是：既要充分利用计算机的计算和存储能力，又不能超出计算机的能力范围。

虽然计算思维有自己的独特性，但它同时也吸收了其他领域的一些思维方式。例如，计算机科学家像数学家一样建立现实世界的抽象模型，使用形式语言表达思想；像工程师一样设计、制造、组装与现实世界打交道的产品，寻求更好的工艺流程来提高产品质量；像自然科学家一样观察系统行为，形成理论，并通过预测系统行为来检验理论；像经济学家一样评估代价与收益，权衡多种选择的利弊；像手工艺人一样追求作品的简洁、精致、美观，并在作品中打上体现本人风格的烙印。

计算思维是人的思想和方法，旨在利用计算机解决问题，而不是使人类像计算机一样做事。作为"思想和方法"，计算思维是一种解题能力，一般不可以机械地套用，只能通过学习和实践来培养。计算机虽然机械而笨拙，但人类的思想赋予计算机活力，通过计算思维，人类能利用计算机解决过去无法解决的问题、建造过去无法建造的系统。

7.1.3 计算思维的特点

计算思维的所有特征和内容在计算机科学中都得到了充分体现，并且随着计算机科学的发展而同步发展。

1．概念化，不是程序化

计算机科学不只是计算机编程。像计算机科学家那样去思维意味着不仅能为计算机编程，还要能够在抽象的多个层次上思维。

2．基础的，不是机械的技能

计算思维是一种基础的技能，是每一个人为了在现代社会中发挥职能所必须掌握的。生搬硬套的机械的技能意味着机械地重复。具有讽刺意味的是，只有当计算机科学解决了人工智能的宏伟挑战——使计算机像人类一样思考之后，思维才会变成机械的生搬硬套。

3．人类的，不是计算机的思维

计算思维是人类求解问题的一条途径，但决非试图使人类像计算机那样思考。计算机枯燥且沉闷，人类聪颖且富有想象力。人类赋予计算机以激情，计算机赋予人类强大的计算能力，人类应该好好利用这种力量解决各种需要大量计算的问题。配置了计算设备，人们就能用自己的智慧去解决那些计算时代之前不敢尝试的问题，就能建造那些过去无法建造的系统。

4．数学和工程思维的互补与融合

计算机科学本质上源于数学思维，因为像所有的科学一样，它的形式化解析基础筑于数学之上。计算机科学本质上又源于工程思维，因为人们建造的是能够与实际世界互动的系统。基本计算设备的限制迫使计算机科学家必须计算性地思考，而不能只是数学性地思考。构建虚拟世界的自由使人们能够超越物理世界去打造各种系统。

5．是思想，不是人造品

计算思维不只是人们生产的软件、硬件等人造品以物理形式到处呈现并时时刻刻触及人们的生活，更重要的是，其还有人们用以接近和求解问题、管理日常生活、与他人交流和互动的计算性概念。

6．面向所有的人、所有地方

当计算思维真正融入人类活动的整体而不再是一种显式哲学的时候，它就将成为现实。它作为解决问题的有效工具，人人都应当掌握，处处都会被使用。

计算思维最根本的内容，即其本质，是抽象（Abstraction）和自动化（Automation）。它反映了"计算"的根本问题，即什么能被有效地自动进行。计算是抽象的自动执行，自动化需要某种计算机去解释、抽象。从操作层面上讲，计算就是如何寻找一台计算机去求解问题，隐含地说，就是要确定合适的抽象，选择合适的计算机去解释并执行该抽象，后者就是自动化。计算思维中的抽象完全超越物理的时空观，并完全用符号来表示，其中数字抽象只是一类特例。

与数学和物理科学相比，计算思维中的抽象显得更为丰富，也更为复杂。数学抽象的最大特点是抛开现实事物的物理、化学和生物学等特性，仅保留其量的关系和空间的形式，而计算思维中的抽象却不仅仅如此。

计算思维虽然具有计算机的许多特征．但其本身并不是计算机的专属。实际上，即使没有计算机，计算思维也会逐步发展，甚至有些内容与计算机没有关系。但是，正是由于计算机的出现，给计算思维的发展带来了根本性变化。这些变化不仅推进了计算机的发展，而且推进了计算思维本身的发展。在这个过程中，一些属于计算思维的特点被逐步揭示出来，计算思维与理论思维、试验思维的差别越来越清晰。

7.2 计算思维方法

基于计算机的能力和局限，计算机科学家提出了很多关于计算的思想和方法，从而建立了利用计算机解决问题的一整套思维工具。下面简要介绍计算机科学家在计算的不同阶段所采用的常见思想和方法。

7.2.1 常用的计算思维方法

1．问题表示

用计算机解决问题，首先要建立问题的计算机表示。问题表示与问题求解是紧密相关的，如果问题的表示合适，那么问题的解法就可能很容易得到，否则可能难以得到解法。

抽象是用于问题表示的重要思维工具。例如，小学生经过学习都知道将应用题"原有 5 个苹果，吃掉两个后还剩几个"抽象表示成"5–2"，这里显然只抽取了问题中的数量特性，完全忽略了苹果的颜色或吃法等不相关特性。一般意义上的抽象，就是指这种忽略研究对象的具体的或无关的特性，抽取其一般的或相关的特性。计算机科学中的抽象包括数据抽象和控制抽象，简言之就是将现实世界中的各种数量关系、空间关系、逻辑关系和处理过程等表示成计算机世界中的数据结构（数值、字符串、列表、堆栈、树等）和控制结构（基本指令、顺序执行、分支、循环、模块等），或者说建立实际问题的计算模型。另外，抽象还用于在不改变意义的前提下隐去或减少过多的具体细节，以便每次只关注少数几个特性，从而有利于理解和处理复杂系统。显然，通过抽象还能发现一些看似不同的问题的共性，从而建立相同的计算模型。总之，抽象是计算机科学中广泛使用的思维方法，只要有可能并且合适，程序员就应当使用抽象。

人们可以在不同层次上对数据和控制进行抽象，不同抽象级对问题进行不同颗粒度或详细程度的描述。人们经常在较低抽象级之上再建立一个较高的抽象级，以便隐藏低抽象级的复杂细节，提供更简单的求解方法。例如，对计算本身的理解就可以形成"电子电路→门逻辑→二进制→机器语言指令→高级语言程序"这样一个由低到高的抽象层次，人们之所以在高级语言程序这个层次上学习计算，当然是为了隐藏那些低抽象级的烦琐细节。又如，在互联网上发送一封电子邮件实际上要经过不同抽象级的多层网络协议才得以实现，写邮件的人肯定不希望先掌握网络低层知识才能发送邮件。再如，我们经常在现有软件系统之上搭建新的软件层，目的是隐藏低层系统的观点或功能，提供更便于理解或使用的新观点或新功能。

2. 算法设计

问题得到表示之后，接下来的关键是找到问题的解法——算法。算法设计是计算思维大显身手的领域，计算机科学家采用多种思维方式和方法来发现有效的算法。例如：利用分治法的思想找到了高效的排序算法，利用递归思想轻松地解决了 Hanoi 塔问题，利用贪心法寻求复杂路网中的最短路径，利用动态规划方法构造决策树等。计算机在各个领域中的成功应用，都有赖于高效算法的发现。高效算法的发现，又依赖于各种算法设计方法的巧妙运用。

对于大型问题和复杂系统，很难得到直接的解法，这时计算机科学家会设法将原问题重新表述，降低问题难度，常用的方法包括分解、化简、转换、嵌入、模拟等。如果一个问题过于复杂难以得到精确解法，或者根本不存在精确解法，那么计算机科学家会寻求能得到近似解的解法，通过牺牲精确性来换取有效性和可行性，尽管这样做的结果可能导致问题解是不完全的，或者结果中混有错误。例如，搜索引擎，一方面它们不可能搜出与用户搜索关键词相关的所有网页，另一方面还可能搜出与用户搜索关键词不相关的网页。

3. 编程技术

找到了解决问题的算法，接下来就要用编程语言来实现算法，这个领域同样是各种思想和方法的宝库。例如，类型化与类型检查方法将待处理的数据划分为不同的数据类型，编译器或解释器借此可以发现很多编程错误，这和自然科学中的量纲分析的思想是一致的。又如，结构化编程方法使用规范的控制流程来组织程序的处理步骤，形成层次清晰、边界分明的结构化构造，每个构造具有单一的入口和出口，从而使程序易于理解、排错、维护和验证正确性；模块化编程方法采取从全局到局部的自顶向下设计方法，将复杂程序分解成许多较小的模块，解决了所有底层模块后，将模块组装起来即构成最终程序；面向对象编程方法以数据和操作融为一体的对象为基本单位来描述复杂系统，通过对象之间的相互协作和交互实现系统的功能。另外，程序设计不能只关注程序的正确性和执行效率，还要考虑良好的编码风格（包括变量命名、注释、代码缩进等提高程序易读性的要素）和程序美学问题。

编程范型（Programming Paradigm）是指计算机编程的总体风格，不同范型对编程要素（如数据、语句、函数等）有不同的概念，计算的流程控制也是不同的。早期的命令式（或称过程式）语言催生了过程式（Procedural）范型，即一步一步地描述解决问题的过程。后来发明了面向对象语言，将数据和操作数据的方法融为一体（对象），对象间进行交互而实现系统功能，这就形成了面向对象（Object-oriented）范型。逻辑式语言、函数式语言的发明催生了声明式（Declarative）范型——只告诉计算机"做什么"，而不告诉计算机"怎么做"。有的语言只支持一种特定范型，有的语言则支持多种范型。

4．可计算性与算法复杂性

在用计算机解决问题时，不仅要找出正确的解法，还要考虑解法的复杂度。这和数学思维不同，因为数学家可以满足于找到正确的解法，决不会因为该解法过于复杂而抛弃不用。但对于计算机来说，如果一个解法太复杂，导致计算机要耗费几年、几十年乃至更久才能算出结果，那么这种"解法"只能抛弃，问题等于没有解决。有时即使一个问题已经有了可行的算法，计算机科学家仍然会去寻求更有效的算法。

有些问题是可解的但算法复杂度太高，而另一些问题则根本不可解，不存在任何算法过程。计算机科学的根本任务是从本质上研究问题的可计算性。虽然现代计算机已经能够从事定理证明、自主学习、自动推理等低级智能活动，但是对于较高级的智能活动，至少目前的计算机是没有可能做到的。

虽然很多问题对于计算机来说难度太高甚至是不可能的任务，但计算思维具有灵活、变通、实用的特点，对这样的问题可以去寻求不那么严格但现实可行的实用解法。例如，计算机所做的一切都是由确定性的程序决定的，以同样的输入执行程序必然得到同样的结果，因此不可能实现真正的"随机性"。但这并不妨碍人们利用确定性的"伪随机数"生成函数来模拟现实世界的不确定性、随机性。

当计算机有限的内存无法容纳复杂问题中的海量数据时，这个问题是否就不可解了呢？当然不是，计算机科学家设计出缓冲方法来分批处理数据。当许多用户共享并竞争某些系统资源时，计算机科学家又利用同步、并发控制等技术来避免竞态和僵局。

7.2.2　计算思维应用举例

【例 7-1】 "猴子吃桃"问题：猴子第一天摘下若干个桃子，当即吃了一半，还不过瘾，又多吃了一个。第二天早上又将剩下的桃子吃掉一半，又多吃了一个。以后每天早上都吃了前一天剩下的一半零一个。到第 10 天早上想再吃时，只剩下一个桃子了。求第一天共摘了多少个桃子。

这个问题可以采用计算思维的递归方法，采用逆向思维的方式进行考虑，从后往前推断。具体的分析流程如图 7-1 所示。

① 定义变量 day 表示天数，x_1 表示第 n 天的桃子数，x_2 表示第 n+1 天的桃子数。

② 利用循环，当 day>0 时，语句执行。

③ 运用计算思维的递归思维得到：第 n 天的桃子数是第 n+1 天桃子数加 1 后的两倍，即 $x_1=(x_2+1)\times2$。

④ 根据循环得知，把求得的 x_1 的值赋给 x_2，即 $x_2=x_1$。

⑤ 每往前回推一天，时间将减少一天，即 day=day-1。

⑥ 输出答案。

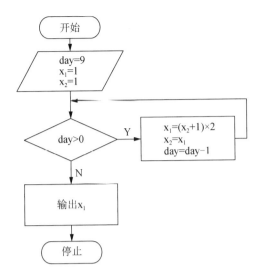

图 7-1　例 7-1 的分析流程图

　　该案例在第③～⑤步采用计算思维递归的方法发现并解决问题。这个例子，展示了递归算法执行过程中的两个阶段：递推和回归。在递推阶段，把较复杂的问题（规模为 n 的求解）推到比原问题简单一些的问题（规模小于 n 的求解），如本例中第 n 天的桃子数等于第 n+1 天桃子数加 1 个后的两倍。同时在递推阶段，必须要有终止递归的情况，如到第 10 天时桃子数就为 1 个了；在回归阶段，当获得最简单情况的解后，逐级返回，依次得到稍复杂问题的解，知道第 10 天的桃子数为 1 个，即后一天的桃子数加上 1 后的两倍就是前一天的桃子数，那么 $x_1=(x_2+1)\times2$。

　　在掌握了前面所学的技巧和方法的基础之后，可以继续启发思维，进行自主探究学习，主动、积极地学习新知识，培养计算思维中的自学能力。下面继续讨论"猴子吃桃"问题：要求求第一天共摘了多少个，同时分别求出每天剩下多少个桃子。

　　根据递归方法进行分析，其流程如图 7-2 所示。

① 定义变量 i 为所吃桃子天数，sum 为桃子总数。

② 循环控制变量 i 的值为 1 ~ 90。

③ 运用计算思维中递归方法得到 sum=2×(sum+1)。

④ 求出 sum 的值。

⑤ 循环控制变量 i 的值。

⑥ 再次运用递归思维求出每天所剩桃子数 sum=sum/2 - 1。

⑦ 输出 i、sum 的值。

　　在这个例子中，第⑥步采用的递归方法是迁移了第③步递归方法的结果。通过这样的思维过程，可以在思考中学习，在学习中运用新的方法破解难题，培养分析、解决问题的能力，锻炼计算思维数学建模能力，巩固知识的同时拓展了知识技能和技巧。

　　【例 7-2】 "古典兔子"问题：有一对兔子（一雌一雄），从出生后第三个月起每个月都生一对兔子（一雌一雄），小兔子长到第三个月后每个月又生一对兔子（一雌一雄），假如兔子都存活，每个月的兔子总数为多少？

我们不妨拿新出生的一对小兔子分析一下：

第一个月小兔子没有繁殖能力，所以还是一对。

两个月后，生下一对小兔对数共有两对。

三个月以后，老兔子又生下一对，因为小兔子还没有繁殖能力，所以一共是三对。

……

依此类推可以列出表 7-1。

表 7-1　过程分析

经过月数	0	1	2	3	4	5	6	7	8	9	10	11	12
幼仔对数	1	0	1	1	2	3	5	8	13	21	34	55	89
成兔对数	0	1	1	2	3	5	8	13	21	34	55	89	144
总体对数	1	1	2	3	5	8	13	21	34	55	89	144	233

幼仔对数=前月成兔对数
成兔对数=前月成兔对数+前月幼仔对数
总体对数=本月成兔对数+本月幼仔对数

可以看出，幼仔对数、成兔对数、总体对数都构成了一个数列。这个数列有着十分明显的特点，那就是：前面相邻两项之和，构成了后一项。

在这里，需要将知识进行主动建构，以自己所掌握的知识经验为基础，再对现在的题目信息进行加工和处理。运用已经掌握的计算思维的递归方法分析得出兔子的规律为数列 1、1、2、3、5、8、13、21……其流程图如图 7-3 所示。

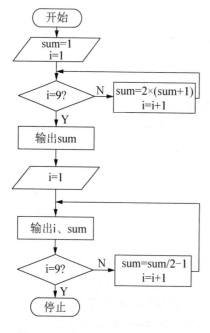

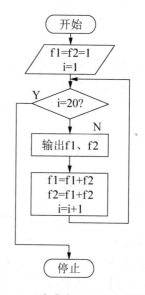

图 7-2　"猴子吃桃"问题流程图　　　　图 7-3　"古典兔子"问题流程图

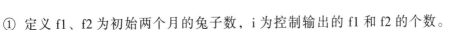

① 定义 f1、f2 为初始两个月的兔子数，i 为控制输出的 f1 和 f2 的个数。

② i 的取值为 1~20。

③ 循环开始前，首先输出 f1 和 f2 的初始值。

④ 利用计算思维的递推算法，将前两个月加起来赋值给第三个月。

在递推阶段，把较复杂的问题（规模为 n）的求解推到比原问题简单一些的问题（规模小于 n）的求解。例如，这个例子中，求解 f1 和 f2，把它推到求解 f(n−1)和 f(n−2)，但在这里仍然用原变量名 f1 和 f2 表示。也就是说，为计算 f(n)，必须先计算 f(n−1) 和 f(n−2)，而计算 f(n−1)和 f(n−2)，又必须先计算 f(n−3)和 f(n −4)。依此类推，直至计算 f1 和 f2，分别能立即得到结果 1 和 1。在递推阶段，必须要有终止递归的情况，如在函数 f(n)中，当 n 为 1 的情况。在回归阶段，当获得最简单情况的解后，逐级返回，依次得到稍复杂问题的解，如得到 f1 和 f2 后，返回得到 f1 的结果……在得到了新的 f1 和 f2 结果后，返回得到 f2 的结果。此时，我们实际上已经掌握了 Fibonacci.数列的解决办法。

无纸化考试系统 ‹‹‹ 第 8 章

8.1 无纸化考试系统的运行环境

8.1.1 硬件环境

硬件环境如表 8-1 所示。

表 8-1 硬件环境

硬　件	最低配置	推荐配置
处理器	赛扬 600	赛扬 1.0 GB 以上
内存	128 MB	256 MB 以上
显示器、显卡	支持 16 位色，800×600	支持 32 位色，800×600
硬盘剩余空间	100 MB	1 GB 以上
网络	10 MB 以太网，TCP/IP	10/100 MB 以太网，TCP/IP
其他	USB 接口	USB 接口
打印机	安装即可	安装即可

8.1.2 软件环境

软件环境如表 8-2 所示。

表 8-2 软件环境

软　件	软件版本
操作系统	Windows 7
操作类	Office 2010
输入法	拼音、五笔等

8.2 客户端考试系统安装

8.2.1 准备工作

① 整理磁盘、禁用病毒监控。

② 在条件允许的情况下，应对考试机器进行"磁盘清理""磁盘检查""磁盘碎片整理""检查病毒"等工作，减少软硬件对答题的影响。

③ 答题前建议关闭影响考试系统运行的杀毒软件，因为有些杀毒软件对答题有非常严重的影响。必须关闭病毒防火墙与病毒监控中的"文件写保护"，以免影响考试客户端升级及其与服务器端的正常通信。

④ 驱动器的检查，检查考试系统服务器端设置的驱动器在客户端是否可用，硬盘剩余空间是否可以满足多个学生在同一台机器上进行答题。驱动器应选择未被保护的磁盘，以免造成无法正常考试。

⑤ Office 软件的安装。如果考试科目包括 Office，请检查 Office 软件是否正常安装，其中 Word、Excel 和 PowerPoint 必须完全安装为 2010 版本。Office 安装时不可以产生版本冲突，例如 Office 2003 不可以和 Office 2010 一起安装在同一台考试机器上，否则会影响答题后的正常评分。

8.2.2 完整安装

安装考试系统客户端前，应关闭杀毒软件等相关软件的文件监控、防护功能，以免杀毒软件将考试系统必备文件删除。考试系统客户端应安装在没有保护卡的分区上，以免数据丢失。

运行万维全自动网络考试平台客户端安装程序进行客户端的安装操作，操作过程中根据需要选择相关组件。客户端安装程序界面如图 8-1 所示。

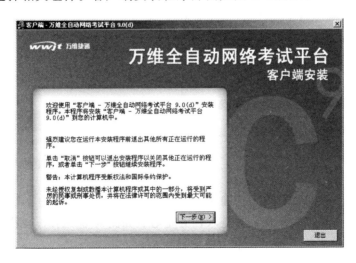

图 8-1　客户端安装程序界面

8.2.3 考试系统的登录

1. 运行条件

考试系统首次运行时，提示图 8-2 所示的客户端配置工具。输入正确的考试服务器数据库 IP 地址，同时考试服务器端 IP 地址自动添加成与考试服务器数据库相同的 IP 地址，测试连接成功后，保存配置信息即可。关闭任务栏中所有的程序。只有关闭任务栏中的所有程序才能进行答题操作。

2. 登录

如果考试环境符合系统要求，显示考试系统登录窗口，如图 8-3 所示，使用密码验证万维全自动网络考试平台，如果不使用密码验证，密码框内为不可输入状态。

图 8-2　配置服务器地址

图 8-3　考试系统登录窗口

登录窗口右上角的为"隐藏窗口"按钮和的"退出登录"按钮。在考试系统登录窗口的上方有一个信息栏，信息栏中会显示本次考试的相关信息，如图 8-4 所示。

同时在系统托盘内会显示图 8-5 所示的图标。

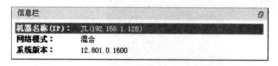

图 8-4　考试系统信息栏

图 8-5　登录后托盘内显示窗口

学生输入验证信息后，单击"确认"按钮，系统会对所输入的学号进行有效性验证。如果输入的验证信息正确，将进入任务中心，如图 8-6 所示。如果输入的验证信息错误，系统将给出相应提示，学生重新输入即可。

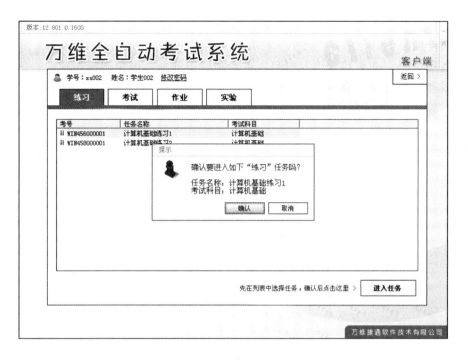

图 8-6　任务中心

进入任务中心后，在窗口上方将显示出服务器保存的学号所对应的学生姓名，学生在此核对信息无误的话，就可以单击"进入任务"按钮或双击任务列表进行登录的下一步操作，也可以单击"返回"按钮返回登录界面。单击"确认"按钮后显示图 8-7 所示的注意事项与信息确认窗口。

"注意事项"窗口中显示的信息，其内容关系到答题的整个过程，请学生仔细阅读再开始答题。如果"注意事项"窗口的上下两侧显示有双箭头，表示信息没有完全显示在"注意事项"窗口内，可以单击窗口所显示的双箭头来阅读其隐藏的信息。

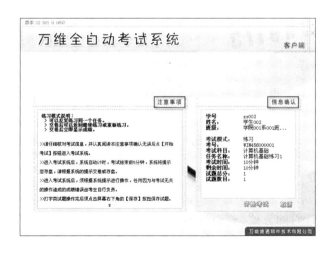

图 8-7　注意事项与信息确认窗口

在"注意事项"窗口上方，是对不同考试模式的特殊说明。在"注意事项"窗口的右边为"信息确认"窗口，显示了所有关于学生和考试的信息，请学生在答题前仔细核对各项信息，如有错误请及时与监考老师取得联系，以免影响答题。

可以通过单击"取消"按钮撤销当前的登录，返回"登录考试"窗口。

仔细核对信息无误后，单击"开始考试"按钮开始计时，如图 8-8 所示，进入答题环境。

图 8-8　开始考试

8.2.4　考试系统的功能介绍

1．工具栏

考试系统客户端的所有功能都集中在工具栏上，了解工具栏的使用至关重要。下面对工具栏上的各项功能做详细说明，如图 8-9 所示。

（1）显示/隐藏工具栏

为了方便答题，此按钮可将主工具栏转为自动隐藏模式。当按钮为 时，表示工具栏为显示的模式。当按钮为 时，表示工具栏为自动隐藏模式。

当工具栏为自动隐藏模式时，将鼠标指针移出工具栏，工具栏会自动隐藏并以闪动光带的形式显示在屏幕的最左边，当鼠标指针再次移到屏幕的最左端时，工具栏就会显示出来。

（2）"题型"按钮

单击"题型"按钮，可以弹出相应的题型浏览界面，即可进行答题操作。

（3）"题型滚动"按钮

当题型较多不能将所有题型完全显示在工具栏中时，可以通过单击"题型滚动"按钮查看全部题型。

（4）计时器

计时器采用倒计时的方式，并通过电子时钟和进度条方式显示给学生。当答题剩余时间小于 5 分钟时，会弹出时间提示窗口，如图 8-10 所示，双击窗

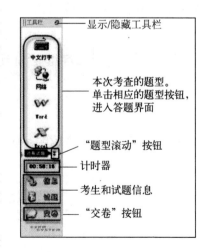

图 8-9　考试系统工具栏

口或单击窗口右上角的关闭按钮，即可关闭此窗口继续进行答题。当答题剩余时间小于 1 分钟时，会再次弹出时间提示窗口，如图 8-11 所示，提醒学生保存已答试题。

图 8-10　考试系统工具栏 1　　　　　图 8-11　考试系统工具栏 2

　　双击窗口或单击窗口右上角的"关闭"按钮，即可关闭此窗口继续进行答题。

　　如果在服务器端方案参数–基础中选择"任务不限制考试时间"，在作业、实验模式下不限制考试时间，如图 8-12 所示。学生在进行答题时，可以随时退出考试，系统将自动将学生当前所答内容上传到数据库中，学生可以对该任务继续答题，如图 8-13 所示。

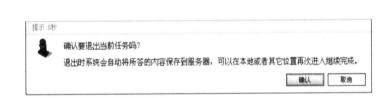

图 8-12　不限制考试时间　　　　　图 8-13　退出当前任务

　　（5）打开/关闭学生信息栏

　　答题进行时学生信息栏会显示在屏幕的最上方，通过此按钮可以控制学生信息栏的关闭和打开。

　　（6）打开/关闭答题卡

　　答题卡的主要作用是方便浏览每道试题的信息。单击"试题"按钮可以控制答题卡的打开和关闭。

　　（7）交卷/答题延时

　　学生在答完所有试题后，可以单击"交卷"按钮进入"交卷"窗口。

　　如出现特殊情况需要延长考试时间，监考老师可以在"交卷"窗口内输入监考密码和需要延长的考试时间，使考生能够继续考试。注意：如果需要进行延时操作，需要在服务端的方案参数下的客户端功能中设置"交卷时需要输入监考密码"。

2. 信息栏

成功进入答题后，在屏幕的最上方会出现图 8-14 所示的任务信息栏。

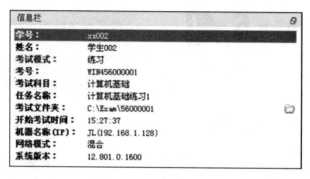

图 8-14　任务信息栏

在信息栏中可以看到关于答题和学生的信息。信息栏可以通过工具栏上的"信息"按钮来控制其打开和关闭，如果信息栏中信息项目的内容显示不全，请将鼠标指针移至信息项目上，就会出现完整的提示。下面对信息栏上的各项功能和信息做详细说明。

（1）学号

显示当前登录答题的学生学号。

（2）姓名

显示当前登录答题的学生的姓名。

（3）考试模式

显示当前的考试模式，考试模式分为练习、考试、作业、实验四种。

（4）考试科目

显示当前的考试科目。

（5）任务名称

显示当前的任务名称。

（6）考试文件夹

显示当前学生考试所用文件夹的完整路径，在文件夹下包含了当前登录学生的所有试题的考试素材和源文件。文件夹内的结构为"考生文件夹路径\题型编码\试题题号（服务器题库中的题号）"。

下面是对试题题型编码的说明：DX—"单选"、PD—"判断"、TK—"填空"、DZ—"中文打字"、EW—"英文打字"、ZE—"中英文混合打字"、DOC—"Word 操作"、XLS—"Excel 操作"、PPT—"PowerPoint 操作"、WIN—"Windows 文件操作"。

（7）开始考试时间

显示学生登录答题的时间。

（8）机器名称（IP）

显示当前登录答题的学生所在机器的名称和机器的 IP 地址，信息在登录时会记录在服务器中，以便监考老师监控。

（9）网络模式

客户端与服务器端信息数据交换时联网的形式。

（10）系统版本

显示当前考试系统的版本号。

（11）学生照片

如果在参数管理-登录中，设置显示学生照片，则在信息栏中将显示学生照片，如图 8-15 所示。

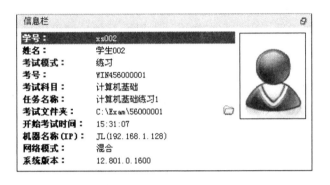

图 8-15　显示学生照片

3. 答题卡

答题卡的主要作用是可以方便地浏览每道试题的信息和状态。

通过单击工具栏上的"试题"按钮可以控制答题卡的打开和关闭。在答题卡的标题栏上显示了试卷的试题总数目、总分数和试卷号，在每个试题结点中显示了试题题号、试题分数和学生答题状态等信息，如图 8-16 所示。双击答题卡中的试题，进入到试题浏览窗口，可以对试题进行作答。

4. 交卷

学生答完所有试题并仔细检查后，可以单击工具栏上的"交卷"按钮进行交卷。

图 8-16　答题卡试题栏

如果服务器配置参数需要交卷密码，则弹出图 8-17 所示的"交卷"窗口，鼠标指针会锁定在交卷窗口内，同时键盘上的系统快捷键也会被锁定。

如果在弹出"交卷"窗口后学生还没有保存好答题文件，此时可以联系监考老师将考试延时。保存好答题文件后再进行交卷。只有在"监考密码"内输入正确的监考密码，单击"延时"按钮才可以解除锁定状态。

图 8-17　交卷窗口

如果服务器配置参数为不需要交卷密码，系统将自动完成交卷操作。

单击"交卷"按钮后，出现"交卷成功"界面后学生就可以离开答题所用的机器了。单击"交卷"按钮后，考试系统会自动对学生所答试卷进行评分。注意在系统评卷时，最好不要进行其他任何操作，以免影响答题分数。

交卷成功后会出现图 8-18 所示的窗口，练习模式交卷后会有返回重新答题和返回继续答题按钮，如图 8-19 所示。

5. 查看成绩

当出现交卷成功窗口后，如果服务器的参数设置中允许查看成绩，可以单击"查看成绩"按钮，弹出图 8-20 所示的"考试成绩"窗口。

图 8-18　考试模式交卷　　　　　　　　　　图 8-19　练习模式交卷

图 8-20　考试成绩窗口

学生该题得分与总分值相同，试题的完成状态为"对"。

学生该题得分低于该题的总分值但不为"0"，试题的完成状态为"半对"。

学生该题得分为"0"，试题的完成状态为"错"。

6. 查看试卷分析

如果在方案参数下的客户端功能中，选择"答题完成后显示试卷分析报告"参数，查看成绩时，将可以查看试卷的分析报告，如图 8-21 所示。

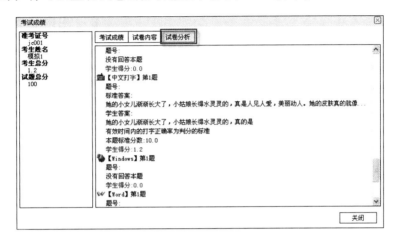

图 8-21 试卷分析

8.2.5 如何进行答题

1. 试题浏览窗口的介绍

答题中除了打字题以外的所有试题都是通过试题浏览窗口进行浏览，并且答题也是在试题浏览窗口中进行的。试题浏览窗口分为大浏览窗口和小浏览窗口，其中小浏览窗口是为了给学生最大的答题空间而设计的，其功能和大浏览窗口是一样的，所以下面只对试题的大浏览窗口的功能进行详细说明，小窗口不加以说明。

通过单击工具栏中的题型图标或双击答题卡中的试题结点，都可以打开相应的试题浏览窗口，如图 8-22 所示。

（1）当前试题信息

说明当前试题的题型、题号、答题注意事项等描述信息。

（2）转换为小窗口

通过单击大窗口按钮，将试题由大窗口转换为小窗口，方便学生答题。

（3）当前试题题干

试题的详细描述。题干内容较长时，可通过滚动条和方向键进行翻页操作。

（4）当前试题样张图片

按照试题要求，得出结果的最终图片样式。

（5）"答题"按钮

单击"答题"按钮，学生将进入答题环境。

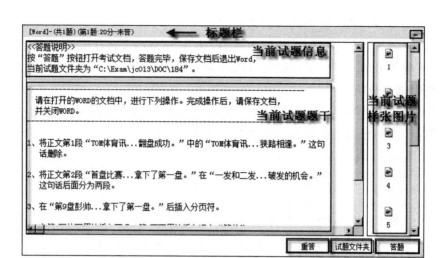

图 8-22　试题浏览窗口

（6）"试题文件夹"按钮

单击"试题文件夹"按钮，可以打开当前试题所在的文件夹。

（7）"重答"按钮

单击"重答"按钮，将该试题恢复到最初状态，学生对该试题所做的操作将全部丢失。对试题进行重答操作时，需要在"操作警告"对话框中填写验证码，确认是否继续操作，如图 8-23 所示。

图 8-23　重答警告框

（8）转换为大浏览窗口

通过单击窗口右上角的按钮，将答题界面切换为大窗口，便于试题浏览。

（9）隐藏试题浏览窗口

双击标题栏可以隐藏试题浏览窗口（仅保留标题栏），再次双击可以恢复显示。通过单击小窗口按钮，可以控制试题浏览窗口的隐藏和显示。

（10）显示标准答案

在方案参数中，如果选择了"答题窗口中显示标准答案按钮"参数，在练习模式下，学生在客户端单击答题窗口上的"标准答案"按钮，即可查询该试题的标准答案。填空、选择、判断、简答、阅读理解、程序填空、程序改错、程序设计题型将参考答案显示在答题窗口中，文件类试题将文件下载到试题所在的目录中。

2. 具体题型的说明

（1）填空题

填空题答案填写完成后，系统将自动保存学生输入的答案，如图 8-24 所示，已保存的试题，其题号为黄色，如图 8-25 所示。

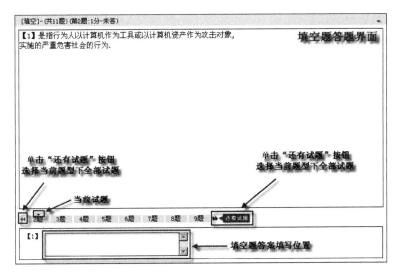

图 8-24　填空题答题界面

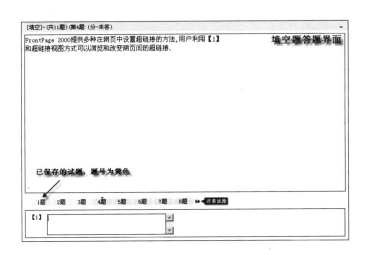

图 8-25　已答填空题答题界面

（2）判断题

判断题答案选择完成后，系统将自动保存学生选择的答案，已保存的试题，其题号为黄色，如图 8-26 所示。

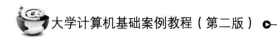

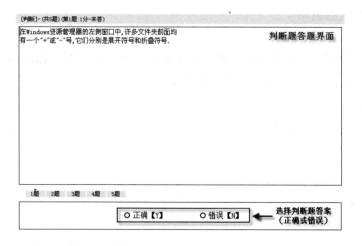

图 8-26　判断题答题界面

（3）单选题

单击相应的选项，即可完成本题的操作，也可通过键盘输入相应选项后，按 Enter 确认操作。单选题答案填写完成后，系统将自动保存学生输入的答案，已保存的试题，其题号为黄色，如图 8-27 所示。

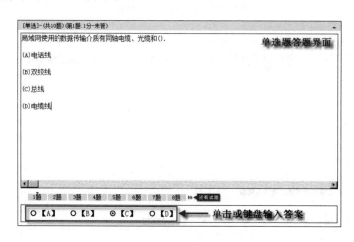

图 8-27　单选题答题界面

（4）打字题

打字题通过对照方式进行答题，如果打字错误，系统会将错误的文字显示为红色，学生可以修改输入错误的文字，正确的文字显示为蓝色，如图 8-28 所示，系统将自动保存学生输入的打字内容。如果设置了打字时间，进行打字题答题操作时，单击答题界面中的"开始计时"按钮对打字时间开始倒计时。在中文打字题答题窗口上方，同时记录了学生当前的打字速度、准确率、文章总字数以及完成字数。

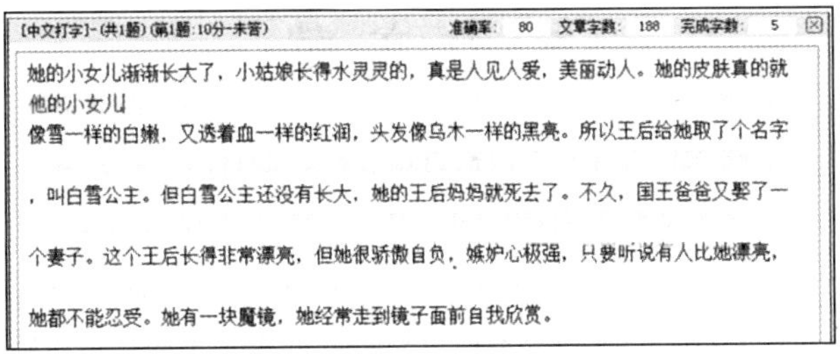

图 8-28 打字题答题界面

（5）Windows 操作题

单击"答题"按钮后，系统将自动打开 Windows 资源管理器，并引导到操作目录中，学生按照题干要求完成操作即可。

（6）操作题

单击"答题"按钮后，系统将自动打开相应的程序，学生只需要按照题干要求完成操作即可。注意：应提醒学生在答题过程中经常保存，防止机器出现故障造成数据丢失。

参 考 文 献

[1] 刘文平. 大学计算机基础[M]. 北京：中国铁道出版社，2012.

[2] 顾振山，桑娟. 大学计算机基础案例教程[M]. 北京：电子工业出版社，2014.

[3] 胡维华，吴坚. 大学计算机基础案例教程[M]. 北京：科学出版社，2010.

[4] 贾小军，童小素. 办公软件高级应用与案例精选[M]. 北京：中国铁道出版社，2013.

[5] 罗俊. 计算机应用基础案例驱动教程[M]. 北京：中国铁道出版社，2015.